"十二五"职业教育国家规划教材

经全国职业教育教材审定委员会审定

高职高专"十二五"电子信息类专业规划教材

电子电路故障查找技巧

第 3 版

主　编　杨海祥

副主编　范荣欣　蔡妍娜

参　编　陆国民　冯洪高　王如松

主　审　石小法

机械工业出版社

本书是"十二五"职业教育国家规划教材，经全国职业教育教材审定委员会审定。本书为项目任务式教材，主要内容包括：常用电子元器件的识别技巧与检测方法，电子电路识读，电子电路故障查找的基本方法与技巧，单元模拟电路、单元数字电路、整机电路故障查找方法与技巧，以及电子设备的主要技术指标、调试和维护方法等7个项目，附录中还介绍了常用组装工具，常用仪器仪表，国内晶体管、集成电路芯片的型号和参数。

本书可作为高职高专电子信息工程技术、应用电子技术、电气自动化技术及相关专业的教材，也可作为电子信息类有关工程技术人员的培训教材及高职电子类实训教师的技术参考书。

为方便教学，本书配有免费电子课件及思考题参考答案，凡选用本书作为授课教材的学校，均可来电索取，咨询电话：**010-88379375**。

图书在版编目（CIP）数据

电子电路故障查找技巧/杨海祥主编 . —3 版 . —北京：机械工业出版社，2016.2（2024.7重印）

"十二五"职业教育国家规划教材　经全国职业教育教材审定委员会审定　高职高专"十二五"电子信息类专业规划教材

ISBN 978-7-111-52869-2

Ⅰ.①电…　Ⅱ.①杨…　Ⅲ.①电子电路-故障诊断-高等职业教育-教材　Ⅳ.①TN710.07

中国版本图书馆 CIP 数据核字（2016）第 023118 号

机械工业出版社（北京市百万庄大街 22 号　邮政编码 100037）
策划编辑：于　宁　责任编辑：冯睿娟
责任校对：张玉琴　封面设计：马精明
责任印制：郜　敏
北京富资园科技发展有限公司印刷
2024 年 7 月第 3 版第 7 次印刷
184mm×260mm·15 印张·368 千字
标准书号：ISBN 978-7-111-52869-2
定价：39.50 元

凡购本书，如有缺页、倒页、脱页，由本社发行部调换
电话服务　　　　　　　　　　　网络服务
服务咨询热线：010-88379833　　机 工 官 网：www.cmpbook.com
读者购书热线：010-88379649　　机 工 官 博：weibo.com/cmp1952
　　　　　　　　　　　　　　　教育服务网：www.empedu.com
封面无防伪标均为盗版　　　金 书 网：www.golden-book.com

第3版前言

根据《教育部关于"十二五"职业教育教材建设的若干意见》（教职成〔2012〕9号）要求，配合《高等职业学校专业教学标准（试行）》贯彻实施，高职高专教育要进一步改革教学内容、教学方法，增强学生就业能力；要积极推进多种模式的课程改革，努力形成以就业为导向的课程体系；要高度重视实践和实训教学环节，突出"做中学、做中教"的职业教育教学特色。

本教材按现代电子企业的生产流程来构建技能培训体系。以项目为载体，以任务来驱动，依托具体的工作项目和任务，将有关专业课程的内涵逐次展开。教材的内容主要包括：常用电子元器件的识别技巧与检测方法，电子电路识读，电子电路故障查找的基本方法与技巧，单元模拟电路故障查找方法与技巧，单元数字电路故障查找方法与技巧，整机电路故障查找方法与技巧，电子设备的调试与维护等七个项目。通过本教材的学习，学生可具备电子生产所需的故障查找知识和基本技能，掌握电子产品调试、维修与维护技术。

本教材既强调基础，又力求体现新知识、新技术、新工艺、新方法，教学内容与国家职业技能鉴定规范相结合。在编写体例上采用新的形式，文字表述简洁，配以大量实物图片，直观明了。注重理论和实践的结合，专门设置了教学目的、技能要求、任务分析、基础知识、操作指导、案例分析、项目实践、项目考核等八个小栏目，每个项目都有相应的实践训练，培养学生故障查找的技能。

本书由无锡机电高等职业技术学校杨海祥副教授担任主编，并统稿；范荣欣、蔡妍娜担任副主编。杨海祥编写项目1和项目3，陆国民编写项目2，蔡妍娜编写项目4，项目5由南京铁道职业技术学院冯洪高和范荣欣合编，范荣欣编写项目6、附录，项目7由河北机电职业技术学院王如松和杨海祥合编。本书由无锡市学科带头人、高级教师石小法担任主审，他对全部书稿进行了认真的审阅。

本书在编写过程中得到了无锡机电高等职业技术学校王稼伟校长的大力支持，同时，对于编者参考的有关文献的作者，在此一并致谢。

由于编者水平有限，书中疏漏及缺点在所难免，恳请广大读者批评指正。

编　者

  本书2004年9月出版，经过近4年的使用，得到了各职业院校电子信息类专业的教师、企业电子专业技术人员、电子爱好者和广大读者的认可。

  电子技术的发展日新月异，新型电子元器件层出不穷。为了使教材内容跟上电子信息技术不断发展的步伐，此次编者在原有教材的基础上，做了一定的修改和补充。各章节增加了教学目的和技能要求；补充了许多新型电子元器件的内容，如电子模块、可编程序控制器件；还新增了光电耦合方式、电子模块、现代模拟集成电路、可编程序器件电路故障查找方法与技巧和彩色电视机故障查找技巧；调整了部分章节，使教材更加合理。

  各兄弟学校和读者曾来电或来函，询问电子教案或PPT课件，为此，再版时专门制作了电子课件。希望上述内容的补充及修改能给读者以更丰富、实用的内容和技巧。

  本书由无锡机电高等职业技术学校杨海祥副教授担任主编，并统稿；范荣欣担任副主编。杨海祥编写第1章、第3章，方菁编写第2章，冯蕾琳编写第4章，第5章由南京铁道职业技术学院冯洪高和范荣欣合编，范荣欣编写第6章、附录，第7章由河北机电职业技术学院王如松和杨海祥合编。本书由无锡市学科带头人高级教师石小法担任主审，他对全部书稿进行了认真的审阅。

  本书在编写过程中得到了无锡机电高等职业技术学校校长孙俊台的大力支持，在此，对孙校长及编者参考的有关文献的作者一并致谢。

  由于作者水平有限，书中疏漏及缺点难免，恳请广大读者批评指正。

编 者

第 1 版 前 言

随着社会经济的快速发展，职业技术教育对人才的要求越来越高，同时职业技术教育的客观规律决定了它必须突出应用型、实践性教学，必须把培养学生的全面素质和综合职业技术能力放在首位。现行教材以传授知识为本位的教育思想，在知识结构上，系统性、整体性、渗透性的不足已不能满足新教学大纲的要求，在培养能力上显得先天不足，一些内容已经陈旧，应用性内容较少，知识面较狭窄。众所周知，电子与信息技术的发展日新月异，很多新知识、新工艺、新技术、新方法已经出现，并被广泛应用，对编写新教材的呼声越来越强烈。为此，我们根据教育部关于以就业为导向，加快紧缺人才培养的精神，组织了长期从事电子类专业课程教学、有丰富的理论与实践经验和较强维修能力的"双师型"教师编写了本教材。

本教材在编写过程中体现职教特色，以能力培养为主线，培养学生分析、判断、查找、排除电子电路故障的能力和技巧，提高学生的综合职业适应能力、应变能力和全面素质。本教材有如下特色：

低——起点低。我们根据学生的实际和认知规律，从常用元器件的识别技巧和检测入手，到整机电路的故障查找方法与技巧，由浅入深、循序渐进地叙述每一种故障。

基——体现五个基本点。即常用元器件的识别技巧和基本检测方法，识图的基本方法与技巧，基本放大电路的故障查找方法和技巧，基本数字电路的故障查找方法和技巧，以及整机电路的基本故障查找方法与技巧。

新——充分体现电子电路故障查找的新知识、新技术、新工艺、新方法，使教材以全新的面貌出现。为此，我们在教材中增加了故障分析查找的新方法（如用逻辑笔查找数字电路的故障，用逻辑流程图与电路原理一一对应的方法查找电路的故障）。

实——本教材是实践课堂教学中的经验总结，并在此基础上提炼出来的精华，因此具有很强的针对性和教学的可操作性。同时，采用理论与实践一体化教学模式，强化学生的实训，每章安排了相应的实训内容，让学生在实践中体验故障查找的方法与技巧。

精——内容精、文字精，电气符号采用国家标准，确保教材内容的准确性、严密性和科学性。

本书以高职高专电子与信息技术专业为主，教学时数为50学时，各校可根据专业方向的不同，对教学内容和学时做适当的调整。

编　者

目 录

项目1 常用电子元器件的识别技巧与检测方法

　　元器件的识别与检测是电子电路故障查找的基础，掌握了元器件的识别技巧与检修方法，才能判断故障元器件。用万用表检测元器件是最常用的测量方法，因此，正确而灵活地使用万用表检测元器件是电子电路故障查找的一种基本技能。本项目主要介绍常用电子元器件和特殊元器件的种类、识别技巧及使用万用表测试元器件的方法。

任务1　电阻器的识别技巧与检测方法

　　【任务分析】　通过任务1的学习，学生应了解电阻器的种类、在电路中的符号、标称阻值和使用注意事项，熟练掌握电阻器识别技巧和检测方法，了解新型电阻器的识别技巧，为后续课程打下基础。

　　【基础知识】　电阻器的符号和标称阻值

1. 电阻器在电路中的符号

　　电阻器是电子电路中应用最广泛的元件之一，在电路中起分压、分流、阻尼、限流、负载等作用。其品种有：普通电阻器、熔断电阻器（保险电阻器）、热敏电阻器、压敏电阻器、大功率水泥电阻器及电位器等。按材料分有：碳膜电阻器（RT）、金属膜电阻器（RJ）、氧化膜电阻器（RY）、线绕电阻器（RX）、有机实芯电阻器（RS）、排电阻。它们的外形标志及符号见表1-1。

2. 电阻器的标称阻值

　　目前生产的电阻器是根据国家GB/T 2470—1995《电子设备用固定电阻器、固定电容器型号命名方法》的规定命名的，常用电阻器的标称值系列有E6、E12、E24三种，详见表1-2。

表1-1　电阻器的外形标志及符号

名称	文字符号	图形符号	实物外形标志
普通电阻器	R		
熔断电阻器	R		
热敏电阻器	RT	θ	MZ73 27Ω　PTH　RMF
压敏电阻器	RV	U	RMY
电位器	RP		
排电阻	RM		RMLS8 152J

表1-2　常用电阻器的标称值系列

系列		E6	E12	E24
允许误差		±20%（Ⅲ级）	±10%（Ⅱ级）	±5%（Ⅰ级）
标称值		1.0	1.0	1.0
				1.1
			1.2	1.2
				1.3
		1.5	1.5	1.5
				1.6
			1.8	1.8
				2.0
		2.2	2.2	2.2
				2.4
			2.7	2.7
				3.0
		3.3	3.3	3.3
				3.6
			3.9	3.9
				4.3
		4.7	4.7	4.7
				5.1
			5.6	5.6
				6.2
		6.8	6.8	6.8
				7.5
			8.2	8.2
				9.1

【操作指导1】 电阻器的识别技巧与检测方法

1. 电阻器额定功率的识别技巧

电阻器额定功率是指在规定的环境温度和湿度下，电阻器上允许消耗的最大功率。功率的单位用 W 表示，不同额定功率电阻器的电路符号如图 1-1 所示。

从图中可以看出，在电阻器的符号上加点、斜线、横线、竖线、V、Ⅶ、Ⅹ等，来表示电阻器不同的功率，这种方法直观易懂。

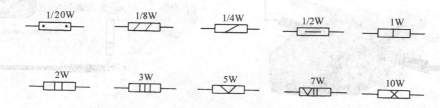

图 1-1　不同额定功率电阻器的电路符号

2. 从外表颜色和外壳识别电阻器的技巧

电阻器外表颜色若是红色，则是金属膜电阻器；若呈米黄色，则是小功率碳膜电阻器；若呈绿色或深灰色（柱形），则是大功率的碳膜电阻器；若呈黑色、白色或绿色，则是热敏电阻器（长方形或扁圆形）；若呈浅灰色，则是线绕式熔断电阻器；电阻器外壳顶部若有透明感光的玻璃层，则是光敏电阻器；电阻器从外表可看到氧化膜的，则是氧化膜电阻器；外表若用白色水泥封装（矩形或扁长方形），则是大功率水泥电阻器；外壳若是白色金属，则是线绕滑线可变电阻器。

3. 电阻器的检测方法与技巧

（1）用万用表检测电阻器的方法

1）机械调零。万用表的红、黑表笔未短接，看表的指针是否对准表盘左边分度线零点位置，如不在零点位置，则需用小螺钉旋具调节表头中间的机械调零螺钉，将表针调至零点位置。

2）欧姆调零。将万用表的红、黑表笔短接，看表的指针是否对准表盘右边 Ω 分度线零点位置，如不在零点位置，则需要调节调零旋钮，使表针调至 Ω 分度线零点位置。每换一次档位应重新做欧姆调零。

3）选择电阻档的技巧。选择电阻档的依据是被测电阻器的阻值与电阻档倍率相吻合，使表针的指示在表头 Ω 分度线中间 1/3 处，这样测出的电阻值精度高。

4）测量方法与技巧。测量时不能用双手同时捏住电阻的两个引线，这样可避免人体电阻与被测电阻相并联，影响测量准确性。具体做法是一只手拿电阻器，另一只手像拿筷子一样拿住红、黑表棒进行测量，此类方法称为单手测量法。如图 1-2、图 1-3 所示。

（2）电阻器的测量及质量判别方法与技巧

1）电阻器的测量及质量的判别通常使用万用表的电阻档。一般采用单手测量法，这样的测量方法准确率较高。

在具体测量中，如遇到测量结果与标称值不相等，则可根据下列情况来判断被测电阻器的好坏；如果测量值与标称值相差很大，例如测量值为无穷大，则可以断定被测电阻器出现了开路或引线脱落，膜层脱离、烧断等故障；如果测量值远小于标称值或测得的值为零欧姆，则表明被测电阻器已发生短路故障；如果测量值与标称值基本一致，误差小于5%，则可认为是正常。

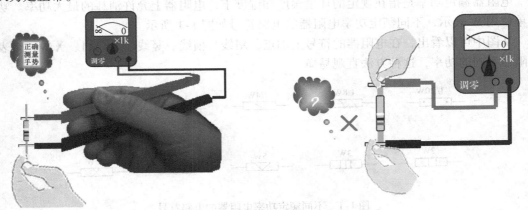

图1-2　用万用表检测电阻器正确方法　　　　图1-3　用万用表检测电阻器错误方法

2）如电阻器的表面有烧焦、开裂，则说明电阻器已性能不良或损坏。

3）用万用表测量光敏电阻器时，主要是测量有光照和无光照时其电阻值是否有明显变化，若电阻值变化小或无变化，则说明光敏电阻器已性能不良或损坏。

4）用万用表测量热敏电阻器时，先在常温下测量它的标称值，然后用电烙铁、电吹风烘烤，给它加温，测量加温后的电阻值，正温度系数的热敏电阻器其电阻值应明显上升，而负温度系数的热敏电阻器其电阻值应明显下降，如电阻值不变，则说明热敏电阻器已性能不良或损坏。

5）可变电阻器的测量方法与技巧：对可变电阻器一般先测量它的总阻值与标称值是否接近，如果测量值与标称值相差很大，则说明可变电阻器已损坏；如果测量值与标称值基本一致，还要进一步测量滑动臂旋转时的电阻值变化，其电阻值变化应均匀，测量时仔细观察万用表的指针偏转是否平稳，有无跳跃、跌落或抖动等现象。如果无上述现象，则说明可变电阻器是好的；如果有上述现象，则说明可变电阻器性能不良。

（3）电阻器的在线测量方法与技巧　电子电路故障检查时，总是要碰到在线测量的问题。所谓在线测量，就是在电路板上测量。在线测量电阻器性能时应注意两点：①测量时要切断电源；②测量时要防止短路。在线测量电阻器性能好坏的技巧是：用万用表欧姆档 R×1Ω 或 R×10kΩ，测量在电路板上电阻器的电阻值是否接近标称值。如测得电阻值偏离标称值时，还不能立即断定电阻已损坏，则要结合它周围的元器件，综合考虑分析，来断定这个电阻性能是否损坏。

【操作指导2】　电阻器的使用注意事项

1）在使用前首先检查其外观有无明显的损坏，如引线断、开裂、烧焦等现象；其次，用万用表测量它的阻值是否与标称值一致。

2）使用时应注意电阻器的额定功率和工作电压是否满足设计要求，如果实际使用功率超出电阻器的额定功率，则电阻器会发热损坏；如果实际工作电压大于电阻器的耐压，则电阻器将被击穿烧毁。额定功率大于10W以上的电阻器（水泥电阻器、线绕电阻器），使用时应安装在特制的支架上，使其周围有一定的散热空间。

3）电阻器在安装前应进行表面处理，用刮刀片或锯条片刮掉引脚表面氧化层，然后是镀锡，以保证锡焊的可靠性，不产生假焊（虚焊）现象。高频电路中电阻器的引脚不宜过长，这样可减小分布参数。

4）在安装电阻器时，电阻器上色环的朝向要一致，如是直标法电阻，其电阻值标志也要朝上，这样便于检查和维修。

5）使用可变电阻器时除满足上述几点，还要注意它的体积、精度和结构等。

任务2　电容器的识别技巧与检测方法

【任务分析】　通过任务2的学习，学生应了解电容器的种类、外形、在电路中的符号，熟练掌握电容器的识别技巧与检测方法。

【基础知识】　电容器的种类、外形及符号

电容器是由两个极板中间夹一层电介质构成的。给电容施加直流电压时，可发现电容器上的电压随时间增长，其两端的电压按指数规律逐渐上升，说明电容有一个充电过程，它是一种储能元件。电容器在电路中用于交流信号耦合、滤波，交流信号旁路、谐振、隔直和能量交换等。

在电子电路中电容器的种类很多，常用的电容器有：瓷介质电容器、聚酯薄膜介质电容器、涤纶电容器、铝电解电容器、云母电容器等。其外形标志及符号见表1-3。

表1-3　电容器的外形标志及符号

名　称	文字符号	图形符号	实物外形标志
瓷介质电容器	C	—┤├—	472
聚酯薄膜电容器	C	—┤├—	63 0.022Ⅱ
涤纶电容器	C	—┤├—	63 0.022Ⅱ
铝电解电容器	C	—┤+├—	16UV 4.7μF
云母电容器	C	—┤├—	CY-2 470p

【操作指导】 电容器的识别与检测技巧

电容器常见的不良现象有：开路失效、短路击穿、漏电、容量变小等。

1. 电解电容器的质量判别技巧

（1）选档技巧 电解电容器的容量一般较大，用万用表测量时，须针对不同容量选用合适的量程。一般情况下，$1 \sim 47\mu F$ 间的电容器，用 $R \times 1k\Omega$ 档测量，大于 $47\mu F$ 的电容器可用 $R \times 100\Omega$ 档测量。

（2）测量技巧 测量时先将电解电容器两个电极短路一下，以放掉电容器储存的电荷，然后将万用表红表笔接电解电容器的负极，黑表笔接电解电容器的正极，在刚接触的瞬间，万用表指针立即向右偏转较大角度，接着逐渐向左回转，直到停在某一位置。此时的阻值便是电解电容器的正向漏电阻，此值略大于反向漏电阻。实际使用表明，电解电容器的漏电阻一般应在几百千欧以上。漏电阻越大越好。如图1-4所示。

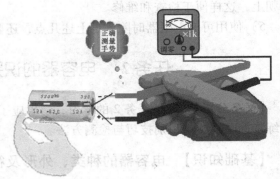

图 1-4 电容器的检测方法

对于正、负极标志不明的电解电容器，可利用上述测量漏电阻的方法加以判别。即先任意测一下漏电阻，记住其大小，然后交换表笔再测出一个阻值。两次测量中阻值大的那一次便是正向接法，即与黑表笔相接的是电容器正极，红表笔接的是电容器负极。

2. 电解电容器的质量判别技巧

将万用表拨至电阻档 $R \times 1k\Omega$，然后进行欧姆调零。测量时，先把被测电容器短路一下，方法是用万用表的表笔短接电容器的两个引脚。测量时将表笔分别接在被测电容器的两极上，对于电解电容器须注意万用表的正、负极应与电容器的正、负极一一对应，这时表针就向右偏转，然后再逐渐返回，表针回转的速度由时间常数 τ 决定（$\tau = RC$），最后表针停在某一个位置上，此时对应的阻值为该电容器的漏电阻，正常电容器的漏电阻一般应大于几百千欧。如果表针始终停在无穷大或零欧姆的位置，则说明电容器内部已开路或短路。

3. 其他电容器的质量判别技巧

瓷介质电容器、聚酯薄膜介质电容器、涤纶电容器均称为无极性电容，它的容量比电解电容器小，一般在 $2\mu F$ 以下，测量时应选用 $R \times 10k\Omega$ 档。应该注意的是对于 5000pF 以下的电容器，测量时表针偏转得很小，容量再小的电容器用万用表就测不出来了，此时可以用电容测量仪进行测量。若测得的阻值为无穷大或零，则说明电容器内部已开路或短路。

任务3　电感器和变压器的识别技巧与检测方法

【任务分析】 通过任务 3 的学习，学生应了解电感器、变压器的种类、外形、在电路中的符号，熟练掌握电感器、变压器的识别技巧和检测方法。

【基础知识】　电感器的种类、外形及符号

电子电路中常用的电感器有：固定电感器、带磁心的电感器、磁心有间隙的电感器、带磁心连续可变的电感器、有固定抽头的电感器等。电感线圈中有变化的电流通过时会产生感应电动势，故电感器是存储磁能的元件，其外形标志及符号见表1-4。

表1-4　电感器的外形标志及符号

名　　称	文 字 符 号	图 形 符 号	实物外形标志
固定电感器	L		
有磁心的电感器	L		
磁心有间隙的电感器	L		
带磁心连续可变的电感器	L		
有固定抽头的电感器	L		

【操作指导1】　电感器的识别技巧与检测方法

电感器常见不良的现象有：电感器引脚断开，电感器线圈内部短路、电感器变形引起电感量的变化等。

（1）目测法技巧　目测法是从外观上检查，一看电感器引脚有无断线、开路、生锈，二看线圈有无松动、发霉、烧焦等现象，带有磁心的电感器还要看它的磁心有无松动和破损。如有上述现象，它的电感量和质量就存在问题，需用万用表进一步检测。

（2）用万用表检测电感器的方法与技巧　用万用表检测电感器的方法是：万用表选用R×1Ω档，两支表笔接线圈的两个引出脚，测得的电阻值由线圈的匝数和线径决定。匝数多、线径细的线圈电阻值就大一些，反之相反。对于有抽头的电感器，各引出脚之间都有一定的电阻。若测得的电阻值为无穷大，则说明线圈已经开路；若测得的电阻值等于零，则说明线圈已经短路。另外，测量时要注意线圈局部短路、断路的问题，线圈局部短路时电阻值比正常值小一些；线圈局部断路时电阻

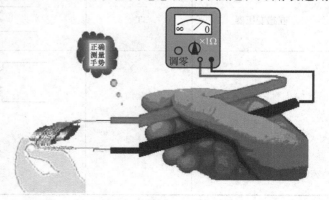

图1-5　用万用表检测电感器的方法

值比正常值大一些。如图 1-5 所示。

【操作指导 2】 变压器的识别技巧与检测方法

（1）变压器的种类、外形符号 变压器是变换电压、电流和阻抗的器件。变压器的种类很多，在电子电路中常用的有互感变压器、自耦变压器、有铁心电源变压器、有磁心中频变压器和行输出变压器等。它们的外形标志及符号见表 1-5。

（2）变压器的识别与检测技巧 如表 1-5 所示，变压器有一次、二次两个绕组或两个以上绕组，外观检查方法与技巧同上面电感线圈一样，这里不再重复叙述。

变压器的绝缘性能的好坏，可用万用表的 R×10kΩ 档测量，方法是：一支表笔搭在铁心上，另一支表笔分别接触一、二次绕组的每一个引脚，此时若表针不动，电阻值为无穷大，则说明绝缘性良好；若表针向右偏转，则说明绝缘性能下降。这种方法适用于降压变压器。用万用表的 R×1Ω 档或 R×10Ω 档，测量变压器一次绕组的电阻值，正常时只有几欧姆至几十欧姆；用万用表的 R×10Ω 档或 R×100Ω 档，测量变压器二次绕组的电阻值，正常时只有几十欧姆至几百欧姆。若测得的电阻值远大于上述电阻值，则说明变压器二次绕组已经开路。若测得的电阻值等于零，则说明变压器二次绕组已经短路。电源开关变压器、行输出变压器的测量方法同上面一样。

表 1-5 变压器的外形标志及符号

名　　　称	文 字 符 号	图 形 符 号	实物外形标志
自耦变压器	T		
有铁心电源变压器	T		
有磁心中频变压器	T		
互感变压器	T		
行输出变压器	T		

任务4　微型继电器的识别技巧与检测方法

在电子电路中微型继电器通常作为一种受控开关，来实现用小电流或低电压去控制大电流或高电压。

【任务分析】　通过任务4的学习，学生应了解继电器的种类、外形、在电路中的符号，熟练掌握继电器识别技巧与检测方法。

【基础知识】　电磁继电器的种类、外形及符号

继电器的种类很多，通常分为电磁继电器、固态继电器等。其中，电磁继电器是应用早、最广泛的一种继电器，而固态继电器是新发展起来的一种无机械触点的继电器。其外形标志及符号见表1-6。

表1-6　继电器的外形标志及符号

名　称	文字符号	图形符号	实物外形标志
电磁继电器	K	K_1　K_{1-1}　K_{1-2}	
交流固态继电器	K	+ SSR − ~ ~	
直流固态继电器	K	+ DC型 SSR − E C + +	

1）电磁继电器的组成：它由带铁心的线圈及一组或几组带触点的簧片组成。如图1-6所示。

电磁继电器是利用电磁作用工作的。当继电器线圈中无电流通过时，常闭触点闭合，常开触点断开。当线圈两端施加一定的电压时，线圈中就会有电流通过并产生磁场，线圈中间的铁心被磁化而产生磁性，衔铁在电磁力吸引下克服板簧的拉力吸向衔铁，从而带动衔铁，使原来常闭触点断开，原来常开触点闭合。当切断电源后，铁心失去磁性，电磁力消失，衔铁就会在板簧的拉力作用下返回原来的位置，触点恢复原来的

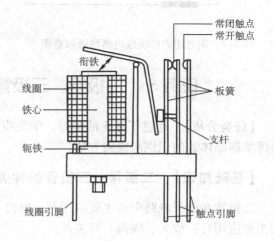

图1-6　电磁继电器结构图

状态。

2）电磁继电器的种类：可分为直流电磁继电器和交流电磁继电器。

【操作指导】 电磁继电器的测量、质量判别方法与技巧

1. 目测法技巧

先从外观上检查，一看继电器引脚有无断线、开路、生锈，二看线圈有无烧焦，常开、常闭触点接触与断开是否正常。带有铁心的继电器还要看它的铁心有无松动和破损。如有上述现象，则继电器的质量就存在问题，需用万用表测量。

2. 用万用表检测继电器线圈通、断的方法与技巧

用万用表检测继电器通电线圈的方法同本项目任务3电感器的检测方法，如图1-7所示。这里就不再赘述。

3. 用万用表检测继电器常开、常闭触点的方法与技巧

用万用表检测继电器常开、常闭触点的方法是：选用 R×10kΩ 档，先用万用表的两支表笔测量常开触点，若电阻值为无穷大，则说明常开触点正常；若阻值不是无穷大，则说明常开触点没有断开，已损坏。再将万用表欧姆档调到 R×1Ω 档测量常闭触点，若测得电阻值为零，则说明常闭触点正常；若测量的阻值不是零，则说明常闭触点没有闭合，接触不良或已损坏。如图1-8所示。

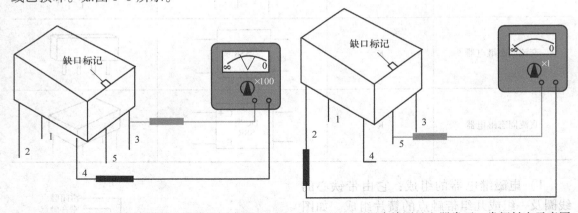

图1-7　用万用表检测继电器线圈示意图　　　　图1-8　用万用表检测继电器常开、常闭触点示意图

任务5　二极管、三极管的识别技巧与检测方法

【任务分析】　通过任务5的学习，学生应了解晶体管的种类、外形、在电路中的符号，熟练掌握晶体管的识别与检测方法。

【基础知识】 二极管、三极管的种类、外形及符号

二极管在电子电路中的主要应用有：整流、稳压、隔离、开关等；三极管在电子电路中的主要应用有：放大、隔离、开关等。

电子电路中常用的二极管、三极管有：整流二极管、开关二极管、发光二极管、稳压二极管、变容二极管、晶体管、场效应晶体管、晶闸管等。二极管、三极管及光耦合器的外形

标志及符号见表1-7。

表1-7 二极管、三极管及光耦合器的外形标志及符号

名　称	文 字 符 号	图 形 符 号	实物外形标志
整流二极管	V、VD		1N4001
开关二极管	V、VD		2CK7
发光二极管	V、VL		
稳压二极管	V、VS		BZX79C12
变容二极管	V		2cc126　2cc 320
晶体管	V、VT		2SC2216　2SC2070　e b c
场效应晶体管	V、VF		3DJ
晶闸管	V、VT、VTH		2SC2216　a b c
光耦合器	VLC	1　3　2　4	K817P6029 UTK27

【操作指导1】 普通二极管的极性测量、判别方法与技巧

根据二极管正向电阻小、反向电阻大的特点可判别二极管的极性。将万用表拨到 R×100Ω 档或 R×1kΩ 档，一般不要用 R×1Ω 档或 R×10kΩ 档，因为 R×1Ω 档使用的电流太大，容易损坏管子，而 R×10kΩ 档使用的电压太高，可能击穿管子。表笔分别与二极管的两极相连，测出两个阻值，在所测得阻值较小的一次，与黑表笔相连的一端即为二极管的正极。同理在所测得阻值较大的一次，与黑表笔相连的一端即为二极管的负极。如果测得的反

向电阻很小，则说明二极管内部短路；若正向电阻很大，则说明管子内部断路。这两种管子都不可以使用。如图1-9所示。

【操作指导2】　发光二极管的测量、质量判别方法与技巧

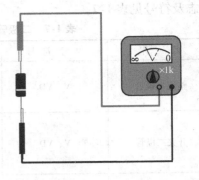

图1-9　用万用表检测二极管的极性

发光二极管简称LED，是一种能将电能转换为光能的半导体器件，是一种冷光源，常作为工作状态的指示。它的正向管压降为2V左右，工作电流为5～15mA，反向耐压60V左右。测量发光二极管要用万用表的R×10kΩ档，此时表内是15V或9V的叠层电池。满足管压降的要求，测量发光二极管的正、反向电阻，其值与普通二极管一样，质量判别也是一样的。但是，测量时需要观察它是否发光，有的发光二极管测得正、反向电阻正常，就是不发光，是何原因呢？是它的工作电流太大，而万用表不能提供。此时，可用稳压电源输出6V直流电压，接在发光二极管的两个电极上，再观察它是否发光。如果能发光则说明是好的，反之是坏的。**注意**，在直流稳压电源输出端串联一个可变电阻器，输出端正极与发光二极管正极相接，输出端负极与发光二极管负极相接。

【操作指导3】　稳压二极管的测量、质量判别方法与技巧

用万用表的R×100Ω档或R×1kΩ档测量稳压二极管时，由于表内电池电压为1.5V，电压不足以使稳压二极管反向击穿，因而使用低阻档只能测量稳压二极管的正、反向电阻，其值与普通二极管一样，质量判别也是一样的。

要测量稳压二极管的稳压值，必须使用高阻档，这样才能使稳压二极管进入反向击穿状态，一般用R×10kΩ档来测量，此时表内是15V或9V的叠层电池。当万用表置于高阻档后，测其反向电阻，若测得的电阻为R_x，可求得稳压值V_z为

$$V_z = \frac{E_o \times R_x}{R_x + nR_o}$$

式中，n是所用档的倍率，如所用万用表最高电阻档是R×10kΩ，即$n=10000$；R_o是万用表的中心阻值；E_o是所用万用表最高档的电池电压值。

例如，用MF50型万用表测定一只2CW14稳压二极管的稳压值，$R_o = 10\Omega$，最高档R×10kΩ，$E_o = 15V$，$R_x = 75k\Omega$，通过计算$V_z = 6.4V$。

【操作指导4】　晶体管管脚的测量、判别方法与技巧

（1）晶体管管脚的判别方法与技巧　用万用表判别管脚的根据是：NPN型晶体管基极到发射极和基极到集电极均为PN结的正向，而PNP型晶体管基极到发射极和基极到集电极均为PN结的反向。

（2）晶体管基极的判别方法与技巧　对于中小功率晶体管，可用万用表R×100Ω档或R×1kΩ档测量；对于大功率管，可用R×1Ω或R×10Ω档测量。

用万用表的黑表笔接触某一管脚，用红表笔分别接触另外两个管脚，如果两次测得的阻

值在表头上的读数都很小，则黑表笔接触的那一个管脚就是基极，同时可知此晶体管是 NPN 型。若用万用表的红表笔接触某一管脚，用黑表笔分别接触另外两个管脚，如果两次测得的阻值在表头上的读数都很小，则红表笔接触的那一个管脚就是基极，同时可知此晶体管是 PNP 型。

（3）晶体管集电极和发射极的判别方法与技巧　以 NPN 型晶体管为例，当基极确定后，假设剩余的两只管脚中的一只管脚是集电极，另一只是发射极，将黑表笔接到假设的集电极管脚上，红表笔接到假设的发射极上。用手指捏住假设的集电极和基极，观察表针的指示，并记住此时的电阻值的读数；然后，交换红黑表笔的位置，作同样的测量记录。比较两次读数的大小，若第一次的阻值较小，则说明第一次假设是正确的，黑表笔接的一只脚就是集电极，剩下的就是发射极。如图 1-10 所示。

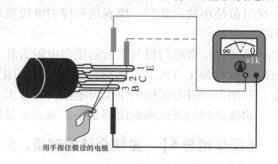

图 1-10　用万用表检测晶体管的极性

（4）二极管、晶体管管脚的直观判别方法与技巧　二极管、晶体管管脚的直观判别方法与技巧，见表 1-8。

表 1-8　二极管、晶体管管脚的直观判别方法与技巧

型 号 形 式	实物外形标志	引脚识别方法与技巧
1N4000 系列	竖条标记 1N4001	竖条标记为负极
铁壳封装 3DG 系列、3DA 系列、3AX 系列、3AG 系列	b e ○ ○ ○ c 标记	三角形法，顶点是基极 b、标记处为发射极 e、余下的点是集电极 c
塑封 90 系列标准型	9011 e b c	平面朝外，左边是发射极 e、中间是基极 b、右边是集电极 c
铁壳封装 3DD 系列、3AD 系列	●e 外壳c ●b	上面是发射极 e，下面是基极 b，外壳是集电极
塑封带散热片 3DG、3CG 系列	3DG325 带点标记 e b c	文字朝外，左边是发射极 e、中间是基极 b、右边是集电极 c

（5）晶体管的测量、质量判断方法与技巧　用万用表 R×100Ω 档或 R×1kΩ 档测量晶体管 be 结、bc 结、ce 结的正反向电阻值做粗略的判断。正常情况下 be 结、bc 结正向电阻小；反向电阻大。锗管正向电阻为数十欧姆，硅管正向电阻为数百欧姆；锗管反向电阻为几

十千欧,硅管反向电阻为数百千欧。若测得正反向电阻值均为无穷大,则说明管子内部已断路;若测得正反向电阻值均为零,则说明管子内部已短路,管子已损坏。

【操作指导5】 晶闸管的测量、质量判断方法与技巧

选择万用表 R×100Ω 档或 R×10Ω 档,用两表笔循环接触晶闸管任意两个电极,总有一次阻值是小的,此时,黑表笔对应的电极就是门极,红表笔接的电极是阴极,剩余的便是阳极。

晶闸管正常时门极与阴极的正向电阻为几千欧,反向电阻为几百千欧,门极与阳极的正反向电阻均为无穷大。若测得门极与阳极的正反向电阻均很小,则说明门极与阳极已被击穿;若测得门极与阳极的正反向电阻为无穷大,则说明门极与阳极已断路;若测得门极与阳极、阴极之间的正反向电阻都很小,则表明晶闸管也已被击穿。

【操作指导6】 光耦合器的测量、质量判断方法与技巧

光耦合器是一种由发光器和受光器组成的一个"电-光-电"器件。当输入端有电信号输入时,发光器发光,受光器受到光照后产生电流,输出端就有电信号输出,实现了以光为媒体的电信号传输。这种器件在电子设备中的应用很广泛。

常用的光耦合器是由发光二极管和光敏晶体管组成的光耦合器。它的测量方法是:选用两个同类型的万用表,将万用表拨到 R×100Ω 档,测试方法如图1-11所示。

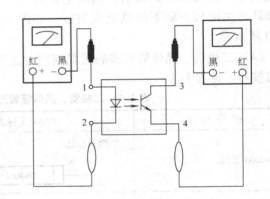

图1-11 光耦合器好坏判别测试图

任务6 集成电路的识别技巧与检测方法

随着电子技术的发展,集成电路的集成度越来越高,集成电路的引出脚越来越多,这给电子电路检修与排故带来了一定的困难。在电路中集成电路坏了,就会出现各种各样的故障,所以检修电子电路时,不可避免地碰到对集成电路的检测问题,如何测量、判别集成电路的好坏呢?这里介绍几种常用的检测方法。

【任务分析】 通过任务6的学习,学生应了解集成电路的种类、外形、在电路中的符号,熟练掌握集成电路识别技巧与检测方法。

【基础知识】 集成电路的种类、外形及符号

集成电路(IC)就是采用平面工艺,将电路元器件和连接线集中制造在一块半导体芯片上,再进行封装而成。它具有体积小、重量轻、外部引线及焊点少、安装调试方便等优点,因而大大提高了电子电路设备的灵活性和可靠性。

1. 集成电路的种类

（1）按功能分 按功能分集成电路有 A – D 转换器、D – A 转换器、TTL 电路、HTL 电路、ECL 电路、运算放大器、存储器、稳压器、接口电路、音响电路、微处理器、电视电路和非线性电路等。

（2）按集成度分

1）小规模电路（SSI）。这种电路内部集成元器件在 100 个以下或少于 10 个门电路。

2）中规模电路（MSI）。这种电路内部集成元器件在 1000 个以下或少于 100 个门电路。

3）大规模电路（LSI）。这种电路内部集成元器件在 10000 个以下或少于 1000 个门电路。

4）超大规模电路（VLSI）。这种电路内部集成元器件在 100000 个以上或 10000 多个门电路。

（3）按制造工艺分 有 MOS 电路（含 NMOS、PMOS 和 CMOS），双极型晶体管电路，混合电路（薄膜电路、厚膜电路、混合电路）。

（4）按封装形式分 有圆形金属、单列直插式、双列直插式、双列扁平式、四列直插式和四列扁平式等，集成电路引脚识别方法与技巧见表 1-9。

表 1-9 集成电路引脚识别方法与技巧

封 装 形 式	实物外形标志	引脚识别方法与技巧
圆形金属		按顺时针排列
椭圆形金属	金属外壳	按顺时针排列
单列直插式 1	竖条标记 1 10	按标记从左向右排列
单列直插式 2	圆点标记 1 10	按标记从左向右排列
单列直插式 3	半圆标记 1 10	按标记从左向右排列
单列直插式 4	缺角标记 1 10	按标记从左向右排列

（续）

封 装 形 式	实物外形标志	引脚识别方法与技巧
单列直插式5	散热片 空心圆标记 1 8	按标记从左向右排列
双列直插式	16 9 半圆标记 1 8	按标记逆时针排列
双列扁平式	16 9 竖条标记 1 8	按标记逆时针排列
四列直插式	缺角标记	按标记逆时针排列

2. 集成电路引脚识别方法与技巧

集成电路封装形式多种多样，引脚识别方法也不一样，识别方法与技巧见表1-9。

【操作指导1】 集成电路不在线直流电阻测量法

不在线直流电阻测量法是指集成电路没有装在印制电路板上或集成电路未与外围元器件连接时，测量集成电路的各引脚对应于地脚的正、反向电阻。具体测量方法是，首先，在集成电路手册上或技术资料中找到被测集成电路的型号，查到该集成电路各引脚对地接地脚的正、反向电阻的参考值；其次，一般用万用表 R×1kΩ 档，不用 R×1Ω 档，以防测试电流太大损坏集成电路。测量前应欧姆校零，还要熟悉引脚的功能，正、反向电阻值。一般情况下是有针对性地测量被测集成电路某个引脚的正、反电阻值，正、反向电阻的测量只要在引脚的位置交换红、黑表笔即可，如测集成块 TA7680AP①脚，则红表笔接①脚，黑表笔接地（④脚），测得阻值为 5.8kΩ，然后交换表笔，黑表笔接①脚，红表笔接地（④脚），测得阻值为 12kΩ。将所测值与正常值比较，只要相差不大，就可以认定集成电路性能良好。由于集成电路的生产批次不同，电阻值会有一定误差，一般为 10% 左右。如果误差超出 10%，则该集成电路的性能就有问题。如图 1-12 所示。

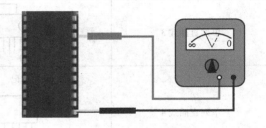

图 1-12 集成电路不在线直流电阻测量法

【操作指导2】　集成电路在线测量法

（1）在线直流电阻测量法　所谓在线检测是指集成电路焊在印制电路板上，接在电路中的测量与检查方法。这一方法可以在不通电、不动电烙铁的情况下进行。着重检查集成电路中工作不正常的部分及各引脚的正、反向电阻。在线测量时，各引脚对地电阻值要受外围元器件的影响，这一点要注意。通过测量如果某一个引脚的正、反向电阻与参考电阻有明显的差异，还不能确定集成电路是坏的，还要检测引脚的外围元器件是否损坏，也可以断开这个引脚的外围元器件后，再测量这个引脚的正、反向电阻值。总之，应注意总结经验，收集资料，才能正确地判断集成电路的好坏。

（2）在线直流电压测量法　这种方法是判断集成电路好坏的常用方法。它是用万用表的直流电压档，测出各引出脚对地的直流电压值，然后与标注的参考电压进行比较，并结合其内部和外围电路进行分析，据此来判断集成电路的好坏。如图1-13所示。

图1-13　集成电路在线测量法

直流电压测量时应注意以下几个问题：

1）使用的万用表的内阻要大，一般要求万用表的内阻为 $20\mathrm{k}\Omega/\mathrm{V}$，万用表内阻太小，会出现较大的误差而影响测量的精度。

2）在测量集成电路各引出脚的直流工作电压时，如果遇到某个引出脚的电压与原理图提供的参考电压不一致，此时，一方面要检查测量的条件与方法，另一方面要核对所提供的参考电压是否可靠。因为，有些参考电压与实际电压有较大的差别，有时还有印刷和标注方面的错误，所以需要寻找一些相关的资料进行查对，不要急于判定集成电路坏了。

3）由于集成电路内部由许多晶体管组成，各级之间全部采用直接耦合方式，所以前后级工作点相互影响。当集成电路内某个元器件损坏时，不但会影响相应引出脚的电压值，而且还会影响与之有关的后面各级。在测量集成电路引出脚直流电压前，应先测集成电路的供电电压是否正常，如果供电电压不正常，所测得引出脚的直流电压也是不正常的；如果供电电压正常，测得引出脚的电压不正常时，还要检查外围元器件是否正常。若外围元器件正常则说明集成电路内部已损坏，应予以更换。

4）要注意所测的电压是静态电压还是动态电压。因为集成电路的个别引脚有信号时的动态电压和无信号时的静态电压有明显变化，一般在测量静态电压时可将输入端交流短路，测量动态电压时可在输入端输入交流信号。

【操作指导3】　示波器检查法

使用示波器观察测量集成电路的输入和输出信号是否正常，将其与电路原理图中提供的正常波形相比较，可以非常直观地判断故障所在。在有条件的情况下，使用示波器检查，是一种非常迅速有效的方法。使用时应注意选择相应的信号发生器，根据电路原理中要求的信号种类来供给测试信号。使用示波器测量时应注意示波器的接地点与被测电路接地点一致。不要接入"热地",否则会损坏示波器。还有其他一些检测方法:如感观法,干扰法等,将在项目 3 中予以介绍。

任务 7　压电器件的识别技巧与检测方法

压电器件是一种具有压电特性的单晶体或多晶体。选用的材料有:石英晶体、钛酸钡、钛酸铅、锆钛酸铅、铌酸钡、钽酸锂等。石英晶体稳定性好,而锆钛酸铅具有强度大、阻抗高的特点。

【任务分析】　通过任务 7 的学习,学生应了解压电器件的种类、外形,在电路中的符号,熟练掌握压电器件识别技巧和检测方法。

【基础知识】　压电器件的种类、外形及符号

常用的压电器件有:石英晶体元件、压电陶瓷元件、声表面滤波器等。压电器件外形标志及符号见表 1-10。

表 1-10　压电器件外形标志及符号

名　称	文字符号	图形符号	实物外形标志
声表面滤波器	SAWF	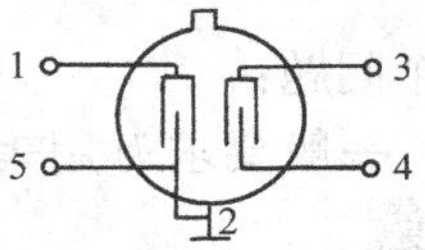	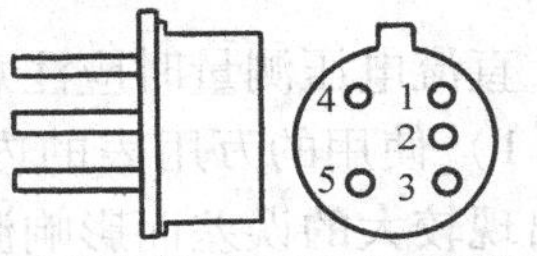
陶瓷滤波器	LT、XT、HP、LP	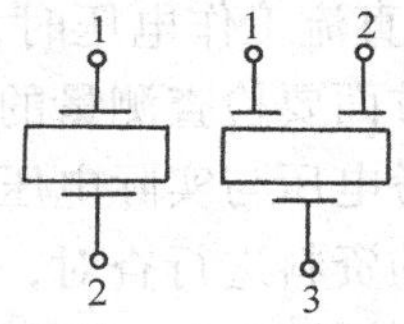	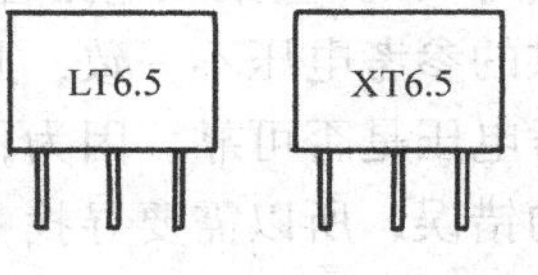 LT6.5　XT6.5
石英晶体	CRB445E	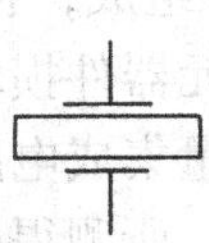	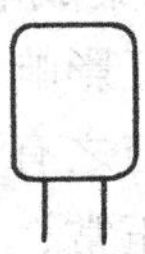
超声延时线	DL	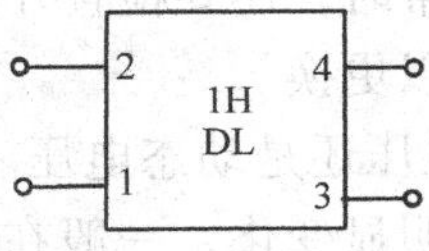 1H DL	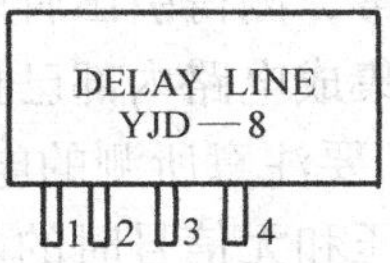 DELAY LINE YJD—8

【操作指导】　压电器件的测量、质量判别方法与技巧

1. 滤波器的测量、质量判断方法与技巧

电子电路中常用的滤波器有:声表面滤波器、陶瓷滤波器、超声延时线等。它们的外形标志及符号见表 1-10。

（1）声表面滤波器的测量、质量判断方法与技巧 声表面滤波器（SAWF）作为中频放大器的输入吸收回路，已被广泛应用。它由制作在压电晶体基片的金属梳状电极构成。梳状电极换能器有其特有的声同步频率f_o，此频率取决于梳状电极的几何尺寸。当外加电信号的频率等于它的声同步频率f_o时，信号的传播效率最高。当信号频率偏离f_o时，传输信号就衰减。声表面滤波器具有结构简单、稳定性好、可靠性高、调试方便等优点，它还具有一定带宽的频响特性，这就是声表面滤波器的选频原理。

对于性能良好的声表面滤波器，用万用表 R×10kΩ 档测量其输入端（表 1-10 中 SAWF 的①脚和⑤脚为输入端，③脚和④脚是输出端）两个电极之间的电阻或输出端两个电极之间的电阻，其值应为无穷大，且各个电极与屏蔽电极的电阻也为无穷大。若测得的阻值都很小，就说明声表面滤波器内部已短路，不能再使用。

（2）陶瓷滤波器的测量、质量判断方法与技巧

在电子电路中要用到吸收电路、滤波器等，通常用陶瓷滤波器。陶瓷滤波器是一种 LC 组件，它有：陷波器 LCT4.43M、陷波器 XT6.5M、带通滤波器 LT6.5M、高通 HPT3801 等。

陶瓷滤波器的检测，可以用万用表的电阻档来测量，将万用表拨至 R×10kΩ 档。如图 1-14 所示。性能良好的陶瓷滤波器，其两端的电阻值为无穷大。如果测得的电阻值为零或为一定的电阻值，则表明陶瓷滤波器已损坏。对于陶瓷滤波器内部开路、引线脱落等情况，万用表无法判断，这时可用替代法进行检查。替代法在本书项目 3 中将作详细介绍。

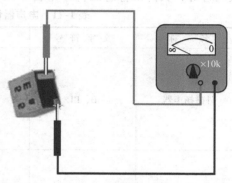

图 1-14 陶瓷滤波器检测方法

（3）超声延时线的测量、质量判断方法与技巧 超声延时线是以压电陶瓷作为换能器，玻璃作为介质构成。因此两个输入端之间或两个输出端之间以及输入、输出端之间是直流阻断的，其各个端子之间的直流电阻都应为无穷大。检测时可用万用表 R×10kΩ 档测量，所测的电阻值应为无穷大，否则，说明超声延时线是坏的。

2. 石英晶体的测量、判断方法与技巧

石英晶体在电子电路中作为一种特殊的元件，被广泛应用于振荡电路中。石英晶体具有压电效应，在它两端施加以一定的交变电压时，它们都会随着交变电场的变化而产生变形，形成机械振动；反之当它们受到一定的机械振动时，就能产生一定的交变电场，在其电极上输出电压信号。

石英晶体可以用万用表的电阻档来测量，将万用表拨至 R×10kΩ 档，如图 1-15 所示，用表笔去接触石英晶体的两个电极，性能良好的石英晶体，其两端的电阻值为无穷大。如果测得的电阻值为零或为一定的电阻值，则表明石英晶体已损坏。对于石英晶体内部开路、引线脱落等情况，万用表无法判断，这时可用替代法进行检查。

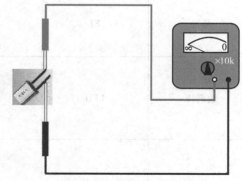

图 1-15 石英晶体检测方法

任务 8   其他元器件的识别技巧与检测方法

【任务分析】 通过任务 8 的学习，学生应了解电声器件、显示器件和贴片式元器件的种类、外形、在电路中的符号，熟练掌握电声器件的识别技巧与检测方法。

【基础知识】 电声器件与显示器件的种类、外形及符号

在电子电路中，电声器件、显示器件和贴片式器件的应用也非常广泛。

常用的电声器件有：扬声器、传声器和耳机等。常用的显示器件有：显像管、示波管和数码管等，其外形标志及符号见表 1-11。

表 1-11   电声器件和显示器件的外形标志及符号

名 称	文 字 符 号	图 形 符 号	实物外形标志
外磁扬声器	B、BL		
内磁扬声器	B、BL		
传声器	H		
耳机	EJ		
数码管	LED		
显示器件	56SX101Z		

【操作指导1】　电声器件与显示器件的检测方法与技巧

1. 电声器件的检测方法与技巧

电声器件是用来实现电与声的转换的器件，广泛应用于广播、电视、音响设备和通信设备中。

1）用万用表检测扬声器、耳机的方法是：万用表选用 R×1Ω 档，两支表笔断续接触它的两个电极，若测得电阻值约为几欧，并能听到"喀啦、喀啦"声，则表明电声器件是好的；如果听到的是沙哑声或破壳声，则表明质量有问题，应该更换。扬声器的电阻值一般是几欧到几十欧，而耳机可分为低阻型和高阻型两种，用万用表测出的电阻值约为标称值的 80%～90%。检测时要注意，如果测出的电阻值为无穷大，则说明扬声器的引出线或音圈断路；如果测出的电阻值为零，则说明它的音圈有问题。如图 1-16 所示。

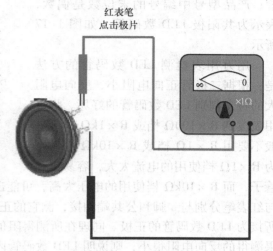

红表笔
点击极片

图1-16　万用表检测扬声器

2）用万用表检测驻极体传声器的方法是：万用表选用 R×1kΩ 档，黑表笔接漏极 D，同时红表笔接源极 S 和接地端，用手指不间断地弹或用嘴对传声器吹气，同时观察万用表指针，如果万用表指针有指示，则表明传声器正常，指针摆动的范围越大其灵敏度越高；如果万用表指针不动（没有指示），则表明传声器已坏。

2. 显示器件的检测方法与技巧

（1）彩色显像管的检测方法与技巧　目前彩色电视机都用自汇聚彩色显像管，它采用单枪三束一体化结构。彩色显像管的好坏判别有两种方法：

1）电阻测量法。电阻测量应在不通电的情况下进行。正常管子的灯丝电阻为 10Ω 左右，冷态时为 7Ω 左右。如果测得的电阻值很大或无穷大，就说明灯丝接触不良或断路。阴极与灯丝之间或与其他各个电极之间的电阻均应为无穷大，如果电阻值很小，则说明有碰极现象。

显像管老化程度的识别技巧：可以在加 6.3V 电压情况下测量阴极与栅极之间的电阻来判断，黑表笔接显像管阴极、红表笔接显像管栅极，测得的直流电阻值应在 10kΩ 以下，若大于 10kΩ，则表明显像管已老化。

2）电压、电流测量法。彩色显像管的好坏也可用电压测量或电流测量来判别。在通电情况下，观察灯丝是否亮，若灯丝不亮，就要测量灯丝电压是否正常，来判别灯丝有无烧断。若有灯丝电压而灯丝不亮，必定是灯丝已断。如灯丝亮而无光栅，可以通过测量显像管各电极电压来判断。若各电极供电压正常，则表明显像管有故障。另外还可以用万用表的电流档测量显像管的阴极电流，正常时灯丝电流为 0.6～1mA，如果灯丝电流小于 0.3mA，则表示显像管已老化。

（2）数码管的检测方法与技巧

LED 七段码显示器，又称为 LED 数码管。它有两种，一种是共阴极连接，另一种是共阳极连接。产品型号中编号的末位数是奇数，表示为共阴极 LED 数码管；产品型号中编号的末位数是偶数，表示为共阳极 LED 数码管，如图 1-17 所示。

用万用表检测 LED 数码管的方法是：根据二极管正向电阻小、反向电阻大的特点判别 LED 数码管的好坏。将万用表拨到 R×100Ω 档或 R×1kΩ 档，一般不要用 R×1Ω 档或 R×10kΩ 档，因为 R×1Ω 档使用的电流太大，容易损坏

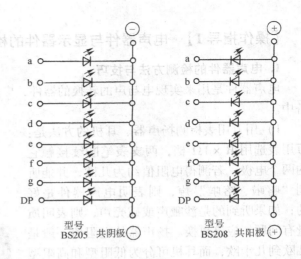

图 1-17　LED 数码管内部结构图

管子，而 R×10kΩ 档使用的电压太高，可能击穿管子。以共阴极 LED 数码管为例，黑表笔与红表笔分别与 a 脚和公共端相接，测它的正反向阻值，所测得阻值较小的一次，即黑表笔所接为 LED 数码管的正极。同理在所测得阻值较大的一次，黑表笔为 LED 数码管负极。如果测得的反向电阻很小，则说明 LED 数码管内部短路；若正向电阻很大，则说明 LED 数码管内部断路。数码管有一段损坏，会出现缺笔画现象，这种数码管已不能使用。其他各段的测量方法与上面一样。

【操作指导2】　贴片式元器件的识别技巧与检测方法

随着电子技术不断地发展，电子元器件已由过去的体积大、重量重，向体积小、重量轻、微型化的贴片式元器件发展。表面贴装技术已经得到了快速的发展。

1. 贴片式元器件的识别技巧

贴片式元器件又称片式元器件，它是无引脚线的微型元器件，包括无源贴片式元器件（SMC）和有源贴片式元器件（SMD）。目前在计算机、电视机、通信设备和音响设备等方面有广泛应用。贴片式元器件的种类、外形标志及符号见表 1-12。

表 1-12　贴片式元器件种类、外形标志及符号

名　　称	文字符号	图形符号	实物外形标志
矩形贴片式电阻器	R		RT 102J
贴片式电位器	RP		
矩形贴片式电容器	CC		CC3216

（续）

名　称	文字符号	图形符号	实物外形标志
贴片式线绕电感器	L		
贴片式二极管	V、VD		
贴片式晶体管	V、VT		
贴片式集成电路	IC		

2. 贴片式元器件的标识识别技巧与检测方法

贴片式元器件一般采用直标法，如图 1-18 所示。图 1-18a 中 103 表示 $10 \times 10^3 \Omega$ = 10kΩ，可以看出用 103、104 或 105 等数字表示的，前二位数字表示电阻的有效数，第三位数字表示 10 的几次幂（几次方）。当阻值小于 10Ω 时，以 ×R× 表示，用 R 表示小数点，如 6.8Ω 用 6R8 表示，如图 1-18b 所示。图 1-18c 中，RC3216K103F 中的 RC3216 是代号，K 表示功率，103 表示阻值，F 表示允许误差。图 1-18d 中，CC1206NPO151JZT 是矩形贴片式陶瓷电容器，其中 CC1206 是代号，NPO 表示功率，151 表示容量，前两位数字表示电容的有效数，第三位数字表示 10 的几次幂（几次方），单位是皮法（pF），151 为 15×10^1 pF = 150pF，J 表示允许误差，ZT 表示耐压。电容的耐压分低压和高压两种：低压为 200V 以下，有 50V、100V；高压有 200V、300V、500V、1000V。贴片式元器件的检测方法与普通元器件的检测方法基本相同，这里就不再重复叙述。

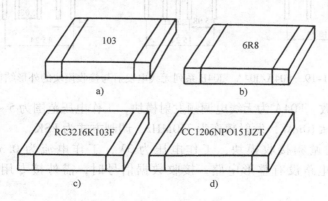

图 1-18　直标法矩形贴片式电阻器、电容器

任务9　　电子模块的识别技巧与检测方法

【任务分析】

近十几年来，随着微电子技术的快速发展，涌现出了一大批新型的电子模块。专用电子模块取代了过去的集成电路、分立元件和器件等组成的电子电路，使电子整机产品的设计与制造得到大大简化，也提高了电子整机产品的工作可靠性。

目前，电子模块在民用消费类电子整机产品中已得到广泛应用，如无线电通信发射与接收、红外线传感、功率放大等模块。

【基础知识1】　无线电通信发射与接收专用模块

无线电发射与接收模块，品种繁多，功能也不同。按内部结构可分为调制式和无调制式两种；按电路方式可分为超再生和超外差接收方式两种；按频率稳定度可分为稳定型和非稳定型两种；按遥控距离可大致分为近距离、中距离和远距离等几种。本节介绍F00/J00系列无线电发射与接收模块，这是一种典型的无线电发射与接收模块。

F00/J00系列无线电发射与接收模块是微型器件，采用SMT工艺树脂封装，性能稳定可靠。发射与接收配套使用时，可组成各种无线电遥控器、报警器等。

（1）F04A/J04A、J04B系列无线电发射与接收模块的外形结构　F04A/J04A、J04B系列无线电发射与接收模块的外形结构如图1-19所示，引脚采用单排直插式标准插距的印制电路板结构，外形尺寸为18mm×12mm×2mm，器件体积小，功耗低，效率高，收发频率一致，外围元器件很少，免调试，直接可以使用。收发距离为200m，数字信号传输速率为0.33～10kbit/s。

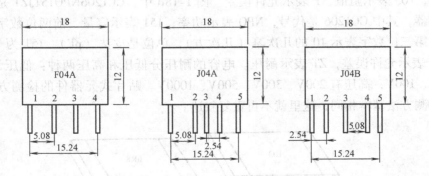

图1-19　F04A/J04A、J04B系列无线电发射与接收模块的外形结构

（2）功能与参数　F04A为无线电调频发射模块，工作电压范围为5～12V，发射电流为3～9mA，发射功率≤10mW，发射频率为310MHz，调制方式为FSK。

J04A为配套的调频接收模块，工作电压为3V，工作电流为0.3mA，接收频率为310MHz。模块内部电路没有整形电路，接收数据信号时，需外接专用的J04B放大整形模块。

J04B为放大整形模块，工作电压为3～5V，工作电压在3V时工作电流为0.1mA，输出高低电平的数字信号。

（3）工作原理 F04A/J04A、J04B 系列无线电发射与接收模块电路原理图如图 1-20 所示。

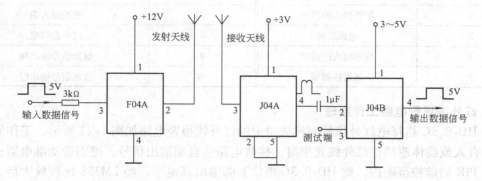

图 1-20 F04A/J04A、J04B 系列无线电发射与接收模块电路原理图

输入端输入数据信号经电阻限流后加到 F04A 的③脚，对模块产生的高频信号进行调制，然后从②脚输出，发射天线以电磁波形式向外辐射。在有效距离内，接收天线接收到的高频无线电信号，经 J04A 模块内部电路放大、解调，再由④脚输出。经电容耦合输送到 J04B 的②脚，再由内部电路放大、整形、还原数据信号从④脚输出，送到下一级电路，作为遥控数据指令。

【基础知识2】 红外线传感专用模块

红外线传感专用模块通常可分为热释电红外线控制模块和红外线发射与接收模块等几大类，热释电红外线控制模块能直接接收人体、动物或其他物体辐射的微量红外光线，并将其转换为相应的电信号输出，它无需器件自带红外光线照射就能工作，故称为被动式红外探测器件。

红外线发射与接收模块属于主动式控制器件，接收模块接收到的红外光线来自于红外发射模块发出的编码红外光线，而非人体、动物或其他物体辐射的微量红外光线。采用红外线进行近距离传输、遥控等，其优点是传递载体为不可见的红外线，保密性强，不会干扰无线电信号。本节介绍 HD-0.3C 热释电红外线控制模块和 TX05C 系列红外发射与接收模块。

1. HD-0.3C 热释电红外线控制模块的结构

HD-0.3C 热释电红外线控制模块中心组件为 CMOS 工艺大规模集成电路，模块内部包括热释电红外线全部处理电路，使用时只要配接传感探头（PIR）就可以工作，它具有电路结构简单、控制方便、功能齐全等特点，可广泛应用于报警电路、自动开关等领域。HD-0.3C 模块外形结构如图 1-21 所示，HD-0.3C 热释电红外线控制模块引脚功能见表 1-13。

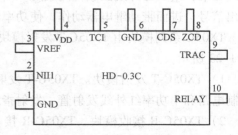

图 1-21 HD-0.3C 热释电红外线控制模块外形结构

表 1-13　HD-0.3C 热释电红外线控制模块引脚功能

引　脚	功　能	引　脚	功　能
1	地	6	电源负极接地
2	传感探头的源极	7	光控输入端
3	电源正极	8	过零检测端
4	传感探头的漏极	9	触发信号输出端
5	延迟控制端	10	直流信号输出端

2. 红外线报警电路工作原理

用 HD-0.3C 热释电红外线控制模块组成的红外线报警电路如图 1-22 所示。工作原理如下：当有人或物体遮挡住红外线光束时，接收电路会自动输出信号，进而带动继电器；若有人进入 PIR 的监控范围内，则 HD-0.3C 模块⑩脚输出高电平，经 LM358 比较放大后，再送 VT 放大驱动报警扬声器发出报警声；人退出 PIR 的监控区，30s 后报警声即自动停止；若人再次进入，则再次报警。PIR 的监控范围在 8～12m。

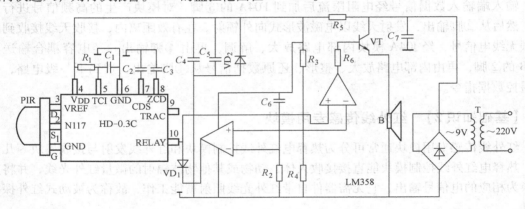

图 1-22　红外线报警电路

3. TX05C 系列红外发射与接收模块

TX05C 系列红外发射与接收模块可组成对射式电子开关。它是利用人眼观察不到的红外线光束，组成红外线区域检测系统。当有人或物体遮挡住红外线光束时，接收电路会自动输出信号，进而带动继电器动作，使功率器件执行部件动作。

TX05C 系列模块由 TX05C-T 发射模块和 TX05C-R 接收模块两部分组成，其外形结构如图 1-23 所示。

1）TX05C-T 发射模块。TX05C-T 发射模块内部电路有：电源管理器件、密码 IC、红外调制电路和中功率红外线发射管、发射指示灯及电源线。

2）TX05C-R 接收模块。TX05C-R 接收模块内部电路有：红外线接收窗、状态指示灯、放大器、解调器、输出电缆（输出电缆为双芯线，红色芯线接电源正极，白色芯线是信号输出）和续流二极管等。

3）工作原理：发射模块只要在电源线上串接一个开关，就可以正常工作。接收模块只需在红线和白线之间接一个继电器，就可以正常工作。如图 1-24 所示。

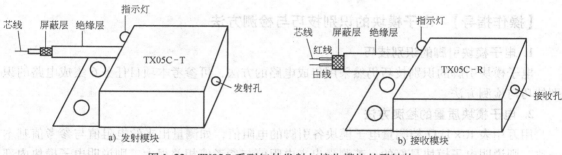

图 1-23　TX05C 系列红外发射与接收模块外形结构

当 TX05C-R 模块接收到发射模块 TX05C-T 发射的信号时，继电器 K 不工作，当人体或物体遮挡红外线光束时，TX05C-R 模块内部电路动作，继电器 K 吸合，吸合的时间与遮挡光束的时间基本一样。在实际应用时一般需加 D 触发器或采用保持式继电器。

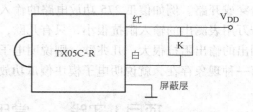

图 1-24　TX05C-R 模块原理图

【基础知识3】　傻瓜功放专用模块

近几年来生产一系列专用于发烧友音响的功放模块，即傻瓜功放专用模块。本节主要介绍 D 系列傻瓜功放专用模块。它是一种新颖的免外围元器件双声道功放集成模块，它的输出功率大、使用电压范围宽，可以从 5V 至 50V，模块内部有自动保护功能，不怕电源正负接反，不怕输出短路，不怕过载过热，具有优良的频率响应和失真小等特点。傻瓜 275 功放专用模块外形结构和电路原理图如图 1-25 所示。

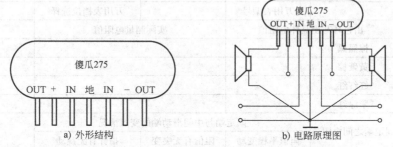

图 1-25　傻瓜 275 功放专用模块外形结构和电路原理图

使用注意事项：

1）本电路输出功率为 2×75W。电路中电源变压器采用 ~220V/2×22V，80VA，可用 1N5401 硅整流二极管，限流电阻用 1W 金属膜电阻。

2）使用傻瓜 275 功放专用模块时，必需加散热器，散热器的体积不小于 400mm×150mm×3mm。由于模块本身自带的散热片与内部电路已经隔离，所以安装散热器时不必另加绝缘，但必须保证散热片与散热器的良好接触，方法是在散热片与散热器之间涂上一层硅脂，有利于导热。

3）左右声道信号输入线应采用屏蔽线连接，为了避免自激，输入线不要与其他线捆扎在一起。

4）为了发挥傻瓜功放专用模块的优越性，前置放大器要有良好的性能。

【操作指导】 电子模块的识别技巧与检测方法

1. 电子模块引脚的识别技巧

电子模块引脚的识别技巧仍然采用集成电路的方法，可参考本项目任务6集成电路的识别技巧与检测方法。

2. 电子模块质量的检测方法

用万用表 R×1kΩ 档测量电子模块各引脚的电阻值，如测量出来的电阻值与参考值基本一致，则说明电子模块是好的；若测量出来电阻值与参考值相差很大，则说明电子模块内部击穿或开路。例如傻瓜275功放电路的输入阻抗参考值为1MΩ，输出阻抗参考值为4~8Ω。若万用表测出的输入阻抗很小，只有几欧，则说明傻瓜功放电子模块内部已击穿；若万用表测出的输出阻抗很大，几兆欧，则说明电子模块傻瓜功放内部已断路。上述两种现象，只要有一种现象存在，就说明电子模块傻瓜功放已损坏，需更换。

项目1 实践　　常用电子元器件检测训练

（1）电阻器检测实训

1）实训器材：MF-47型万用表一只，各种电阻值的色环电阻器若干，彩色电视机中常用的电位器、变阻器若干，大功率水泥电阻若干。

2）实训步骤。电阻器检测实训要求见表1-14。

表1-14　电阻器检测实训报告

班　　级			实训项目			时　　间		
姓名			万用表型号			万用表档位选择		
色环电阻器	由色环写出具体电阻值			实际测量电阻值			质量判别	
	棕黑黑							
	黄紫棕							
	红红红							
	紫绿红							
电位器	固定端之间电阻值		固定端与中间滑动端的变阻情况				质量判别	
			阻值平稳变动	阻值有无突变		指针有无跳动		
大功率电阻器	型号	名称	标称值	功率		测量值		质量判别
热敏电阻器	型号	名称	标称值	功率		测量值		好坏判别
					冷态		热态	
					冷态		热态	
					冷态		热态	

元器件检测中发现的主要问题及体会

实训成绩		实习指导教师签字	

（2）电容器检测实训

1）实训器材：MF－47 型万用表一只，电解电容器若干，无极性电容器若干（瓷片电容器，涤纶电容器）。

2）实训步骤。电容器检测实训要求见表 1-15。

表 1-15　电容器检测实训报告

班　级		实 训 项 目		时　间	
姓名		万用表型号		万用表档位选择	
无极性电容器	小容量的电容器测量	充放电指针偏转角度		实测漏电电阻	质量判别
	0.01～0.47μF				
电解电容器	大容量的电容器测量 1～10μF				
	10～1000μF				
	1000～3000μF				

元器件检测中发现的主要问题及体会

实训成绩		实习指导教师签字	

（3）电感器、变压器检测实训

1）实训器材：MF－47 型万用表一只，色环电感器若干只，普通电感器若干只，各种型号变压器若干只。

2）实训步骤。电感器、变压器检测实训要求见表 1-16。

表 1-16　电感器、变压器检测实训报告

班　级		实 训 项 目		时　间	
姓名		万用表型号		万用表档位选择	
电感器	型号	名称	电感量	直流电阻值	质量判别
变压器	外观检查		电阻检测		质量判别
	标称功率	W	一次绕组电阻	Ω	
	二次侧标称电压	V	二次绕组电阻	Ω	
			一、二次绕组间绝缘电阻	Ω	
			一、二次绕组与铁心间绝缘电阻	Ω	

元器件检测中发现的主要问题及体会

实训成绩		实习指导教师签字	

（4）二极管、晶体管检测实训

1）实训器件：MF-47 万用表一只，各种型号的晶体管若干只，各种型号的二极管若干只，各种型号的稳压二极管若干只。

2）实训步骤。二极管、晶体管检测实训要求见表 1-17。

表 1-17　二极管、晶体管检测实训报告

班　　级			实 训 项 目			时　　间			
姓名			万用表型号			万用表档位选择			
晶体管	型号								
	be 结	正向/Ω	反向/Ω	正向/Ω	反向/Ω	正向/Ω	反向/Ω	正向/Ω	反向/Ω
	bc 结								
	ce 结								
二极管	名称	整流二极管		开关二极管		稳压二极管		发光二极管	
	型号								
	正向电阻	Ω		Ω		Ω		Ω	
	反向电阻	Ω		Ω		Ω		Ω	

元器件检测中发现的主要问题及体会

实训成绩		实习指导教师签字	

（5）滤波器检测实训

1）实训器材：MF-47 型万用表一只，各种型号的滤波器若干只（6.5MHz 滤波器，声表面滤波器，6.5MHz 陶瓷滤波器，4.43MHz 带通滤波器，4.43MHz 滤波器）。

2）实训步骤。滤波器检测实训要求见表 1-18。

表 1-18　滤波器检测实训报告

班　　级		实 训 项 目		时　　间	
姓名		万用表型号		万用表档位选择	
名称	6.5MHz 滤波器	声表面滤波器	6.5MHz 陶瓷滤波器	4.43MHz 带通滤波器	4.43MHz 滤波器
型号					
正向电阻					
反向电阻					

元器件检测中发现的主要问题及体会

实训成绩		实习指导教师签字	

项目1考核　　常用电子元器件的识别与检测方法试题

一、填空题（每空1分，共28分）

1. 常用的电子元器件有：_____、_____、_____、_____、_____、_____、_____、_____、_____等。

2. 电阻器的主要技术指标有_____、_____和_____。

3. 电阻器外表呈红色的是金属膜电阻器，呈米黄色的是小功率_____电阻器，呈绿色或深灰色的是大功率_____电阻器，呈黑色、白色或绿色的是_____电阻器，呈浅灰色的是_____电阻器。

4. 在电子电路中常用的电容器有：_____电容器、_____电容器、_____电容器、_____电容器和_____电容器等。

5. 电容器的主要技术指标有_____、_____。

6. 判别硅材料二极管好坏时需要用万用表检测二极管的正反向阻值。通常，测二极管的正向阻值可用万用表 R × _____ 档，测反向阻值可用 R × _____ 档。

7. 目前生产的电阻器是根据国家 GB/T 2470—1995《电子设备用固定电阻器、固定电容器型号命名方法》的规定，常用电阻的标称值系列有：_____、_____和_____三种。

二、识电路图，指出下面元器件的名称和引脚名称？（每题1分，共12分）

竖条标记　1N4001

A_____

缺角标记

标记

B_____

C_____

9011

D_____

外壳

带点标记

E_____

F_____

缺角标记

G_____

TA7680AP

H_____

I_____

a
f g b
e c
·DP d

J_____

S源极
D漏极　接地

K_____

L_____

三、选择题（每题 4 分，共 20 分）

1. 电阻器的主要参数有（　　）。

　　A. 标称阻值、标称容量、额定功率　　　　B. 标称阻值、允许偏差、额定功率

　　C. 标称阻值、允许偏差、内压　　　　　　D. 标称阻值、允许偏差、体积

2. 三极管的静态电压是指三极管（　　）。

　　A. 无信号输入时的电压　　　　　　　　　B. 有信号输入时的电压

　　C. 不工作时的电压　　　　　　　　　　　D. 有故障时的电压

3. 用万用表 R×1Ω 和 R×10Ω 档测量同一只二极管的正向电阻，分别得到 R_1、R_2 两阻值，两阻值的关系为（　　）。

　　A. $R_1 \leq R_2$　　　　B. $R_1 = R_2$　　　　C. $R_1 \geq R_2$　　　　D. 无法确定

4. 有一圆片电容器上标有"103"字样，它是指（　　）。

　　A. 该电容器的容量为 $0.1\mu F$　　　　　　B. 该电容器的容量为 $0.01\mu F$

　　C. 该电容器的容量为 $103\mu F$　　　　　　D. 该电容器的容量为 $103pF$

5. 有一个外形如三极管，标有"D7805"字样的器件是（　　）。

　　A. 输出电压为 8V 的集成稳压电路　　　　B. 输出电压为 5V 的集成稳压电路

　　C. 输出电压为 7V 的集成稳压电路　　　　D. 型号为 D7805 的三极管

四、简答题（每题 4 分，共 40 分）

1. 如何用万用表检测电阻器的好坏？

2. 如何用万用表检测电容器的好坏？

3. 如何用万用表检测电感器的好坏？

4. 如何用万用表检测二极管的好坏？

5. 如何用万用表检测晶体管的好坏？

6. 如何用万用表检测集成电路的好坏？

7. 如何用万用表检测压电器件的好坏？

8. 如何用万用表检测电声器件的好坏？

9. 如何用万用表检测光电器件的好坏？

10. 如何用万用表检测 LED 数码管的好坏？

项 目 小 结

1. 电阻器是电子电路中应用最广泛的元件之一，在电路中起分压、分流、阻尼、限流、负载等作用。常用电阻的标称值系列有 E6、E12、E24 三种。

2. 电阻器额定功率大小的识别方法是：通过加在电阻器符号上的点、斜线、横线、竖线、Ⅴ、Ⅶ、Ⅹ 等，来识别电阻器不同的额定功率。通过颜色可识别出不同材料、不同性能的电阻器。

3. 用万用表检测电阻器、电位器好坏的方法是：测量它们的总阻值与标称值是否相等，如果测量值与标称值相差很大，则说明它们已损坏。

4. 用万用表检测电容器的极性、质量好坏的方法与技巧是：观察电容器的充、放电现象，测量电容器漏电电阻。电容器漏电电阻越大，它漏电就越小。

5. 用万用表检测电感器的方法是：测量电感器直流电阻的大小。用目测法检查质量好坏的方法是：一看电感器线圈引脚有无断线、开路、生锈，二看线圈有无松动、发霉、烧焦等现象，带有磁心的电感器线圈还要看它的磁心有无松动和破损。

6. 用万用表检测继电器的方法是：目测法。一看继电器引脚有无断线、开路、生锈，二看线圈有无烧焦，常开、常闭触点接触与断开是否正常。带有铁心的继电器还要看它的铁心有无松动和破损。如有上述现象，则继电器的质量就存在问题，需用万用表测量继电器常开、常闭触点的电阻值。

7. 用万用表检测晶体管的方法是：选 R×100Ω 档或 R×1kΩ 档，一般不要用 R×1Ω 档或 R×10kΩ 档，因为 R×1Ω 档使用的电流太大，容易损坏管子，而 R×10kΩ 档使用的电压太高，可能击穿管子。通过测量 PN 结的正反向电阻的大小可判断晶体管质量的好坏。

8. 检测集成电路的方法是：测它的不在线直流电阻和在线直流电阻。

9. 检测压电器件的方法是：测量压电器件的直流电阻是否为无穷大，若压电器件的直流电阻为某一定值或为零，则压电器件质量就存在问题，不能再使用。当万用表无法判断时，可用替代法进行检查。

10. 电声器件的检测方法是：若测得它的直流电阻值约为几欧姆，并能听到"喀啦、喀啦"声，则表明电声器件是好的，否则是坏的。

11. 贴片式元器件又称片式元器件，它是无引脚线的微型元器件，有无源贴片式元器件（SMC）和有源贴片式元器件（SMD）。它的检测方法与技巧和普通电子器件的方法基本一样。

12. 电子模块是一种专用集成电路，目前，电子模块发展很快，应用广泛。本项目中主要介绍了无线电发射与接收、红外接收和傻瓜275功放电路三种电子模块的识别技巧与检测方法。

思 考 题

1. 用万用表检测与判断电阻器、电容器、电感器的方法与技巧是什么？
2. 用万用表检测与判断二极管、晶体管的方法与技巧是什么？
3. 用万用表检测与判断集成电路的方法与技巧是什么？
4. 用万用表检测与判断压电器件的方法与技巧是什么？
5. 用万用表检测与判断电声器件的方法与技巧是什么？
6. 用万用表检测与判断贴片式元器件的方法与技巧是什么？
7. 用万用表检测与判断电子模块的方法与技巧是什么？

项目2 电子电路识读

任务1 电子电路识图基础

【任务分析】 通过任务1的学习，学生应了解电路的组成，电路图中的符号、接地标志，掌握"冷地"和"热地"识别技巧。

【基础知识1】 实物电路图和电路原理图

1. 实物电路图

图2-1所示是一种最简单的实际电路图（手电筒电路图），它由电源（电池）、开关（按钮）、负载（灯泡）和导线（金属部分）构成。电路为电流提供了路径，实现了电能的传输和转换。图2-1所示电路是把电池储存的电能转换成灯泡发出的光能。

2. 电路原理图

在实际的电工电子技术中都是用图形符号、线条构成的电路图来表达实际的电路连接。如图2-2所示的是图2-1的电路原理图。学习识图是学习电子电路、提高电子技能的必由之路。

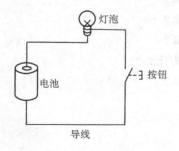

图2-1 手电筒电路图

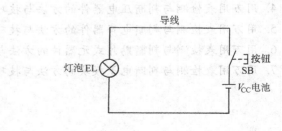

图2-2 手电筒电路原理图

【基础知识2】 电路图中的接地

识读电路图时，必须要搞清电路图中的接地问题。

1）电路图中的接地和电子仪器、家用电器的外壳接地是两个完全不同的概念，后者是保护性接地，接的是大地，使仪器的外壳与大地等电位，避免仪器漏电时使外壳带电而造成人员的触电危险；前者的接地对电路而言仅是一个共用参考点。如在图2-2所示电路中，当开关合上时，电流从电源正极出发，经开关（S）、负载（EL）到电源负极，再通过电源内电路到正极构成回路。在画电路图时一般可把电源的负极用接地符号表示，画成图2-3a所示的形式，以简化电路。

2）"热地"和"冷地"的识别技巧。在某些电子产品中，必须分清"热地"和"冷地"。如电视机中的开关电源电路，由于省去了电源变压器，交流电网输入的220V/50Hz电压直接与整流电路连接，这就导致了底盘带电（称为"热底盘"）。当人员触摸底盘时220V交流电将会流过人体，与大地形成回路，带来触电的危险。维修时若用万用表、示波器等仪器进行检测，则可能损坏仪器和电视机中的元器件，特别是集成块。

为了避免"热地"产生的危险，维修时必须在电视机电源进线端外接匝数比为1:1的隔离变压器，将整机与交流电网实现电隔离。

有的电视机利用开关变压器作为隔离元件，实现整机与交流电网的隔离。此类电视机的底盘称为"冷底盘"，安全性较好，但其电源一次绕组及其有关电路仍没有隔离，这部分仍是"热底盘"，维修电源部分时仍应注意安全。在电子电路图中必须看清楚接地标记，如图2-3所示。维修电子设备时要注意"热地"、"冷地"的区别，以免触电。

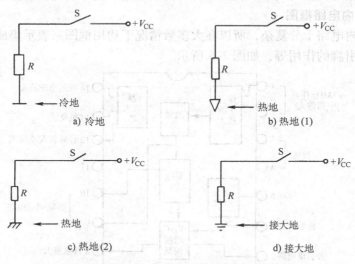

图2-3　电路中的接地标记

任务2　　电子电路的几种表达方法

【任务分析】 通过任务2学习，学生应了解框图、原理图、装配电路图及印制电路图的基本结构和识图技巧。

【基础知识1】 框图

框图的种类较多，主要有以下几种。

1. 整机框图

整机框图是用来表达整机结构的，从中可以了解到整机电路的组成和各分单元电路之间的相互关系及信号的主要流程。调频调幅收音机整机框图如图2-4所示。

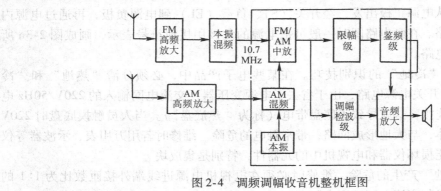

图2-4 调频调幅收音机整机框图

2. 系统电路框图

一个整机电路是由多个系统电路构成的，每个系统电路又由若干单元电路组成。系统电路框图表示了该系统电路的组成情况。系统电路框图是整机框图的下一级框图，如图2-5所示是彩色电视机中伴音系统电路框图，它比整机框图更详细。

识读系统电路时，要明确本系统的主要功能、任务、信号的变换以及处理过程。

3. 集成电路内电路框图

集成电路的内电路十分复杂，所以在大多数情况下均用框图来表示集成电路内电路的组成、流程和有关引脚的作用等，如图2-5所示。

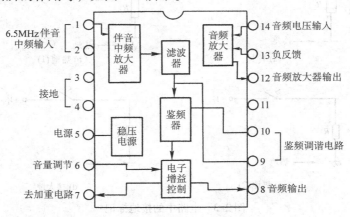

图2-5 伴音系统电路框图

框图虽然比原理图粗略，但其简明、清楚、逻辑性强，便于记忆，有助于读懂具体电路的工作原理。所以在分析原理图前，或在分析集成电路的应用电路前，先分析该电路的框图是非常必要的。

读框图的基本技巧是：

1）图中的箭头方向，表示了信号的传输方向。要根据信号的传输过程逐级、逐个地分析方框，弄懂每个方框的作用以及信号在该方框有什么变化。

2）框图与框图之间的连接表示了各相关电路之间的相互联系和控制情况。要弄懂各部分电路是如何连接的，对于控制电路还要看出控制信号的来路和控制对象。

3）在没有集成电路引脚作用资料时，可以利用集成电路内部电路框图来判断引脚的作用，特别要了解哪些是输入脚，哪些是输出脚。引脚引线的箭头指向集成电路外，表示信号从内部输出，反之是信号从外部输入。

【基础知识2】 原理图

原理图是用来表示电子设备或系统的工作原理的，是实际电路的"语言"。原理图可以是整机原理图，也可以是某一单元电路原理图。原理图上用符号代表各种元器件或部件，表示出了各个元器件或部件和电路的连接情况，各个元器件还注明了数值，重要的、特殊的元器件或部件还注明了型号、规格。在一些较复杂电子产品的原理图上甚至画出了关键点位的工作波形。

有了原理图就可以分析电路的来龙去脉，研究信号的流程、受控制的情况及产生的功能等。

根据电子产品的不同，有的原理图很复杂，如电子示波器的工作原理图就由若干不同系统的原理图组合而成；而有的原理图比较简单，读者可以从简单的原理图着手学习识图方法。

图2-6所示为水开报警器电路图，其

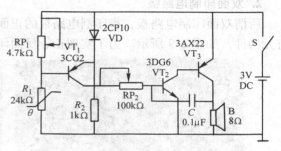

图2-6 水开报警器电路图

由开关控制电路和音频振荡电路组成，属于比较简单的原理图。电路图中 R_1 为热敏电阻，若把它浸入开水中，其阻值会大大减小，致使 VT_1、VT_2、VT_3 相继导通，由于 C 的正反馈作用，电路产生自激振荡，振荡电流通过扬声器发出报警叫声。

【基础知识3】 印制电路板

印制电路板有三种形式：单面印制电路板、双面印制电路板和多层印制电路板。

1. 单面印制电路板

所谓单面印制电路板，指只有一面是印制电路，也叫装配图面，对应印制板装配图；另一面安装元器件，也叫元器件面，对应装配布局图。

1）印制电路板装配图：用一张图纸画出各元器件的分布、位置及它们之间铜箔的连线情况，即反映的是实际电路板铜箔面的情况。这种形式在修理电子设备时应用比较方便，如图2-7所示。

2）装配布局图：此种形式一般没有一张专门的图纸，而是在电路板上直接标注元器件名称、编号等。如在电路板上某处标上 R、C_1、C_2、VD_1、VD_2 等，即反映的是电路板元器件面的情况，这种形式在整机装配时非常方便，如图2-8所示。

装配电路图在元器件装配和电子设备维修时是必不可少的，它是将电路板上的元器件

1:1地画在电路图上。装配电路图反映了电路原理图上各元器件在电路板上的实际分布情况。元器件引脚之间连线用铜箔线代替，空心圆是焊盘，用焊锡焊接，使元器件与印制电路板连成一体，如图 2-7 所示。

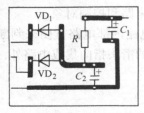

图 2-7　印制电路板装配图

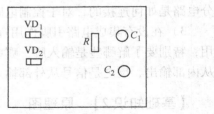

图 2-8　装配布局图

通过装配电路图可以较容易地在实际电路板上找到电路原理图中某个元器件的具体位置，起到了电路原理图和实际电路板之间的桥梁作用。对于比较简单的装配电路图或局部的装配电路图，应学会把装配电路图"翻译"成原理图的能力，这种能力在修理电子产品的过程中是很有用的。

2. 双面印制电路板

所谓双面印制电路板，指印制电路板的正面是元器件和印制电路；反面是印制电路，没有元器件，如图 2-9 所示。为了实现正、反面印制电路的电气连接，增加了孔金属化工艺。

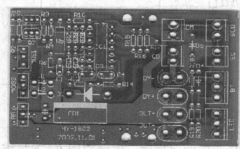

a) 正面，元器件与印制电路

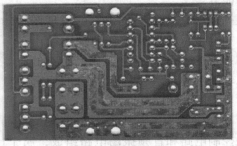

b) 反面，印制电路

图 2-9　双面印制电路板示意图

3. 多层印制电路板

多层印制电路板顾名思义就是两层以上的板，比如说四层、六层、八层等，如图 2-10 所示。多层板是没有奇数的，全都是 2 的倍数，多层印制电路板层与层之间有绝缘材料隔开，各层之间的印制电路走线图必须按电路要求相连，经过钻压而成的多层印制电路板叫作多层电路板。电脑主板、内存条、显卡等都用多层印制电路板。

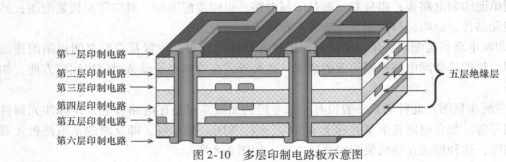

图 2-10　多层印制电路板示意图

【操作指导1】 装配电路图识图技巧

1）同一单元电路中的元器件相对集中在一起，而且会以打头的某一阿拉伯数字代表这一单元电路。如某电视机电路中，若以6代表"行扫描电路部分"，则在装配电路图中凡是以"6"打头的元器件均是"行扫描电路部分"电路中的元器件，如$6R_1$，$6V_2$、$6C_{12}$等。

2）根据一些元器件的特殊外形，在电路中可以较方便地找到它们，如集成电路、变压器、功率放大管、水泥电阻、大容量电解电容等。

3）对于那些量多又无明显特征的元器件，如一般的电阻、电容，应当通过与它们相连的晶体管或集成块来间接查找它们的具体位置。

4）装配电路板上大面积的铜箔线路，一般是地线，一块电路板上地线往往是相连的，但在组合电路中，相互之间的接插件没有连接时，各块电路板之间的地线是不通的。

【操作指导2】 印制电路板的质量检验方法

印制电路板在装配元器件前要进行质量检查，一般情况下检查的内容有以下几个方面。

1）有无元器件的定位标记，标记与电路原理图是否一致。

2）通孔有无堵塞现象。通孔直径与元器件引脚的直径是否相符。

3）印制电路有无毛刺、短路或断路等现象。

4）印制电路板上的助焊剂涂抹是否均匀。

任务3　典型电子电路识读

【任务分析】 通过任务3的学习，学生应了解电子电路识图基础知识，掌握典型电子电路的种类、组成、信号流程和电路图识图技巧。

【基础知识1】 放大电路识读

放大电路种类很多，按元器件分，有分立元器件组成的，有集成电路组成的；按工作频率分，有低频的、音频的、高频的；按形式分，有单级的、多级的等。这里仅以最常用的放大器为例分析。

1. 单级放大器

在晶体管放大电路中，根据它与外部电源、信号源和元器件的电路组合方式的不同，可有不同的工作特征。按照输入电路与输出电路的交流信号公共端的不同，晶体管放大电路可分为共发射极、共集电极、共基极三种基本放大电路。

（1）共发射极电路　该电路中发射极通过C_e交流接地，信号从基极和发射极之间输入，经晶体管放大后在集电极和发射极之间输出，显然发射极为放大器的公共引脚，故该电路称为共发射极电路，如图2-11所示。共发射极电路是最常用的放大电路。

（2）共集电极电路　该电路中信号在基极与集电极

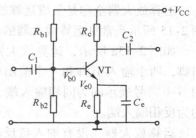

图2-11　共发射极电路

之间输入，在发射极与集电极之间输出，集电极接直流电源 $+V_{CC}$ 端，对交流而言 $+V_{CC}$ 端是接地的。故集电极为放大器的公共引脚，该电路为共集电极电路，如图 2-12 所示。共集电极电路也称射极输出器，在多级放大器电路中常用作输入级或输出级，以及用作缓冲级和隔离级。

（3）共基极电路　该电路中信号通过 C_1 在发射极与基极之间输入，在集电极与基极之间输出，基极通过 C_2 交流接地，故基极为放大器的公共引脚，该电路为共基极电路，如图 2-13 所示。共基极电路主要用在一些高频放大电路中。

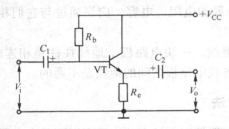

图 2-12　共集电极电路

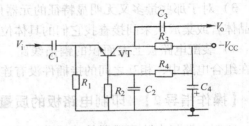

图 2-13　共基极电路

2. 差分放大器

差分放大器又称差动放大器，主要用于直流放大电路和模拟集成电路的内电路中。

图 2-14 所示是差分放大器的最基本形式。电路由两个完全对称的单管放大器组成，图中 $R_{b11} = R_{b12}$，$R_{b21} = R_{b22}$，$R_{c1} = R_{c2}$，$R_1 = R_2$，且两个晶体管 VT_1、VT_2 特性相同。输入信号电压 V_i 给 R_1、R_2 分压为 V_{i1} 和 V_{i2}，两电压分别加到两晶体管的基极（双端输入）；输出信号电压等于两晶体管输出电压之差，即 $V_o = V_{o1} - V_{o2}$（双端输出）。

在实际使用中也可接成双端输入、单端输出，单端输入、双端输出以及单端输入、单端输出的差分放大电路。

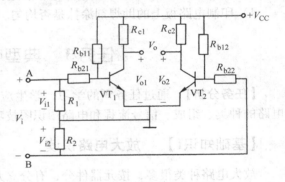

图 2-14　基本的差分放大器

差分放大器对差模信号（加到两只晶体管基极的信号大小相等，相位相反）具有放大能力；而对共模信号（即两信号的大小相等，相位相同）的放大能力却很低。

3. 运算放大器

运算放大器全称是集成运算放大器，是一种放大倍数很高的内部直接耦合的集成电路。图 2-15 所示是常见运算放大器的两种图形符号。

如图 2-15a 所示，运算放大器有三个最基本的引脚，两个输入引脚和一个输出引脚，输入引脚中用 "＋" 号表示的为同相输入端，用 "－" 号表示的为反相输入端。

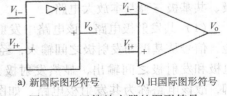

a）新国际图形符号　　b）旧国际图形符号

图 2-15　运算放大器的图形符号

运算放大器在没有加入负反馈之前的增益称为开环增益，其值很大，但工作不稳定，故实际应用时都加有负反馈。加入负反馈后的增益称为闭环增益。

运算放大器的应用十分广泛，可以接成多种应用电路，如构成音频放大器、恒压源电路、减法器、直流放大器等。

【操作指导1】 分析分立元器件单级放大器的技巧

1）首先按"接地"情况确定该放大电路的实际形式。

2）分析放大器的直流电路，无论是哪种放大器，均要分析直流工作电压是如何加到晶体管各个电极上的，着重找出基极偏置电路中的元器件。

3）分析放大器的交流电路，着重分析交流信号的传输电路和分析信号在传输过程中受处理的情况。

4）弄清该电路在整机中的作用、地位，分析电路中各元器件的作用，可能产生的故障现象。

【基础知识2】 反馈放大器识读

反馈放大器框图如图2-16所示，从放大器的输出端把输出信号的一部分或全部通过反馈网络（电路）送回到放大器输入端的过程，称为反馈。

图2-16 反馈放大器框图

反馈有以下三种分类。

1. 正反馈和负反馈

当反馈信号的相位与输入信号的相位相同时，反馈信号将起到增强输入信号的作用，这种反馈叫正反馈，正反馈电路用于振荡器电路中，在放大器电路中通常不用。

当反馈信号的相位与输入信号的相位相反时，反馈信号将起到削弱输入信号的作用，这种反馈叫负反馈，负反馈在电子电路中有着广泛的应用。

分析是正反馈还是负反馈，常采用信号电压瞬时极性法。使用这种分析方法时，先假设放大器输入端瞬时极性，然后逐步分析取得结论。在图2-16中，输入信号 V_i 的瞬时极性用 ⊕ 号表示，输出端用 ⊖ 表示，说明输入信号与输出信号相位相反。当反馈到输入端的 V_f 信号为 ⊖，并与输入信号 V_i 进行相位比较，二者相位相反时是"负反馈"，反之就是"正反馈"。

2. 电压反馈和电流反馈

（1）电压反馈 如图2-17所示，当把输出端短路时，反馈电压 V_f 将为零，这类反馈称为电压反馈。若是电压负反馈，则在应用电路中能用来稳定放大器的输出信号电压，降低放大器的输出电阻。

（2）电流反馈 如图2-18所示，当把输出端短路时，反馈电压 V_f 不为零，这类反馈称为电流反馈。若是电流负反馈，则在应用电路中能用来稳定放大器的输出信号电流，提高放大器的输出电阻。

3. 串联反馈和并联反馈

（1）串联反馈 如图2-19所示，放大器的净输入电压 V_i' 是由输入信号 V_i 和反馈信号 V_f

串联而成的，输入端短路时，净输入信号 V_i' 并不为零。若是串联负反馈，则在应用电路中可以降低放大器的电压放大倍数，稳定放大器的电压增益，串联负反馈还可以提高放大器的输入电阻。

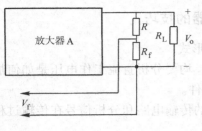

图 2-17 电压反馈

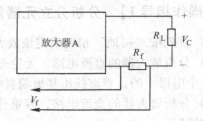

图 2-18 电流反馈

（2）并联反馈 如图 2-20 所示，放大器的净输入电流 i_i' 是由反馈电流 i_f 和输入信号电流 i_i 并联而成的，当把输入端短路时，反馈信号同样被短路，即净输入信号为零。若是并联负反馈，则在应用电路中可以降低放大器的电流放大倍数，稳定放大器的电流增益，并联负反馈还可以降低放大器的输入电阻。

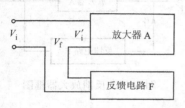

图 2-19 串联反馈

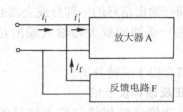

图 2-20 并联反馈

【案例分析1】 负反馈放大电路分析

1. 电路组成

图2-21所示是带有负反馈的放大电路，它由 VT_1、VT_2、电阻和电容组成。其中 R_f 是负反馈元件。

2. 工作原理

输入信号 V_i 极性为"⊕"，经 C_1 耦合送到 VT_1 的基极"⊕"，VT_1 倒相放大后集电极

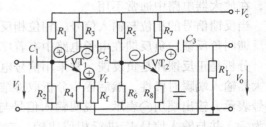

图 2-21 带有负反馈的放大电路

输出与输入端相反的信号极性"⊖"，再经 C_2 耦合送到 VT_2 的基极"⊖"，VT_2 倒相放大后集电输出"⊕"，经 C_3 耦合后一路送到负载 R_L"⊕"，另一路经 R_f 反馈送到 VT_1 的发射极"⊕"与输入信号 V_i"⊕"进行比较，控制第一级放大器的增益。

3. 负反馈放大器电路分析

判断反馈元件 R_f 是何种反馈类型。

（1）先判别是电压反馈，还是电流反馈 从输出端看，当输出端被短路后，图中 V_f 即消失，所以是电压反馈。

（2）再判别是串联反馈，还是并联反馈 从输入端看，当输入端被短路后，图中的 V_f

不消失，所以是串联反馈。

（3）最后判别是正反馈，还是负反馈　用信号瞬时极性法判别，现假设某一瞬时，输入信号极性为"⊕"，把它标在输入端晶体管基极上，而后根据该瞬间信号极性将各晶体管的集电极、基极、发射极相对应的信号极性都一一标在图上，可以看出，图中反馈到输入端晶体管发射极的是"⊕"极性，它起着削弱信号电压的作用，相当于向基极反馈"⊖"极性电压，所以是负反馈。

综上三点所述得出结论：图中电路通过 R_f 引入的是电压串联负反馈。

【基础知识3】　集成电路识读

随着大规模集成电路技术和数字技术的迅速发展，各种数字化的电子设备层出不穷，越来越多地走入了人们的生活和工作中，以电视机为例，由较早期的四片机到两片机再到单片机，集成化程度越来越高。

【操作指导2】　识读集成电路的基本技巧

识读集成电路（集成块）的基本技巧是三看。

（1）一看集成块的类型　集成块的类型很多。首先要弄清集成块上的文字符号的含义，引脚的作用。还要搞清具体型号，许多不同型号的集成块其内部功能和电路结构十分相似，有的电路结构不同，但完成的功能相同。了解了具体型号，才能掌握集成块的基本功能。

（2）二看集成块的内部信号通路　集成块的内电路，特别是中、大规模集成块的内电路是十分繁杂的，一般情况下，不要去分析集成块的内电路工作原理，但是对集成块的内部信号通路要清楚，这可以借助于集成块内电路框图。一般情况下集成块应用电路不画出内电路框图，此时最好查阅集成块应用手册，找出这一集成块的内电路框图。

有了内电路框图之后，要明确各个方框完成的具体功能，即要了解输入、输出何种信号，信号波形、幅度、频率等变化规律。要清楚各框图之间的联系，信号在集成块内的流通过程。

（3）三看集成块各引脚的功能　集成块要完成一定的功能，必定与外部单元电路和外接元器件发生联系。只有在知道了各引脚的作用后，分析各引脚的外电路工作原理和元器件作用才方便。例如，知道某脚是输入引脚，那么和该脚所接的电容是输入耦合电容，与该脚有关的电路是输入电路。

了解集成块各引脚具体作用有三种方法：一是查阅有关资料；二是根据集成块的内电路作具体分析；三是根据集成块应用电路中各引脚外电路的特性进行判别。

【案例分析2】　红外线遥控接收电路分析

1. 电路组成

图2-22所示为红外线遥控接收电路，它由 MR8181 集成电路、电阻、电容、电感和红外线光敏二极管组成。

2. 工作原理

红外线光敏二极管接收到红外线脉冲，转变为电信号送 MR8181 集成电路⑦脚，经

MR8181 集成电路内部处理后，由 MR8181 集成电路①脚输出。

3. MR8181 集成电路分析

（1）MR8181 集成电路内部结构分析 MR8181 集成电路内部由输入前置放大器、限幅和电平偏移补偿、峰值检波及整形等单元由路。

（2）MR8181 集成电路内部信号分析 当红外线光敏二极管接收到由遥控反射器发出的、经编码的红外线脉冲时，红外线光敏二极管就会将其转变为电信号，输入 MR8181 的⑦脚，经 MR8181 集成电路内部的调谐放大器放大，限幅器限幅，然后进行峰值检波，解调出的遥控信号，经整形电路整形，变成矩形脉冲后，从 MR8181 的①脚输出。

（3）MR8181 集成电路外部电路分析 ⑦脚外接红外线光敏二极管，它可以将红外信号转变为电信号；⑥脚外接电阻，调整该电阻大小，可改变放大器的增益；③脚外接的 LC 电路与内部放大电路组成 LC 选频放大器，改变 L、C 的大小，可以决定 MR8181 内部调谐放大器的中心频率；④脚外接的电容是峰值检波器的滤波电容；②脚外接的电容为整形电路的积分电容。MR8181 内部的自动偏压控制电路（ABLC）使它在任何环境亮度下均可正常工作。

红外线遥控接收电路在彩色电视机、音响设备和监控设备等都有广泛应用。

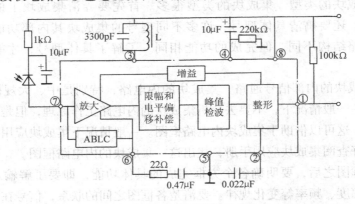

图 2-22 红外线遥控接收电路

【基础知识 4】 直流供电电路识读

电子电路供电方式一般采用直流电，它是将 220V/50Hz 交流电经整流、滤波、稳压后得到的直流供电电压。常见的直流供电电路组成框图如图 2-23 所示。

图 2-23 直流供电电路组成框图

1. 直流供电电路的组成和作用

（1）组成 从图 2-23 中可以看出，一个性能良好的直流供电电路由降压电路、整流电路、滤波电路和稳压电路等四部分组成。

（2）作用

1）降压电路。降压电路一般由电源变压器构成，它要将 220V/50Hz 的交流电压降到几伏至几十伏交流电压。变压器在电路中还起到隔离的作用，使电子电路中的主底板不带电。

2）整流电路。整流电路的作用是：把 220V/50Hz 的交流电转换成单向的脉动直流电。常见的形式有二极管半波整流、二极管全波整流、二极管桥式整流，如图 2-24a、b、c 所示。

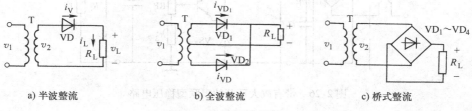

a) 半波整流　　　　　　　b) 全波整流　　　　　　　c) 桥式整流

图 2-24　二极管整流电路

3）滤波电路。滤波电路的作用是：把单向脉动的直流电转变为平滑的直流电。常见的形式有电容滤波器、电感滤波器、LC 滤波器、RC 组成的 π 形滤波器，如图 2-25 所示。

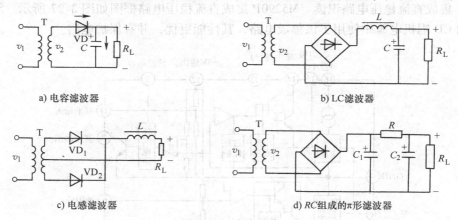

a) 电容滤波器　　　　　　　　　　　　　b) LC滤波器

c) 电感滤波器　　　　　　　　　　　d) RC组成的π形滤波器

图 2-25　滤波电路

4）稳压电路。稳压电路的作用是：把整流、滤波电路输出的直流电压进行稳压处理，当交流电网和负载变化时保持输出的直流电压值不变。

2. 实用直流供电电路识读

实用直流供电电路的形式多种多样，主要有分立元件串联型直流稳压电路、集成直流稳压电路、开关型稳压电路。

（1）分立元件串联型直流稳压电路识读　分立元件串联型直流稳压电路如图 2-26 所示，它同样由四部分组成。

图 2-26 电路中 VT_5 是调整管，它与负载 R_L 相串联，输出电压 $V_o = V_1 - V_{CE5}$，通过 V_{CE5} 的变化来调整 V_o，VS_7 是稳压二极管，它使比较放大管 VT_6 发射极的基准电压保持不变。R_1、RP 和 R_2 组成采样电路，把输出电压 V_o 的变化量取出来，加到 VT_6 的基极，与 VT_6 的发射极基准电压相比较，它们的电压差引起 VT_6 发射结电压 V_{BE6} 的变化，经过 VT_6 放大后，送到 VT_5 的基极，控制调整管的工作状态，利用反馈控制原理可实现自动稳压调节。

整个电路的稳压过程简示如下：

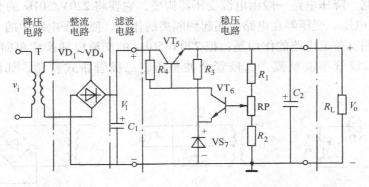

图 2-26 带有放大环节的串联型稳压电路

$$设\ V_o\downarrow\longrightarrow V_{BE6}\downarrow\longrightarrow V_{CE6}\uparrow\longrightarrow V_{BE5}\uparrow\longrightarrow V_{CE5}\downarrow$$
$$V_o\uparrow\phantom{\longrightarrow V_{BE6}\downarrow\longrightarrow V_{CE6}\uparrow\longrightarrow V_{BE5}\uparrow}$$

（2）集成直流稳压电路识读　M5290P 集成直流稳压电路框图如图 2-27 所示。SONY 公司生产的 CD 唱机电源中使用了该集成电路，其性能更优，并有保护电路。

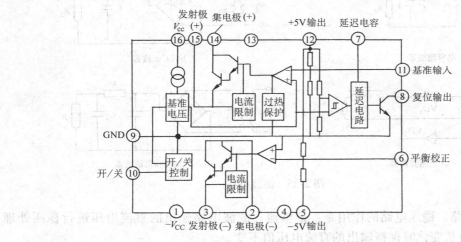

图 2-27　M5290P 集成直流稳压电路框图

M5290P 共有 16 个引脚，各引脚功能如下。

① 脚，负电压输入。

② 脚，负电源参考点，使用时接地。接内部调整管集电极。

③ 脚，扩展应用时外接功率管基极；不扩展应用时，外接负电源输入端，内接调整管发射极。

④ 脚、⑬ 脚，空脚。

⑤ 脚，负电压输出端，接内部电压取样端。

⑥ 脚，芯片内部取样平衡调整端。

⑦ 脚，外接延时电容，以便可靠地控制复位动作。

⑧脚，复位信号输出端，外接上拉电阻。

⑨脚，接地。

⑩脚，控制开关输入端。该脚接地时，芯片为关（OFF）；该脚悬空时，芯片为通（ON）。

⑪脚，参考基准电压输入端，通常外接电容至正电源输出端。

⑫脚，正电压输出端，其内部接正电压取样输入端。

⑭脚，扩展应用时外接功率管基极；不扩展应用时接正电源输入端。内接调整管集电极。

⑮脚，正电源参考点，使用时接地。内接调整管发射极。

⑯脚，正电压输入。

（3）开关型稳压电路识读　开关型稳压电路种类繁多，常用的有串联型、并联型和变压器型三种。开关型稳压电路省略了电源变压器，电路的效率比串联型直流稳压电路高。

1）串联调整型开关稳压电路识读。图2-28是串联调整型开关稳压电路，所谓串联调整型就是开关调整管串联在输入端和输出端之间，由取样电路、基准电路、误差放大器和脉宽控制电路等组成反馈控制电路，控制开关调整管的导通时间，从而使输出电压稳定。开关调整管输出高频矩形脉冲，经高频储能整流滤波电路输出直流电压。

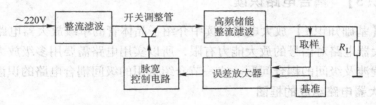

图2-28　串联调整型开关稳压电路

该电路有如下特点：

① 由于输入电压与负载是串联关系，没有隔离网络，所以整个电路是带电的，为热底板，在调试和维修时要特别注意安全。

② 只能输出一个等级的电压，且输出电压低于输入电压。

2）并联调整型开关稳压电路。图2-29是并联调整型开关稳压电路，开关调整管并联于输入端与输出端之间，反馈控制电路与串联型类似。开关调整管输出高频矩形脉冲，经高频储能整流滤波电路输出直流电压。

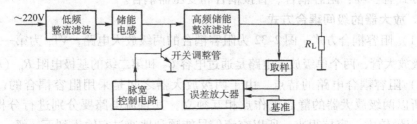

图2-29　并联调整型开关稳压电路

3）脉冲变压器耦合型开关稳压电路。图2-30是脉冲变压器耦合型开关稳压电路，它是并联调整型开关稳压电路的变形，开关变压器可以看成是扼流圈附加了二次感应线圈。该电路的工作过程与并联型开关电路相同，按变压器一、二次绕组之间的同名端接法可有两种方式，即同极性激励和异极性激励。选哪种激励方式工作，视具体电路而定。

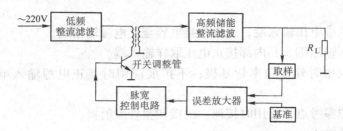

图 2-30　脉冲变压器耦合型开关稳压电路

脉冲变压器耦合型开关稳压电路有如下特点：

① 可以设置若干不同匝数的二次绕组，能够方便地得到多种数值的直流电压。

② 该电路的电源输入端与电路输出端由变压器相互隔开，易于实现电路底板不带电，给维修带来安全和方便。

【基础知识5】　耦合电路识读

在本任务【基础知识1】放大电路识读中介绍了晶体管的单级放大器电路，在实用电路中由于一级放大器电路对信号的放大能力有限，所以实用电路需要用多级放大器对信号进行逐级放大，这就涉及级间的耦合问题。这一节介绍常用的级间耦合电路的识读方法和技巧。

1. 多级放大器电路组成的框图

从图 2-31 中可以看出，一个多级放大器电路主要由信号源、级间耦合电路、各级放大电路等组成。级间耦合电路将信号逐级向下一级传输，在信号的传输过程中根据电路要求完成信号的放大、隔直、阻抗变换和倒相等任务。

图 2-31　多级放大器电路

多级放大器电路中每个单管放大电路称为"级"，级与级之间的连接称为耦合。常用的耦合方式有三种：阻容耦合、直接耦合和变压器耦合。

2. 放大器的级间耦合方式

（1）阻容耦合方式　图 2-32 为阻容耦合的两级放大电路，VT_1 为第一级放大管，VT_2 为第二级放大管，两个单级放大电路是通过电容 C_2 和第二级的基极电阻 R_b（$R_5 /\!/ R_6$）耦合的。

1）阻容耦合电路的特点。由于两级放大器之间是采用阻容耦合的，而电容有隔直作用，所以两级放大器的静态工作点相互独立，其直流电路要分别进行分析。由于耦合电容 C_2 的容量较大，容抗很小，所以交流信号能顺利地通过它输入到下一级。

2）阻容耦合电路的分析技巧。阻容耦合电路可以用图 2-33 的等效电路来帮助分析。

图中 C 是耦合电容，r_i 是后一级放大器的输入电阻，可以看出这是一个电容、电阻的分

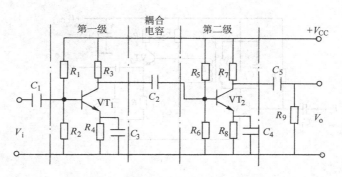

图 2-32　阻容耦合的两级放大电路

压电路，V_{i2} 是 V_{o1} 分压后的输出信号，也就是加到后一级放大电路的输入信号 V_{i2} 越大，则耦合电路对信号传输的损耗越小，显然，当 r_i 一定时，C 越大，则容抗 $X_C = \dfrac{1}{w_C}$ 越小，分压后 V_{i2} 越大。在阻容耦合电路中，耦合电容容量大小视信号频率而定，信号频率高耦合电容的容量取得小些，反之相反。

（2）直接耦合方式　图 2-34 是一个直接耦合方式的二级放大电路，在电路中直接将前级放大器的输出端与后级放大器的输入端相连接，中间没有耦合元器件。

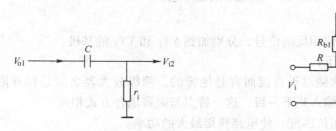

图 2-33　阻容耦合等效电路

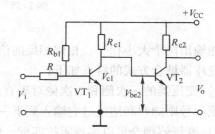

图 2-34　直接耦合二级放大电路

直接耦合电路的特点是既可以让交流电流通过，也可以让直流电流通过，所以这种耦合方式既存在于直流放大器中，也存在于交流放大器中，而且低频特性优良。但这种耦合方式不能分割放大器的直流电路，所以在电路调试、故障修理时是不利的，而且存在着"零漂"的问题。

（3）变压器耦合方式　图 2-35 是变压器耦合的三种常见方式。图 2-35a 中，VT_1、VT_2 分别构成两级共发射极放大器，T 是耦合变压器，L_1 是变压器的一次绕组，一次绕组带有一个抽头，L_2 是变压器的二次绕组。当 VT_1 的集电极电流通过变压器一次绕组时，变压器的二次绕组感应出信号电压加到 VT_2 的基极回路，完成信号的耦合传输。

图 2-35b 中，变压器 T_2 的二次绕组有一个中心抽头，而且中心抽头通过 C_2 交流接地，这样当 VT_1 的集电极电流流过变压器 T_2 的一次绕组时，在二次绕组中便输出上、下两个大小相等、相位相反的信号。当上端为正半周时，下端则为负半周；当上端为负半周时，下端则为正半周。这样 L_{21} 输出一个正信号加到 VT_1 的基极，L_{22} 输出一个相位相反的负信号，加到 VT_2 的基极。乙类功率放大器就是利用了这种耦合方式。

图 2-35c 中，耦合变压器二次侧设置了两个独立的线圈 L_1 和 L_2，两组线圈若匝数相等，

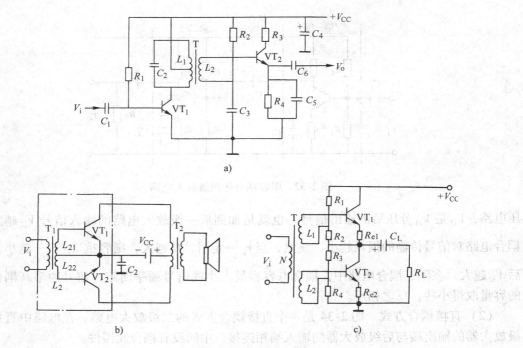

图 2-35 变压器耦合放大电路

则也能输出两个大小相等、相位相反的信号，分别加到 VT_1 和 VT_2 的基极。

变压器耦合方式的特点如下：

1）变压器的一次侧和二次侧对于直流而言是绝缘的，两级放大器之间是相互隔离的。而交流信号则能顺利地通过它输入到下一级，这一特点与阻容耦合方式相同。

2）变压器耦合可以实现阻抗匹配，使电路获得最大的功率。

3. 光耦合方式

光耦合是以光为媒介，用来传输电信号的器件。通常是把发光器（发光二极管）与受光器（光敏晶体管）封装在同一个半导体芯片上，如图 2-36 所示。①、②脚是信号输入端，④、⑤脚是信号输出端，内部发光二极管发光，光敏晶体管受光。工作原理：当输入端加入电信号时，发光器发光二极管发出光线，受光器光敏晶体管接收光照之后就产生电流，由输出端输出电信号，实现了"电—光—电"的转换。

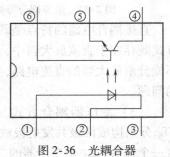

图 2-36 光耦合器

（1）光耦合的特点　光耦合器在无信号时即可实现输入输出的电气隔离、电平转换，具有抗干扰能力强、传输效率高等特点。

（2）光耦合应用电路　图 2-37 中二级放大器之间采用光耦合，输入电信号经 C_1 耦合送到第一级放大器进行放大，放大后的信号从 VT_1 的集电极输出送至光耦合器的输入端①、②脚，内部发光二极管发光，光信号在芯片内传输，当光敏晶体管接收到光信号后就产生电流，由光耦合器④、⑤脚输出，将信号送到第二级放大器，放大后的信号经 C_3 输出。

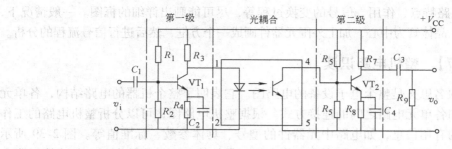

图2-37 光耦合应用电路

【基础知识6】 信号流程识读

信号流程即是信号在电路中的"流动"过程、传输过程，不同的电路通过信号的流动而实现该电路的功能。如放大电路通过信号的流程完成信号的放大。

1. 信号流程分析

下面通过电视机伴音电路来分析其信号流程。

图2-38是电视机伴音通道信号流程框图。框图中的箭头表示信号流程的方向。高频伴音信号 f_s 经高频调谐器选频、放大、变频，得到31.5MHz的第一伴音中频信号，通过图像中放电路、视频检波电路得到6.5MHz的第二伴音信号。然后第二伴音中频信号经预视放级输送到伴音中放电路，经过伴音中放电路进行足够的放大后，将伴音信号送到鉴频器（调频波检波器）进行解调，解出的音频信号再送到音频放大器进行功率放大，最后由扬声器输出声音。这就是伴音信号从天线到扬声器的整个信号流程。

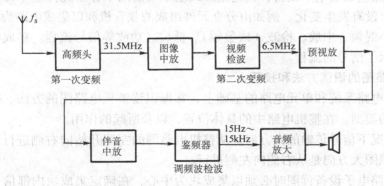

图2-38 电视机伴音通道信号流程框图

2. 信号流程识读技巧

1）信号流程总是从信号输入端开始，逐级传输，直至信号输出端。在电路图中信号传输路径一般是按由左向右的顺序进行输入的。

2）信号流程识读时应充分重视电路框图的作用，框图简洁明了，逻辑性强，可以方便地看出电路的组成、信号的传输过程和处理过程。应注意的是：看集成电路的信号流程时，要熟悉IC引脚功能，同时还要借助集成电路的内部框图来进行信号流程的识读。

3）当没有框图时，可以在明确电路所要达到目的的前提下，从信号输入端到电路输出端逐级依据对单元电路特点、作用、信号的变换过程等，尽可能画出详细的框图。一般情况下，以一个（或两个）晶体管为中心，加上外围元器件画成一个方框，然后进行信号流程的分析。

【基础知识7】 整机电路识读

整机电路图顾名思义是整个电子设备的电路图。它表明了整个机器的电路结构，各单元电路的具体形式和各单元之间的连接方式。根据整机电路图，可以分析整机电路的工作原理，得到相关的有用信息，如电路中元器件的型号、具体参数、标准值等。图2-39所示整机电路图中还标出了重要测试点的直流工作电压、晶体管各电极上的电压、集成块引脚上的电压等。比较复杂的整机电路图中，关键测试点往往还给出了信号波形图等。这一切都为识读电路图和修理电子设备带来了极大的方便。

不同型号电子设备的整机电路图，由于各厂家的设计思路不同，其电路形式往往差别很大，同一功能的单元电路其变化也十分丰富，这一切都给整机电路的识读带来困难。但是只要了解整机电路图的一些规律，掌握识读整机电路图的一些方法，还是可以读懂整机电路图的。

1. 整机电路图的分布规律及识图技巧

1）一般信号源电路位于整机电路图的左侧，负载电路位于整机电路图的右侧，电源电路图位于整机电路图的右下方。按信号流向，各级放大器电路是从左向右排列的，双声道电路中的左、右声道，双通道仪器的左、右通道都是上、下排列的。

2）有些电子设备比较复杂，其整机电路图往往分成好几张，通过接插件的标注能够将各张图样之间的电路连接起来，一般用XS、XP等符号表示。在一些整机电路图中，还将各开关件的标注集中在图样一处，并加以功能说明，读图时可加以参考。

3）集成电路组成的电子设备，其电路形式基本上沿用了分立元件电子设备的形式，信号流程也基本上没有发生变化。例如由分立元件组成的收音机和以集成电路为中心组成的收音机都有调谐、混频、中放、检波（或鉴频）、低放、功放等信号流程。集成电路的内电路框图清楚地显示了信号的流程。

2. 整机电路图的识读方法和技巧

1）在熟悉电路系统和单元电路的基础上，掌握识读整机电路图的方法、技巧。要看清楚各单元电路的类型，在整机电路中的具体位置，以及所起的作用。

2）一般情况下信号传输的大方向是从整机电路图的左侧开始向右侧进行，直流工作电压供给电路的识图大方向是从右侧向左侧进行。

3）集成电路电子设备读图时必须以集成块为中心，在确定集成块内部信号通路的基础上，结合对引脚作用的了解，由内向外，扩大范围，进而掌握全图的识读。

4）对于比较复杂的电路图，应该充分重视框图的作用，按方框范围将整机电路图"化整为零"分割成若干单元"各个击破"，最后根据信号流程把各部分"集零为整"。

5）分析整机电路图时，常会有部分电路图十分复杂而难以理解，还可能遇到有些不熟悉的电路或新型电路，所以平时要多看图、勤思考。

3. 原理图和框图"对号"的方法和技巧

看懂框图仅是读识整机电路图的第一步，要辨明相关电路的结构、功能，修理时分析故障原因，确定故障部位，将整机电路图和框图"对号入座"是必须要做的工作。怎样来做到这一点呢？在此结合图2-38来说明具体的方法与技巧。

（1）直观入手，选好入口　在电视机伴音系统易入手的地方有这么几个：高频头、扬声器、视频检波器中的二极管、鉴频器中的双调谐回路及相关的二极管。它们的图形符号、电路形式容易识别，可以作为入口。从高频头往后就可以找到图像中放（由声表面波滤波器连接）；由扬声器往前或从鉴频器往后都可以找到音频放大电路；由鉴频器往前可以找到伴音中放电路；从图像中放电路向后遇到二极管即为视频检波电路；视频检波电路向后就可以找到预视放电路。

（2）以易读部位分界线　整机电路图是由各单元电路及一些网络连接起来的，各部分的电路，繁简难易程度各不相同。如能找准一些易读部位，则由此入手将给确定某些具体电路、分清单元电路的界限带来很大帮助。

在整机电路图中，与以晶体管为中心的电路相比，显然以二极管为中心的电路更容易辨认识别，可作为易读部位。例如视频检波器电路是以二极管为中心的幅度检波电路，并接LC 低通滤波器；鉴频器是双调谐回路与两个幅度检波器的组合。

在伴音中放输入端，设置有一个 6.5MHz 的单调谐回路或一个三端陶瓷滤波器，为第二伴音的黏合电路，也是一个易识部位，它是伴音电路的大门。

在伴音电路中，音量电位器更是一个易识点，这里即是鉴频器与音频放大器的分界处。对于含有集成电路（如 D7176AP）的伴音电路，因其目标明显，所以，识读与"对号"较容易一些，关键是要充分利用集成电路的内部框图和引脚的说明，帮助找到对应的外部电路和元器件。

总之，通过从易识元器件、易读部位入手，可以帮助确定相关的单元电路。在此基础上，结合对各单元电路基本电路的分析，可以进一步确定有关电路是如何组成的，各单元电路的结构特点及作用，主要元器件所起的作用、影响等。

除此之外，整机电路图上可以利用的信息还有很多。例如，较繁杂的电路图上都标出关键部位的电压、波形、脉冲宽度等，在各晶体管的电极、各集成电路的引脚上标出直流工作电压，根据集成块上标出的型号，查找有关资料，可以确定它在电路中的作用等。这一切在识读整机电路图时，都必须充分加以利用。

【案例分析3】 整机电路分析

1. 电路组成

图2-39 为振荡信号频率测试仪电路原理图，它由串联调整型稳压电源、RC 桥式振荡器、施密特触发器、分频器、七段译码和显示驱动集成电路组成。

2. 工作原理

稳压电源为整机电路提供能源，确保各电路正常工作，RC 桥式振荡器产生的脉冲信号从 VT_9 集电极输出，经 VT_{10} 射极输出器缓冲，C_9 耦合，送 VT_{11} 和 VT_{12} 组成的施密特触发器，施密特触发器对脉冲信号进行整形后从 VT_{12} 集电极输出矩形波，送到分频器 D1 时钟输入端 CLK，再由 D2 七段译码和显示驱动，由数码管显示。

3. 振荡信号频率测试仪整机电路分析

（1）直流电源　该电源为典型的分立元件串联调整型稳压电源，T 为降压变压器，将 220V交流电压降至 5V。$VD_1 \sim VD_4$ 组成了桥式整流电路，使交流变化为脉动直流。C_1、C_2 均为滤波

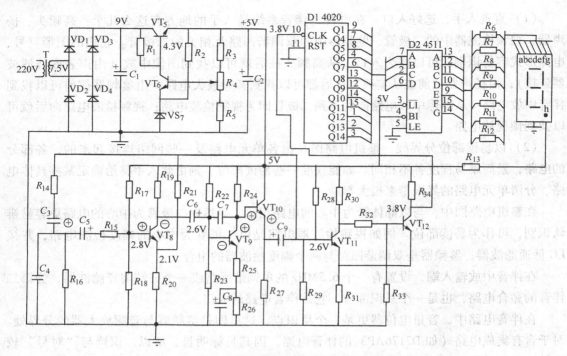

图 2-39　振荡信号频率测试仪电路原理图

电容。VT$_5$、VT$_6$、VS$_7$ 及相关电阻组成了稳压电路。

（2）信号流程　从左到右，VT$_8$ ~ VT$_{10}$ 和相关的电阻、电容组成了 RC 桥式振荡器。其中 VT$_8$、VT$_9$ 组成共发射极放大电路，VT$_{10}$ 组成共集电极放大电路（射极输出器）。可作如图中所示反馈分析，当 VT$_{8b}$ 瞬时极性为正时，VT$_{8c}$ 极性为负，则 VT$_{9b}$ 极性也为负，而 VT$_{9c}$ 极性和 VT$_{10e}$ 极性均为正，VT$_{10}$ 发射极输出电压经 R、C 串并联网络，反馈至 VT$_8$ 基极，选择好移相网络，R、C 参数，则反馈信号极性与 VT$_{8b}$ 瞬时极性相同，形成正反馈，电路产生振荡信号频率。图中 C_6、C_9 为级间耦合电容，R_{21} 为负反馈电阻。VT$_{11}$、VT$_{12}$ 组成了施密特触发器，对信号整形，整形后从 VT$_{12}$ 集电极输出矩形波到 D1 时钟输入端 CLK。

D1（4020）是一片 14 级二进制计数器的集成块，Q1 ~ Q14 是内部各计数器的输出端，其中 Q1 是最低端，Q14 是最高端。因为后级只有一位数码管，所以应该配以 4 位二进制计数器。在高位中选择连续的 4 级输出作为 4 位二进制计数器，则低位各输出端可组成不同分频系数的分频器，后级数码显示翻动的速度也就不同。例如把 Q11 ~ Q14 作为 4 位二进制计数输出，则前面的 Q1 ~ Q10 就成为一个分频器，它把输入矩形波经 2^{10} 分频后再送去计数。

D2（4511）是一个七段译码和显示驱动集成电路，D1 的输出信号送到译码器 A、B、C、D 四个输入端，译码输出 a、b、c、d、e、f、g 通过电阻 R_6 ~ R_{12} 直接驱动数码管相应的各段笔划。D2 是十进制译码器，而 D1 是二进制计数器，当计数到 0 ~ 9 时，译码后能显示相应的十进制数 0 ~ 9；而计数器计到 10 ~ 15 时，则译码得到的是显示熄灭。据此，测试数码管显示的数字翻动一个周期所需要的时间，粗略计算出信号振荡频率。例：数码管显示一个周期的时间为 16 s 即计数脉冲的频率为 1 Hz，如分频系数为 2^{10}，则振荡频率为 1×2^{10} Hz $= 1024$ Hz。

项目2 实践　电子电路识图训练

1. 识图实训

图 2-40 是长城牌 FS19 - 40 红外线遥控电扇的部分电路原理图。图 2-41 是 IC1（LM567）的内部功能框图，图中标出了各引脚的作用。按识图要求完成表 2-1。

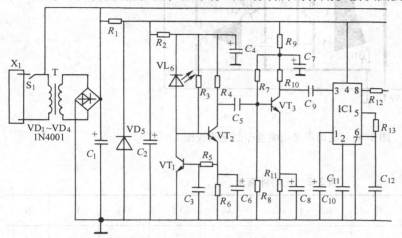

图 2-40　红外线遥控电扇的部分电路原理图　　　图 2-41　LM567 内部功能框图

表 2-1　电子电路识图训练

班　级		实训项目				时　间		
姓名		电路图名称				电路图由哪几部分组成		
整流电路名称		画出整流电路标准化电路图				画出变压器中心抽头式全波整流电路图		
电容器	C_1	C_2	C_4	C_5	C_7	C_9	C_{10}	C_{11}	C_{12}
作用									
电阻器	R_1	R_2	R_3	R_4	R_5	R_6	R_7	R_8	R_{13}
作用									
VT_2 所组成放大器名称		VT_3 所组成放大器名称				画出共集电极放大电路		
VL_6 与 VT_2 的耦合方式		VT_2 与 VT_3 的耦合方式				画出变压器二次侧带中心抽头式耦合电路图		
识图训练中有何主要问题及体会								
实训成绩		实习指导教师签字						

2. 将印制电路板图（见图2-42）**"翻译"成电路原理图**（元器件清单见表2-2）

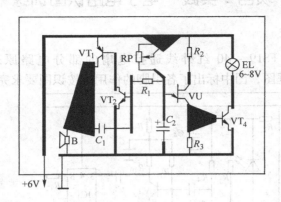

图 2-42 变调声光信响器印制电路板图

表2-2 元器件清单

标　号	R_1	R_2	R_3	RP	C_1	C_1	VT_1	VT_2	VU	B
元器件名称	电阻	电阻	电阻	电位器	电容	电容	晶体管	晶体管	单结晶体管	扬声器
规格或型号	5.1kΩ	510Ω	200Ω	100kΩ	0.02μF	4.7μF	3AX81	3DG6	BT32	8Ω

项目2 考核　电子电路识读方法试题

一、填空题（每空1分，共27分）

1. 电子电路图主要有 _____、_____、装配电路图。印制电路板有单层板、_____ 板和 _____ 板。

2. 电子电路图中的接地标记有 _____、_____、_____、_____。

3. 电子电路中耦合的方式有 _____、_____、_____。

4. 信号流程总是从信号 _____ 开始，逐级 _____ 直至信号 _____。

5. 整机电路图的分布规律，一般信号源电路位于整机电路图的 _____，负载电路位于整机电路图的 _____，电源电路图位于整机电路图的 _____。按信号流向，各级放大器电路是从 _____ 排列的，双声道电路中的左、右声道都是 _____ 排列的。

6. 直流稳压电源种类有 _____、_____，它由 _____、

_____、_____、_____等四部分组成。

7. 开关型稳压电源省略了电源变压器，电路的效率比串联型直流稳压电源_____。

二、识读电路图，指出下面电路图的名称？（每题 3 分，共 18 分）

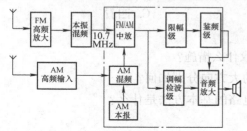

A _____

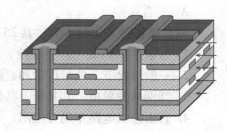

B _____

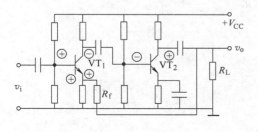

C _____

D _____

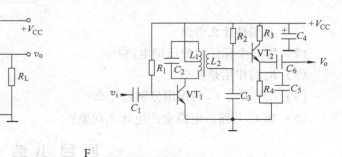

E _____

F _____

三、选择题（每题 3 分，共 15 分）

1. 下图是什么接地方式？（　　）

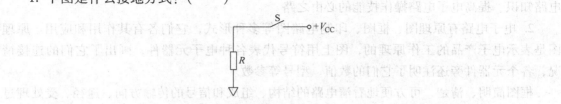

A. 保护接地　　　　　B. 冷接地　　　　　C. 热接地

2. 电子电路有几种表达方法？（　　）

A. 二种　　　　　　　B. 三种　　　　　　C. 四种

3. 晶体管放大电路可分为几种基本放大电路？（　　）

A. 二种　　　　　　　　　　B. 三种　　　　　　　　　　C. 四种

4. 整流电路可分为几种？（　C　）

A. 二种　　　　　　　　　　B. 三种　　　　　　　　　　C. 四种

5. 识读集成电路的基本技巧是几看？　　　　　　　　　　　　　　　　（　　）

A. 三看　　　　　　　　　　B. 二看　　　　　　　　　　C. 四看

四、简答题（每题 5 分，共 25 分）

1. 为避免"热地"产生危险，维修时应采取什么措施？

2. 一般情况下，信号传输和直流工作电压的大方向分别如何？

3. 判别共发射极、共基极、共集电极放大电路的基本方法是什么？

4. 画出整机电路布局方框图。

5. 整机电路图的识读方法和技巧是什么？

五、看图回答问题

先仔细读图，再将答案写在各题右侧。（每小题 3 分，共 15 分）

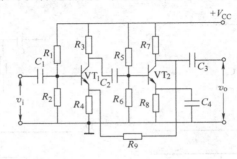

（1）上图是什么电路？

（2）哪几个元件组成反馈电路？

（3）R_8 的作用是什么？

（4）C_1、C_2、C_3 的作用分别是什么？

（5）如 C_2 开路，电路会产生什么现象？

项 目 小 结

1. 电子电路图是实际电路的抽象化表现，是实际电路的"语言"，学习识图是学习电子电路知识、提高电子电路操作技能的必由之路。

2. 电子电路有原理图、框图、印制电路图等多种形式，它们各有其作用和应用。原理图是表示电子产品的工作原理的，图上用符号代表各种电子元器件，画出了它们的连接情况，各个元器件旁还注明了它们的数值、型号等参数。

框图简明、清楚，可方便地看清电路的结构、组成和信号的传输方向、途径、受处理过程等。在分析具体电路工作原理之前，先分析该电路的框图是十分必要的。

印制电路图是装配和维修电子产品中的得力助手。

3. 识读电子电路必须打好识读基本电路的功底。放大电路、反馈控制电路、直流供电电路、耦合电路等，都是组成整机电路的有机体。

4. 电子电路信号耦合的方式有：直接耦合、阻容耦合、变压器耦合和光耦合。

5. 集成电路的识读重点应放在集成块内电路框图的分析上，了解集成电路内电路对信号的放大、处理、传输过程，以及集成电路各引脚作用的分析上。

6. 整机电路识读时要看清信号流程的大方向，各单元电路在整机电路的具体位置、单元电路的类型，以及直流电路的供电过程。要善于利用易识元器件帮助确定相关电路类型，区分相关电路的界限。

思 考 题

1. 电子电路图是怎样定义的？

2. 在电子电路图中的"热地"和"冷地"的区别是什么？在维修电子产品时怎样避免"热地"带来的危险？

3. 什么条件下电位和电压在数值上是一致的？

4. 电路原理图是怎样组成的？有什么作用？

5. 识读框图时应该注意哪几点？

6. 识读印制电路图有什么技巧？

7. 判别共发射极电路、共基极电路、共集电极电路的基本方法是什么？

8. 怎样判别所识读的反馈电路是正反馈电路还是负反馈电路？

9. 集成电路识读的重点是什么？

10. 常用的直流供电电路有哪几种方式？

11. 常见的耦合方式有哪几种？各有什么特点？

12. 电路图中信号的传输方向是怎样的？

13. 整机电路图有何分布规律？

14. 电路原理图和框图的"对号"技巧有哪几点？

项目3 电子电路故障查找的基本方法与技巧

任务1　故障查找的基本步骤

【任务分析】　通过任务 1 的学习，学生应了解电子电路故障产生的原因，熟练掌握故障查找的一般程序。

【基础知识1】　**电子电路故障产生的原因**

　　了解电子电路故障产生的原因，是鉴别、判断和排除故障的重要环节，只有了解了电子电路故障产生的原因，才能结合故障的现象，经过分析、测试查找出故障发生的部位、查找出损坏的元器件，才能确保排除故障工作的顺利进行。电子电路故障产生的原因有很多，一般有以下几个方面。

1. 电路内部原因

1）元器件因使用寿命、使用条件和质量问题而损坏。一般表现为击穿、开路、漏电、参数变化等。如晶体管击穿、开路，电容漏电、容量变小，电阻器的阻值变化大等。

2）印制电路板上的焊点有虚焊，一般发生在使用年限较长的整机电路中，而且故障发生率相当高。

3）电路中的接插件松动或接触不良、断线。

4）新装配的电路或别人维修过的设备，有时会碰到接线错误、元器件装错、漏装、搭锡（不应该连接的焊点与另一个焊点连接在一起）等现象。

5）电路中可调节的元器件失调，如中频变压器的磁心破碎、脱落，电位器变值、接触不良等。

2. 电路外部原因

1）违反操作规程和使用不当会引起故障，尤其是非专业人员误操作发生的故障率较高。所以要持证上岗，贵重设备严禁非专业人员操作。

2）电网电压的波动，当电网电压上升到一定值时元器件会击穿。

3）电子设备长期工作在多尘、潮湿的环境中，会引起元器件及电路板的发霉、生锈腐蚀而损坏。

4）由于受雨淋、雷击、强磁场等影响，同样会造成设备损坏。

5）运输、装卸不当也会造成设备损坏。

【基础知识2】　故障查找的一般程序

电子电路故障查找与维修是电子与信息技术工作中经常会碰到的问题，是一项理论与实践紧密结合的技术工作。通过实践可提高分析问题和解决问题的能力。

电子电路的维修过程是从接收故障电路开始，到排除故障交付用户的经过。遵循正确的故障查找程序，有利于准确判断故障的原因和部位，可提高故障查找速度和维修质量。故障查找的基本步骤一般可分为以下几个方面。

1. 询问用户

询问用户可以帮助我们了解故障产生的来龙去脉，询问用户的内容主要是：故障产生的现象、使用的时间、基本操作的情况、设备使用的环境、设备管理与维护等情况，以便对该电路的故障有一个初步的了解，从而掌握第一手资料。

2. 熟悉电路的基本工作原理

熟悉电路的基本工作原理是故障查找和维修的前提。对于要维修的电子电路或设备，尤其是新接触的电路和设备应仔细查找该电路或设备的技术资料及档案资料。技术和档案资料主要有：产品使用说明书、电路工作原理图、框图、印制电路图、结构图、技术参数，以及与本电路和设备相关的维修手册等。目前有的产品没有技术资料，给电子电路故障查找与维修带来困难，所以维修人员要养成收集专业文献资料的习惯。

3. 熟悉电路及设备的基本操作规程

电子电路及设备产生故障的原因往往是由于使用不当，或违章操作造成的。对于维修人员来说要认真阅读使用说明，熟悉操作规程，才能尽快了解情况，及时修复。反之则会使故障进一步扩大，造成更大的损失。

4. 先检查设备的外围接口部分，再检查设备内部电路

在进行电子电路及设备故障检修时，应先检查设备的外围部分，如电源插座插头、输入插孔、面板上的开关、接线柱等，发现问题应及时排除。检查设备内部电路可先用感观法（感观法在本项目任务2中介绍），看电路板上的电子元器件有无霉变、烧焦、生锈、断路、短路、松动、虚焊、导线脱落、熔断器烧毁等现象，一经发现，应立即修复。

5. 试机观察

有些电子设备通过试机观察，能很快确定故障的大致部位，如电视机可通过观察图像、光栅、彩色、伴音等来确定故障的部位。

必须指出：当机内出现熔断器烧毁、冒烟、异味时，应立即关机。

6. 故障分析、判断

根据故障的基本现象、工作原理分析故障产生的部位和有可能损坏的元器件。这是非常关键的一步，如果故障部位判断不准确就盲目检修，甚至"野蛮"拆换，将会导致故障进一步扩大，造成不必要的损失。

7. 制订检测方案

一般故障产生的部位确认后，要制订检测方案，检测方案主要有：静态电压、电流测试和动态测试，选用哪些仪器仪表，这是故障检修工作中一个重要的程序。

8. 故障排除

通过检查检测找出损坏的元器件，并更换，使电路及设备恢复正常功能。

9. 老化

电路及设备恢复正常功能后，需要进行老化（老练）处理，老化的时间视具体情况而定，一般需 12h 左右。如果再出现故障应做进一步检修。

任务2　故障查找的基本方法与技巧

【任务分析】　通过任务2的学习，学生应了解故障查找的十五种方法，熟练掌握故障查找的基本技巧。

【操作指导1】　感观法

感观法（直观法）是在不通电的情况下，凭人体的感觉器官（眼、耳、鼻、手）将感觉到的信息反馈到大脑，然后分析判断故障的一种方法。

1. 看

"看"就是在不通电的情况下，观察整机电路或仪器设备的外部、内部有无异常。

（1）看电子仪器设备外围、接口是否正常　先看电子电路或仪器设备外壳有无变形、摔破、残缺，开关、键盘、插孔、显示器、指示电表的表头是否完好，接地线、接线柱、电源线和电源插头等有无脱落，是否松动。一旦发现问题应立即排除。外部故障排除后，再检查内部。

（2）看电路内部的元器件及构件是否正常　打开电子设备的外壳，观察熔丝、电源变压器、印制电路板和排风扇等有无异常现象。常见的异常现象有元器件烧焦有发黑现象，元器件击穿有漏液现象，印制电路板断裂、脱焊、引线脱落、接插件接触不良有松动、熔丝断开、焊点老化虚焊，如图 3-1 所示。焊点老化虚焊的判断技巧是：引脚周围有缝隙。这种虚焊点的出现说明整机电路已老化。看显像管灯丝是否亮，管内有无紫光或白雾气体，若有这种现象则说明管子已坏；看显像管图像是否正常，如图像不正常则说明电路有故障；看电解电容器是否漏液、炸开，如有此现象，则说明电容器已损坏；如果电子电路、仪器设备被他人维修过，则应仔细查看电路中元器件的极性、电极等是否装错，连接线是否正确，如有错的地方要及时改正，然后再排除电路故障。

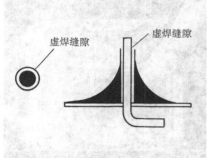

a) 焊点虚焊示意图

b) 引线脱落示意图

c) 印制电路板断裂示意图

d) 烧焦发黑示意图

图 3-1　电路内部异常示意图

2. 听

"听"电子设备工作时是否有异常的声音（如音调音质失真、声音是否轻，是否有交流声、噪声、咯啦声、干扰声、打火声等）。听电视机中有无行频啸叫声，听机械传动机构有无异常的摩擦声或其他杂声。如有上述现象则说明电路或机械传动机构有故障。

3. 闻

"闻"电子设备工作时，是否有异味，以此来判断电子电路是否有故障。如闻到机内有烧焦的气味、臭氧味，则说明电路中的元器件有过电流现象，应及时查明元器件是否已损坏或有故障。

4. 摸

"摸"是用手触摸电子元器件是否有发烫、松动等现象。小信号处理电路中的电子元器件摸上去是室温，无明显的升温感觉，说明电路无过电流现象，工作正常；大信号处理电路（末级功率放大管）用手摸上去应有一定的温度感，但不发烫，说明电路无过电流现象，工作正常；如果是冰凉的、无温度感觉，则说明电路不工作；如果发烫，则说明电路有过电流现象。用手摸变压器外壳或电动机外壳是否有过热现象，如变压器外壳发烫，则说明变压器绕组局部短路或过载；如电动机外壳发烫，则说明电动机的定子绕组与转子可能存在严重的摩擦，应检查定子绕组、转子和含油轴承是否损坏。正确触摸方法是：用手指甲去触摸，如图 3-2 所示。

用手去触摸电子元器件时应注意以下几点：

1）用手触摸电子元器件前，先对整机电路进行漏电检查。检测整机外壳是否带电的方

a) 错误触摸法　　　　　　　　　　b) 正确触摸法

图 3-2　触摸法示意图

法是：用试电笔或万用表检测。

2）用手触摸电子元器件时要注意安全。在电路结构、工作原理不明的情况下，不要乱摸乱碰，以防触电。

3）悬浮接地端是带电的，手不要触摸"热地"，以防触电。

4）电源变压器的一次侧直接与220V/50Hz交流电连接，电源变压器的一次侧是带电的，故用手不要触摸电源变压器的一次侧，以防触电。

【操作指导2】　直流电阻测量方法与技巧

1. 直流电阻测量方法

直流电阻测量法是检测故障的一种基本方法，是用万用表的欧姆档测量电子电路中某个部件或某个点对地的正反向阻值。一般有两种直流电阻测量法，即在线测量法和不在线测量法。

2. 在线直流电阻测量方法与技巧

在线直流电阻测量是指被测元器件已焊在印制电路板上，万用表测出的阻值是被测元器件阻值、万用表的内阻和电路中其他元器件阻值的并联值。所以，选用万用表的技巧是选内阻大的万用表，测量时，万用表的档位选用技巧是选用 R×1Ω 档，可测量电路中是否有短路现象，是否是元器件击穿引起的短路现象；选用R×10kΩ档，可测量电路中是否有断路现象，是否是元器件击穿引起的断路现象。若电路有短路现象时，测得的阻值一般很小或为零；若电路有断路现象时，测得的阻值一般较大。在线直流电阻测量方法如图3-3所示。

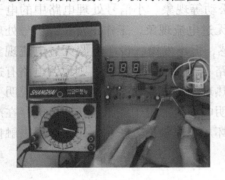

图 3-3　在线直流电阻测量方法

印制电路板在制作时（尤其是人工制作时），三氯化铁腐蚀不当，会造成印制电路板某处断裂，断裂地方的阻值很大，用万用表电阻档测量断裂处时表头的指针不动。图3-4所示是放大镜放大后的图像，用眼看到的是很细微的裂缝。

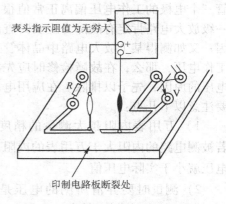

图3-4 印制电路板断裂处测试图

【操作指导3】 直流电流测量方法与技巧

直流电流测量法是用万用表的电流档，检测放大电路、集成电路、局部电路、负载电路和整机电路的工作电流，根据测得的工作电流值来判断、检测电子电路是否存在故障的一种方法。

直流电流检测可分为直接测量和间接测量两种。

1. 直流电流直接测量

采用直流电流直接测量时要注意以下几个问题。

1）要选择合适的电流表量程。如果电流表量程选得不合理，则会损坏万用表。

2）断开要测量的地方，人造一个测试口，将电流表串接在测试口中，可测量电路中的电流，如图3-5所示。

3）有的电路中有专门的电流测试口，只要用电烙铁断开测试口，将电流表串接在测试口中，就可直接测量电路中的电流。

2. 直流电流间接测量

直流电流间接测量是先测直流电压，然后用欧姆定律进行换算，估算出电流的大小。采用这种方法是为了方便，不需在印制电路板上人造一个测试口，也不要用电烙铁断开测试口，如图3-6所示。该方法可以直接测量R_4两端的电压，即可求出发射极电流。

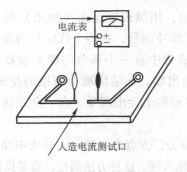

图3-5 直流电流测量图

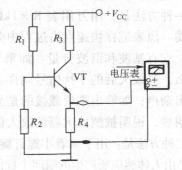

图3-6 直流电流间接测量图

【操作指导4】 电压测量方法与技巧

电路有了故障以后，它最明显的特征是相关的电压会发生变化，因此测量电压是排除故障时最基本、最常用的一种方法，电压测量方法示意图如图3-7所示。电压测量主要用于检测各个电路的电源电压、晶体管的各电极电压、集成电路各引脚电压及显示器件各电极电压等。测得的电压结果是反映电子电路实际工作状态的重要数据。如测得某个放大电路中晶体管三个电极的工作电压偏离正常值很大，那么这一级放大电路肯定有故障，应及时查出故障的原因；又如测得某个放大电路中晶体管三个电极无工作电压，那么，在故障检修时应先找出无电源电压的原因，先予以排除。在应用电压测量法时要注意以下几点：

图 3-7　电压测量方法示意图

1）万用表内阻越大测量的精度越是准确。若被测电路的内阻大于万用表的内阻，则测得的电压就小于实际电压值。

2）测量时要弄清所测的电压是静态电压，还是动态电压，因为有信号和无信时的电压是不一样的。

3）万用表在选择档位时要比实际电压值高一个档位，这样可提高测量的精度。

4）电压测量是并联式测量，所以，为了测量方便可在万用表的一支表笔上装上一只夹子，用此夹子夹住接地点，用万用表的另一支表笔来测量，这样可变双手测量为单手操作，既准确、又安全。

5）电压测量除直流电压测量外，还有交流电压的测量。在交流电压测量时要先换档，将万用表的直流电压档拨到交流电压档，并选定合适的量程，尤其是测量高压时，应注意设备的安全，更要注意人身安全。

【操作指导5】　干扰法与干扰技巧

用干扰法来检验放大电路工作是否正常，是一种常用的方法，在没有信号发生器的情况下，可采用此方法。一般用于高频信号放大电路、视频放大电路、音频放大电路、功率放大等电路的检测。具体操作有两种：

第一种方法是：用万用表 R×1kΩ 档，红表笔接地，用黑表笔点击（触击）放大电路的输入端。黑表笔在快速点击过程中会产生一系列干扰脉冲信号，这些干扰信号的频率成分较丰富。它有基波和谐波分量。如果干扰信号的频率成分中有一小部分的频率被放大器放大，那么，经放大后的干扰信号同样会传输到电路的输出端，如输出端负载接的是扬声器，就会发出杂声；如输出端负载接的是显示器件，那么显示屏上会出现噪波点。杂声越大或噪波点越明显，说明被测放大器的放大倍数越大。

第二种方法是：用手拿着小螺钉旋具、镊子的金属部分，去点击（触击）放大电路的输入端。它是由人体感应所产生的瞬间干扰信号送到放大器的输入端。这种方法简便，容易操作。

用干扰法检查电路的基本技巧是：一要快速点击；二要从末级向前级逐级点击。从末级向前级逐级点击时声音若逐级增大，则正常。当点到某一级的输入端时，若输出端没有声响，则这一级可能存在故障。干扰信号法可快速寻找到故障的大致部位，这种方法简便，被广泛使用。

用干扰法判断高、低频电路的技巧：干扰信号送到高频电路输入时，若其输出端接扬声器，发出的是"喀啦、喀啦"的声响；而干扰信号送到低频电路输入时，发出的是"嘟嘟嘟、嘟嘟嘟"的声响。为了区别注入的干扰信号与交流信号的不同，注意交流声是"嗡嗡"的声响。

【操作指导6】 短接法与技巧

短接法是用导线、镊子等导体，将电路中的某个元器件、某两点或几点暂时连接起来。一能检查信号通路中某个元器件是否损坏；二能检查信号通路中由于接插件损坏引起的故障。用导体短路某个支路或某个元器件后，若该电路工作恢复正常，则说明故障就在被短接的支路或元器件中。

短接电路中某个元器件的技巧：在电路中要短接某个元器件，首先要弄清这个元器件在电路中的作用，从而找出信号通路中的关键元器件。所谓关键元器件是：这个元器件损坏会造成整个电路信号中断，如放大电路工作电压正常，就是无信号输出，此时应考虑是否是耦合电容失效引起的，可用一只好的电容将电路中的电容短路，短路后放大电路若有信号输出，那么说明是电容器损坏造成的。具体做法如图3-8所示。

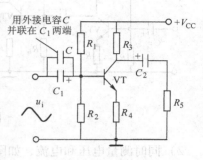

图3-8 短接法示意图

数字电路中关键元器件损坏会造成电路的逻辑功能失常或控制失灵等现象。

【操作指导7】 比较法与技巧

比较法是用两台同一型号的设备或同一种电路进行比较。比较的内容有：电路的静态工作电压、工作电流、输入电阻、输出电阻、输出信号波形、元器件参数及电路的参数等。通过测量分析、判断，找出电路故障的部位和原因。

在维修一个较复杂的电路或设备时，若手中缺少完整的维修资料，此时可用比较法。比较法的测量技巧是：先比较在线电阻、电压、电流值的测量数据，当二者基本相同时，再测量信号波形是否一致，最后测量电路中各元器件的参数。

运用比较法时应注意以下两点：

1）要防止测量时引起的新的故障，如接地点接错，没有接在公共的接地（含"热地"）点，造成新的故障。

2）要防止连接错误，检测人员应先熟悉原理图、印制电路和工作原理，以免造成新的故障。

【操作指导8】 电路分割法与技巧

电路分割法是：怀疑哪个电路有故障，就把它从整机电路中分割出来，看故障现象是否还存在，如故障现象消失，则一般来说故障就在被分割出来的电路中。然后再单独测量被分割出来电路的各项参数、电压、电流和元器件的好坏，便能找到故障的原因。如有整机电源电压低的故障现象，一是由于负载过重引起输出电压下降；二是稳压电源本身有故障。一般做法是把负载断开，接上假负载，然后再检测稳压电源的输出电压是否恢复正常。如恢复正常，则说明故障在负载；若断开后稳压电源输出电压还是低，那么故障在稳压电源本身。这种方法在多接插件、多模块的组合电路中得到广泛应用。运用电路分割法的基本技巧是：

1）如图3-9a所示的电路，断开电源电压12V与负载的连接处（负载是二级放大器），选择好万用表电流表的档位，并将电流表串在其中，如图3-9所示。先切断分割B点，观察电流表的读数，B点切断后，若电流还是不正常，那么再切断分割A点，如果电流恢复正常，则故障就在第一级放大电路中。

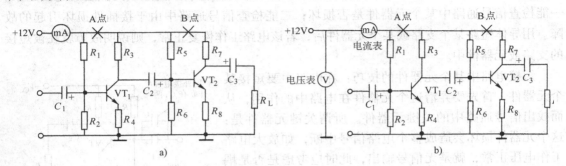

图3-9　电路分割法示意图

2）同时测量电压和电流，如图3-9b所示，效果更好。鉴别方法同上。

3）电路分割的方法还有切断印刷电路某处的铜箔、脱焊元器件的某一个引脚、拔掉接插件等。

4）应注意的是，有的电路分割后要接上假负载，否则会引起故障进一步扩大；电路分割要选择合适的切入点，分割要彻底。故障排除后要用焊锡封闭好切入点。

【操作指导9】　替代法与替代技巧

替代法有两种：一种是元器件替代；另一种是单元电路或部件替代。

1. 元器件替代与技巧

有些元器件没有专用仪器是很难鉴别它的好坏的，如内部开路的声表面波滤波器，用万用表只能是估量，不能测试它的性能。这时可选用一只新的质量好的、型号、参数、规格一样的声表面波滤波器替代有疑问的声表面波滤波器。如果故障排除，则说明原来的元器件已损坏。

原则上讲任何元器件都可替代，但这样会给维修带来麻烦，一般是在没有带专用仪器的情况下，无法测那些需使用专用仪器测试的元器件时用替代法。元器件替代的基本技巧是：对开路的元器件，不需要焊接，替代的元器件也不需要焊接，用手拿住元器件直接并联在印制电路板相应的焊接盘上，看故障是否消除，如果故障消除则说明替代正确。如怀疑电容量变小则可直接并联上一只电容。

2. 单元电路或部件替换法

用已调整好的单元电路替代有问题电路。这种方法可以快速排除故障。一般用于上门服务、急用、现场维修、快修等场合。运用这种方法时应注意接线或接插件不要装错。

随着电子技术的不断发展，集成电路的集成度越来越高，功能越来越多，体积也越来越小，在元器件和单元电路替代也越来越困难的情况下，普遍采用部件替换法。

【操作指导10】　假负载法与技巧

所谓假负载法，就是在不通电的情况下，断开主电源与主要负载电路的连接，用相同阻值、相等功率的线绕电阻器作为假负载，接在主电源输出端与地之间。假负载也可以用作电源调试、电路测试等。

使用时应注意： 由于假负载上的功率损耗很大，温度也较高，每次试验的时间不要太长，以防损坏假负载。

运用技巧：在电源输出电压很低，难于区分是电源故障还是负载故障或电源输出电压很高时应使用假负载。

如彩色电视机出现"三无"（即无光栅、无图像、无伴音）烧熔丝的故障现象，是负载电流过大引起的。在没有查清故障原因和部位时不能盲目地换上新的熔丝，应接上 60W 白炽灯泡作为假负载，然后判断是电源本身出现的故障，还是负载电路的故障。

【操作指导11】　波形判别法与技巧

波形判别法是用信号发生器注入信号、用示波器检测电子电路工作时各关键点波形、幅度、周期等来判断电路故障的一种方法。

如果用电压、电流、电阻等方法后，还不能确定故障的具体部位，此时可用波形法来判断故障的具体部位。因为用波形法测量出来的是电路实际的工作情况（属动态测试），所以测量结果更准确有效。

波形判别法的基本技巧是：将信号发生器的信号输出端接入到被测电路的输入端，示波器接到被测电路的输出端，先看输出端有无信号波形输出，若无输出，那么故障就在电路的输入端到输出这个环节中；若有信号输出，再看输出端信号波形是否正常，如信号波形的幅度、周期不正常，则说明电路的参数发生了变化，需进一步检查这部分的元器件，一般电路参数发生变化的原因主要是元器件参数变化、损坏、调节器件失调等。用波形法检测时，要由前级逐级往后级检测，也可以分单元电路或部分电路检测。要测量电路的关键点波形。关键点一般指电路的输出端、控制端。

检测振荡器时不用信号发生器，测量电路的频率特性曲线时需用扫频仪。测量时要注意被测试的那一点信号幅度的大小，输出信号幅度太大需用衰减探头。同时信号发生器与被测量电路之间要串接一只 $0.01\mu F$ 电容。

【操作指导12】　逻辑分析法

逻辑分析法有两种：一种是逻辑框图分析法；另一种是用逻辑仪器分析法。它是一种推理分析排除法。

1. 逻辑框图分析法

根据信号及电路原理用逻辑框图进行流程分析，是一种常用的分析方法。如彩色电视机的开关电源，整流滤波电路输出端有 300V，说明整流电路输出正常；无输出电压故障时一般可用逻辑框图分析法。如图 3-10 所示（以夏普二片机为例）。

2. 逻辑仪器分析法

它是用专门的逻辑分析仪或逻辑分析器对故障电路进行检测，然后，确定故障的部位和元器件损坏的原因。这种方法检修数字电路和带有 CPU 的电路特别有效。

常用的逻辑分析仪器的种类及测试的内容有：

1）逻辑时间分析仪，用来测量 I^2C 总线控制的时序关系是否正常。

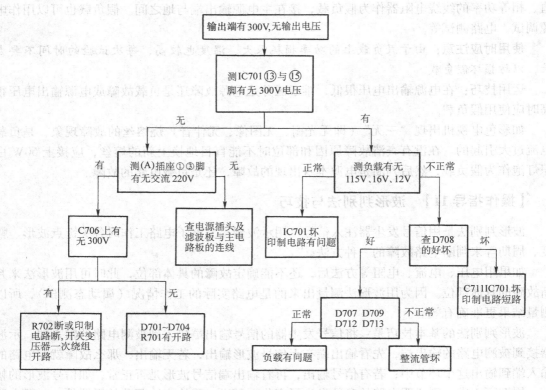

图 3-10　输出端有 300V、无输出电压故障检修逻辑框图

2）逻辑状态分析仪，用来检测程序运行是否正常，可检查出各种代码是否出错或漏码现象。

3）特征分析仪，用来检测特征码是否正常。

4）逻辑笔（逻辑探头），用来测量输入输出信号电平是否正常。

5）逻辑脉冲信号源，它可产生各种数据域信号。

6）电流跟踪器，可检测电路中的短路现象。

【操作指导 13】　dB 电压测量法

在万用表的表盘上，除有电压、电流、直流电阻及 h_{FE} 等刻度线外，还可看到一条 dB 刻度线和一个 dB 表格（如表 3-1 所示）。例如 MF78 型万用表的表盘，其第八条刻度为 dB 电压刻度线，刻度线是红色，测量范围为 − 10 ~ + 22dB。dB 表示分贝，它是法定计量单位，国家选定的非国际单位制的级差单位。下面介绍该档的定义及使用方法。

表 3-1　万用表上的 dB 表格

AC/V	对应 dB 数
10	0
50	14
250	28

1. 测量交流电压的技巧

当被测点的交流电压低于 10V（绝对值）时，应将万用表置于 dB 档，将表笔接入被测点，这时，可在 dB 刻度上读出该电压对应的绝对电平的 dB 值。当被测点电压高于 10V 时，可根据其值大小，将万用表转换开关置于交流电压适当量程进行测量，观察指针在 dB 刻度上的读数，再加上表盘右下角附表上的对应 dB 数，即可求出分贝数。

例如，测某点功率电平时选用了 AC50V 档，这时指针指在 dB 刻度的 "10" 处，而附表上 AC50V 档的对应 dB 数为 +14，则该点的电平为 $D_p = 10\text{dB} + 14\text{dB} = 24\text{dB}$。

2. 测量交流电压时的注意事项

1）有的万用表设有专门的分贝插孔，这时应将红表笔插入此孔中测量。

2）如被测处除交流电压外，还有直流电压，这时要串联一只无极性电容，其容量大于 0.1pF，以隔断直流电压（多数万用表交流电压档无此电容），所串联电容耐压应大于被测交流电压。但有专用 dB 档的表一般已串有约 0.22pF 的电容，测量时可不必再串电容。

3）万用表工作频率为 $45 \sim 1000\text{Hz}$，所以被测交流电压的频率范围也要在 $45 \sim 1000\text{Hz}$ 范围内，此时，测量的正弦波电平才准确。

4）当负载阻抗 Z 不等于 600Ω 时，要加上 $10\lg\,(600/|Z|)$（可为负值）才是正确的功率 dB 值。这一点在测量时往往容易被忽略而产生错误。

【操作指导14】　频率测量法

时间和频率是电子技术中两个重要的基本参量，电子电路故障查找和电路调试中，经常要用频率测量法。信号频率是否准确，决定电子电路的性能，它是一项重要的技术指标。了解和掌握频率的测量方法是非常重要的。

1. 频率和周期

频率定义为相同的现象在单位时间内重复出现的次数，周期则指出现相同现象的最小时间间隔。如式（3-1）所示。

$$f = \frac{N}{T_0} \tag{3-1}$$

式中，f 表示频率；N 表示相同的现象重复出现的次数；T_0 表示时间。

2. 频率测量的基本方法

频率的测量方法可分为直接测量法和对比测量法。

1）直接测量法：是指直接利用电路的某种频率响应来测量频率的方法。电桥法和谐振法是这种测量方法的典型代表。

2）对比测量法：是利用标准频率与被测频率进行比较来测量频率的，其测量的准确度主要决定于标准信号发生器输出信号频率的准确度。拍频法、外差法及电子计数器测频法是这类测量方法的典型代表，尤其是利用电子计数器测量频率和时间，具有测量精度高、速度快、操作简单、可以直接显示数字、便于与计算机结合实现测量过程的自动化等优点，是目前最好的测频方法。

【操作指导15】　电子计数器测频法

用电子计数器测量频率是严格按照频率的定义进行的。它在某个已知的标准时间间隔 T_0 内，测出被测信号重复的次数 N，然后由公式 $f = N/T_0$ 计算出频率。测量的原理框图如图 3-11 所示。

电子计数器内部石英晶体振荡器产生高稳定的振荡信号，经分频后产生准确的时间间隔 T_0。用这个 T_0 作为门控信号去控制主门的开启时间。被测信号经过放大整形后，变成方波脉冲，在主门开启时间 T_0 内通过主门由计数器对通过主门的方波脉冲的个数进行计数，在时间间隔 T_0 内计数值为 N，则被测信号的频率 $f = N/T_0$，由译码显示电路将测量结果显示出来。由此看来，用电子计数器测频法测量频率，实质上是以比较法为基础，它将被测信号的

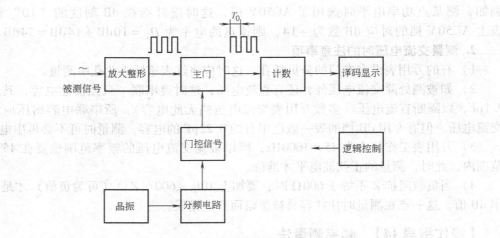

图 3-11   电子计数器测频原理框图

频率 f_x 和已知的时基信号频率 f_s 相比，将相比的结果以数字的形式显示出来。常用的仪器设备是通用电子计数器，其使用方法详见附录 B。

项目3 实践   电子电路故障查找方法训练

1. 感观法实训

（1）实训器件   收音机一台，电视机一台。

（2）实训步骤   感观法实训要求见表 3-2。

表 3-2   感观法实习报告

班　级		实训项目		时　间	
姓名		收音机型号		电视机型号	
收音机	看	有无虚焊	引线有无脱落	元器件有无烧焦	电池极片有无氧化
	听	有无声音	有无噪声	音量是否正常	声音是否失真
	闻	有无异味		有无焦味	
	摸	元器件有无松动		元器件有无烫手	
电视机	看	有无彩色	有无图像	光栅是否正常	元器件有无烧毁
	听	有无伴音	伴音是否正常	有何种噪声	有无打火
	闻	有无异味		有无焦味	
	摸	元器件有无松动		元器件有无烫手	

感观法训练中发现的主要问题及体会

实训成绩		实习指导教师签字	

2. 电压、电流检测实训

（1）实训器件　MF－47型万用表一只，收音机、电视机各一台。

（2）实训步骤　电压、电流检测实训要求见表3-3。

表3-3　电压、电流检测实习报告

班　级		实 训 项 目			时　间	
姓　名		收音机型号			电视机型号	
收音机	电压测量	电源电压/V			变频级电压/V	
					e　　　b　　　c	
		中放级电压/V			功放级电压/V	
		e　　　b　　　c			e　　　b　　　c	
	电流测量	整机电流/mA			变频级电流/mA	
		中放级电流/mA			功放级电流/mA	
电视机	电压测量	主电源电压/V			有无300V	
		行输出级电压/V			行推动级电压/V	
		e　　　b　　　c			e　　　b　　　c	
	电流测量	行输出级电流/mA			灯丝电流/mA	
		整机电流/mA			LA7830功放级/mA	

电压、电流检测中发现的主要问题及体会

实训成绩		实习指导教师签字	

3. 干扰法实训

（1）实训器件　MF－47型万用表一只，收音机、电视机各一台，镊子一把。

（2）实训步骤　干扰法实训要求见表3-4。

表3-4　干扰法实习报告

班　级		实 训 项 目		时　间	
姓　名		收音机型号		电视机型号	
收音机	干扰信号注入点	功放级输出端		功放级输入端	
		音量电位器中心滑动端		变频级输出端	

（续）

班　级		实训项目		时　间	
姓名		收音机型号		电视机型号	
电视机	干扰信号注入点	功放级输出端		功放级输入端	
		伴音中放输入端		预视放输出端	
		图像中放输入端		图像预中放输入端	

干扰法实训中发现的主要问题及体会

实训成绩		实习指导教师签字	

项目 3 考核　电子电路故障查找基本方法考核试题

一、填空题（每空 1 分，共 36 分）

1. 电子电路故障产生的原因是＿＿＿＿＿＿＿＿＿＿、＿＿＿＿＿＿＿＿＿＿。

2. 电路内部原因是＿＿＿＿＿、＿＿＿＿＿、＿＿＿＿＿、＿＿＿＿＿、＿＿＿＿＿，电路外部原因是＿＿＿＿＿、＿＿＿＿＿、＿＿＿＿＿、＿＿＿＿＿、＿＿＿＿＿。

3. 故障查找的一般程序是＿＿＿＿＿、＿＿＿＿＿、＿＿＿＿＿、＿＿＿＿＿、＿＿＿＿＿、＿＿＿＿＿、＿＿＿＿＿。

4. 感观法（直观法）是在不通电的情况下，凭人体的感觉器官（＿＿＿＿＿、＿＿＿＿＿、＿＿＿＿＿、＿＿＿＿＿）将感觉到的信息反馈到大脑，然后分析判断故障的一种方法。

5. "看"指＿＿＿＿＿＿＿＿＿＿＿＿＿＿＿＿＿＿＿＿＿＿＿＿。

6. "听"指＿＿＿＿＿＿＿＿＿＿＿＿＿＿＿＿＿＿＿＿＿＿＿。

7. "闻"指＿＿＿＿＿＿＿＿＿＿＿＿＿＿＿＿＿＿＿＿＿。

8. "摸"指＿＿＿＿＿＿＿＿＿＿＿＿＿＿＿＿＿＿＿＿＿。

9. 在线直流电阻测量方法，测量时万用表档位选用技巧是选用 R×1Ω 档或 R×＿＿＿＿＿档。

10. 直流电流直接测量的方法：电路中有专门的电流测试口，只要＿＿＿＿＿测试口，将电流表＿＿＿＿＿在测试口中，可直接测量电路中的电流。

11. 替代法有两种：一种是＿＿＿＿＿替代；另一种是＿＿＿＿＿替代。

12. 电流间接测量是先测直流＿＿＿＿＿，然后用＿＿＿＿＿进行换算，估算出电流的大小，采用这种方法是为了方便，不需要在印刷电路板上人造一个测试口，也不需要用电烙铁断开测试口。

二、选择题（每题5分，共25分）

1. 干扰法是用（　　　）。
   A. 金属物　　　　　　　　B. 木棒　　　　　　　　C. 塑料棒

2. 交流短接法是用（　　　）。
   A. 电阻器　　　　　　　　B. 电容器　　　　　　　C. 电感器

3. 比较法是用（　　　）。
   A. 相同的二台电子设备　　B. 不同的二台电子设备　C. 相同的参数

4. 分割法是（　　　）。
   A. 分割引制电路　　　　　　　　　　　　　　　　B. 分割元器件
   C. 有故障的电路从整机电路中分割出来

5. 替代法是（　　　）。
   A. 元器件替代　　　　　　B. 部件替代　　　　　　C. 单元电路替代

三、简答题（每题4分，共20分）

1. 简述假负载法。
2. 简述波形判别法。
3. 简述逻辑分析法。
4. 简述直流电流间接测量的方法。
5. 简述dB电压测量法。

四、看电路图，回答下列问题（1~6题每题2.5分，最后一题4分）

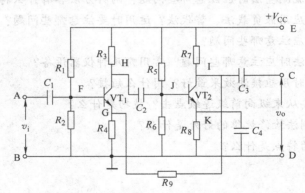

1. 指出A、B、C、D、E、F、G、H、I、J、K测试点中，哪些是电压测试点？
2. 指出A、B、C、D、E、F、G、H、I、J、K测试点中，哪些是电流测试点？
3. 指出A、B、C、D、E、F、G、H、I、J、K测试点中，哪些是波形测试点？
4. 指出A、B、C、D、E、F、G、H、I、J、K测试点中，哪些是阻值测试点？
5. 指出A、B、C、D、E、F、G、H、I、J、K测试点中，哪些是假负载接入点？
6. 指出A、B、C、D、E、F、G、H、I、J、K测试点中，哪些是干扰法注入点？
7. 故障查找的一般程序是什么？

项 目 小 结

电子电路故障查找方法与技巧，是专业技术人员在实践工作中的经验总结。对不同的设备、不同的故障，应采用不同的查找方法。本项目主要介绍了电路产生故障的原因、故障查找的一般程序及故障查找中最实用的方法与技巧。

1）感观法是凭人体的感觉器官，将感觉到的信息反馈到大脑，然后分析判断故障的一种方法与技巧。

2）测量法有直流电阻测量法、电流测量法、电压测量法、波形测量判别法、dB 电压测量法、频率测量法。通过对故障电路的测量，得到相应的技术数据，再与正常的数据进行比对，找出故障的部位。这是最常用的方法之一。

3）干扰法主要运用在信号通道中，检查信号传输通道中哪部分电路出现信号中断的现象，这样可缩小电路故障的查找范围，提高故障排除的速度。

4）在查找故障的过程中，有时只用一种方法还不能解决问题，需要用其他一些方法配合，才能排除电路故障。常用的有：短接法、比较法、替代法、假负载法和电路分割法等。

5）逻辑分析法有两种：一种是逻辑框图分析法；另一种是用逻辑仪器分析法。

思 考 题

1. 电子电路产生故障的主要原因是什么？

2. 电子电路产生故障时，查找的一般程序是什么？

3. 感观法的优、缺点是什么？技巧有哪些？

4. 运用电阻测量法时选择档位的技巧是什么？应注意哪些问题？

5. 运用电压、电流测量法时应注意哪些问题？两种方法各有什么特点？

6. 在什么场合可应用假负载法、替代法？运用时要注意哪些问题？

7. 运用比较法时应注意哪些问题？

8. 运用波形测量法时应注意哪些问题？常用哪几种仪器设备？

9. 出现何种故障时用短接法效果最好？用什么短接？

10. 干扰法为啥要从末级向前级逐级点击？技巧是什么？

11. 运用电路分割法检修故障的好处是什么？

12. 逻辑分析法的特点是什么？

项目4　单元模拟电路故障查找方法与技巧

　　整机电路是由若干个单元电路组成的。模拟电路中的单元电路有：单管放大器、多级放大器、反馈放大器、运算放大器、调谐放大器、振荡器和直流稳压电路等。本项目主要介绍各单元电路常见的故障现象、故障查找方法与技巧。

任务1　基本放大电路的故障查找方法与技巧

　　【任务分析】　通过任务1的学习，学生应了解单管放大电路的组成，单管放大电路三种基本形成，多级放大电路的基本结构，熟练掌握单管放大器和多级放大器电路常见故障现象、故障查找方法与技巧。

　　【基础知识1】　　**单管放大器电路组成及信号流程**

　　单管放大电路的形式有三种：共发射极放大器、共集电极放大器和共基极放大器。本任务以共发射极放大器为例，介绍电路故障现象和故障查找方法与技巧。

1. 电路组成

　　共发射极放大器电路组成如图4-1所示。图中，1—1′是信号输入端，2—2′是信号输出端，R_{b1}、R_{b2}是基极分压式偏置电阻，R_c是集电极电阻，R_e是发射极电阻，C_1是直流电源退耦电容，C_2、C_3是耦合电容，C_4是发射极旁路电容，VT是放大管，V_{CC}是直流电源。

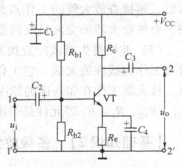

图4-1　共发射极放大电路

2. 信号流程

　　信号u_i从1—1′输入，经C_2耦合送入VT基极、放大后从集电极输出，再经C_3耦合后从2—2′输出。

【操作指导1】 单管放大器的故障查找方法与技巧

1. 单管放大器常见故障

1）无信号输出。

2）输出信号幅度小。

3）输出信号失真。

2. 单管放大器故障查找方法与技巧

（1）无信号输出故障查找方法与技巧

1）首先检查信号源、连接线和探头是否良好，如信号源、连接线和探头有故障，应先排除。

2）在信号源、连接线和探头正常的情况下，先测量放大器直流供电电压，测量的方法是：选用万用表直流电压档，并选择合适的档位，$+V_{CC}$电压是12V，应选择50V档，测量时万用表红表笔接$+V_{CC}$的正极，黑表笔接地（公共端）。如测得的电压为零或很低，则说明放大器供电电压不正常，应当查供电电源和退耦电容。

3）若直流供电电压正常，则再测量放大管各电极的工作点电压。首先测量集电极电压，若测得集电极电压近似等于电源电压，则再查放大管是截止，还是开路。若测得集电极电压近似等于零或小于1V，则再查放大管是饱和，还是击穿。检查放大管好坏可用万用表欧姆档在线测量法，用 R×1Ω 档测 PN 结的正反向电阻，若测得的阻值均很小，则说明 PN 结已击穿；用 R×10kΩ 档测 PN 结的正反向电阻，若测得的阻值均很大，则说明 PN 结已开路；应更换放大管。如果放大管正常，应检查偏置电阻是否变值或开路。如 R_{b1} 开路，放大管没有偏置电压，则放大管不工作。以下几种情况，放大器同样不能正常工作：①集电极电阻 R_c 损坏；②发射极电阻 R_e 损坏；③电路有虚焊或元器件开路。

（2）输出信号幅度小故障查找方法与技巧　在信号输入正常时，放大器输出信号幅度小，主要是放大器的电压放大倍数过小引起。先检查放大管的性能是否良好，确认放大管正常后，再检查放大管的工作点是否合适。如工作点合适，则着重检查 C_4 是否开路，C_4 开路，会使放大器的交流负反馈量增大，导致放大器倍数下降，信号输出幅度下降。

（3）非线性失真故障查找方法与技巧　放大器输出波形出现非线性失真，说明放大器没有工作在线性放大区，它工作在饱和区或截止区，使输出信号波形的顶部或底部出现失真。放大器工作在非线区的原因主要是偏置元件的参数发生了变化，所以只要检查偏置元件 R_{b1}、R_{b2}、R_c、R_e 等元件是否出现变值就可以了。

【基础知识2】 多级放大器电路组成及信号流程

多级放大器一般由输入级、中间级和输出级组成，其框图如图 4-2a 所示，电路原理图如图 4-2b 所示。

（1）电路组成　图 4-2b 电路中 VT_1 是输入级，它是射极跟随器，作为信号缓冲和阻抗变换级；VT_2 是中间级，起电压放大作用；VT_3 是输出级，为功率放大器；T 是输出变压器，作用是传输信号并实现与负载的阻抗匹配；$R_1 \sim R_8$、$C_1 \sim C_5$ 的作用与图 4-1 中的元件作用类同，因此不再赘述。

（2）信号流程　输入信号 u_i 通过 C_1 加到 VT_1 基极，经过 VT_1 放大后，从发射极输出，

直接加到 VT_2 基极，经 VT_2 放大，由 VT_2 集电极输出，送 VT_3 基极，最后通过变压器耦合，将输出信号 u_o 送到负载上。

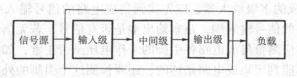

a）多级放大器的框图

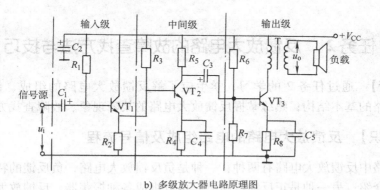

b）多级放大器电路原理图

图 4-2　多级放大器电路图

【操作指导2】　多级放大器的故障查找方法与技巧

1. 多级放大器常见故障

1）无信号输出（无声）。

2）输出信号幅度小（声音轻）。

3）输出信号失真（声音失真）。

2. 多级放大器故障查找注意事项

1）由于 VT_1 和 VT_2 两级放大器之间采用直接耦合电路，所以，两级放大器中有一级出现故障，将会影响两级电路的直流工作点，所以在检测时要把两级电路视为一个整体综合进行检查。

2）VT_2 和 VT_3 是阻容耦合，它们的工作点彼此独立，可采用分级查找，即分别检测它们工作点电压，哪一级工作点电压不正常，故障就在这一级。

3）如果多级放大器中含有频率补偿电路或分频电路，则可采用电路分割法，将这一部分电路割开后再进行检查。

3. 故障查找的具体方法与技巧

1）先缩小故障的范围，确定故障具体在哪一级。

2）查找的基本技巧是：用信号注入法或干扰法。信号注入法是：信号从前级向后级逐渐一级一级地加到放大管的基极，并观察输出端是否有信号输出，若信号加到某一级的基极，输出端无信号输出，则说明故障在这一级或下一级。干扰法是：用万用表 $R \times 1k\Omega$ 档，红表笔接地，黑表笔点触每一个基极，一般是从最后一级向前级逐级点触，同样，点到某一级时，这一级无信号输出，则说明故障在这一级或下一级。故障确认在哪一级后，可用电阻测量法仔细查找这一级中哪个元器件损坏。

3）由集成电路组成的多级放大器，应先找到集成电路的信号输入引脚和输出引脚，然后将信号加到集成电路的信号输入端，观察输出端是否有信号，若无信号输出，不能立即判定集成电路损坏，此时应测量集成电路各引脚的工作电压是否正常，如测得某一个引脚工作电压不正常时，同样不能判定集成电路是坏的，还要检测这个引脚的外围元器件，如果外围元器件是好的，则说明集成块已损坏，应予更换。如果外围元器件是坏的，则应更换外围元器件后再测量。

任务2　反馈放大电路的故障查找方法与技巧

【任务分析】　通过任务2的学习，学生应了解反馈放大电路的组成、信号流程，正、负反馈放大电路的基本结构；熟练掌握反馈放大电路的故障现象、故障查找方法与技巧。

【基础知识】　反馈放大电路的电路组成及信号流程

在模拟电路中反馈放大电路有两种：一种是负反馈放大电路，负反馈的特点、种类在本书项目2已作介绍；另一种是正反馈电路，它可以组成各种振荡器。反馈放大电路的原理图如图4-3所示。

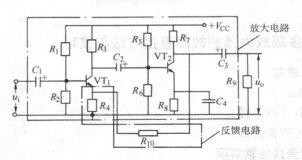

a）负反馈放大电路原理图

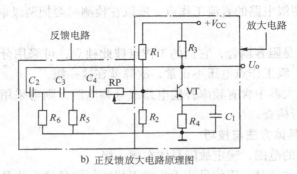

b）正反馈放大电路原理图

图4-3　反馈放大电路原理图

1. 电路组成

从图4-3a中可以看出，反馈放大电路由两个部分组成。第一部分是二级阻容耦合放大电路，其放大倍数用 A_0 表示；第二部分是反馈电路，电路中用点划线表示的是交流电压串联负反馈电路，反馈系数用 F 表示。图中，基本放大电路与反馈电路连接形成一个控制环路，呈"闭环"。此外，电路中 R_8 具有直流负反馈作用，用来稳定放大器的工作点。图 4-3b 中，基本放大电路由 R_1、R_2、R_3、R_4、VT、C_1 组成，反馈电路由 C_2、C_3、C_4、R_5、R_6、RP 及输入电阻组成，它是 RC 移相电路，具有选频作用，二者组成 RC 移相式正弦波振荡器。

2. 负反馈放大电路信号流程

输入信号 u_i 加到通过 C_1 耦合送到 VT_1 基极，经 VT_1 放大后，从 VT_1 集电极输出，再经 C_2 耦合，送 VT_2 基极，经 VT_2 放大后从 VT_2 集电极输出，一路信号经 C_3 耦合输出 u_0，另一路为反馈信号送 R_{10}，加到 VT_1 的发射极，以控制放大器的增益。

【操作指导】　反馈放大电路的故障查找方法与技巧

1. 反馈放大电路的常见故障

1）负反馈电路损坏，负反馈作用消失，输出信号幅度增大，输出信号失真，严重时还会产生自激振荡现象。

2）负反馈作用加强，输出信号幅度减小。

3）正弦振荡器停振。

4）输出信号频率变高或变低。

2. 反馈放大电路故障查找方法与技巧

（1）输出信号幅度增大、失真故障查找方法与技巧　出现这种故障现象的主要原因是：放大电路中负反馈元件损坏，负反馈作用消失，使放大器的增益变大，导致输出信号幅度增大。此时应重点检查电路中的负反馈元件是否出现开路、虚焊、电阻变值等现象。如图 4-3a 中 R_{10} 开路或虚焊，R_4 阻值变小，就会出现这种现象。也可以应用万用表电压档测量反馈放大电路的工作电压是否变化，如果反馈电路工作电压不正常，那么故障肯定就在其中，在图 4-3a 中，可以测量 VT_2 的集电极电压和 VT_1 的发射极电压，如果发射极电压下降，则说明负反馈电路不正常或负反馈作用已经消失。

如果输出信号出现失真，则说明放大器已工作在非线性区（饱和或截止状态），应重点测量放大器的工作点电压，查找电路中的电阻是否正常、放大管的参数是否发生变化。

（2）输出信号幅度小故障查找方法与技巧　输出信号幅度变小的主要原因有：一是放大电路中负反馈作用增强；二是放大电路中元器件的参数发生的变化。这两种情况都会引起放大器增益下降，导致输出信号幅度减小。

在工作点正常的情况下，检查发射极旁路电容是否开路、失效、容量变小，如图 4-3a 中 C_4 开路或失效，对交流信号就失去了旁路作用，使放大器反馈的性质发生了变化，由直流负反馈变为交直流负反馈，使第二级放大器的放大倍数下降，输出信号幅度减小。检查技巧是用短路法，用一只好的元片电容将 C_4 短路掉，同时观察输出信号是否增大，如输出信号幅度增大，则说明 C_4 损坏。如交流旁路电容正常，则说明电路中其他元器件参数发生了变化，此时可仿照本项目任务 1 的做法，这里就不再赘述。

3. 正反馈放大电路故障查找方法与技巧

（1）振荡器停振故障查找方法与技巧　出现这种故障的主要原因有三个方面：一是正反馈电路的元件损坏；二是振荡电路中的起振元件损坏；三是振荡管损坏。

先测量振荡器的直流工作点是否正常，它是振荡器工作的必要条件。工作点电压不正常，振荡器就不起振，就无信号输出；在工作点电压正常的情况下，再查找正反馈电路中的元件是否损坏、断路等，如果正反馈电路中的某个元件损坏，正反馈条件就不满足，振荡器同样会停振。

图4-3b中，起振电路（也就是偏置电路）中R_1开路或虚焊，振荡管基极没有工作电压，电路就无法振荡。同样R_3、R_4开路或虚焊，电路也无法工作。又如正反馈电路C_2、R_6、RP损坏，电路正反馈相位条件不满足，也不会起振。检测方法可用直流电压测量法测量工作点、用电阻测量法判断元器件好坏。详见本书项目3。

（2）输出信号频率发生变化故障查找方法与技巧　输出信号频率发生变化故障主要原因是选频回路中的元件参数发生变化，例如图4-3b中要重点检查R_5、R_6、R_7、RP、C_2、C_3、C_4是否良好或开路，这些元件中只要有一个元件的参数发生变化，其振荡频率就会变化。如振荡回路由LC或石英晶体组成，则这些元件损坏的现象是：电感量发生变化（如磁心松动、破损）、电感线圈开路或石英晶体性能不良等。查找方法与技巧采用电阻测量法和替代法，详见项目3。应注意的是振荡器元件更换后，电路需重新调试。

任务3　选频放大电路的故障查找方法与技巧

【任务分析】　选频放大电路的作用是从许多个信号频率中，选出所需要的信号，并给予放大，抑制无用信号。

选频放大电路的基本形式有两种：一种是LC调谐放大器；另一种是RC选频放大器。在现代电子设备中常用陶瓷滤波器替代LC选频回路。

【基础知识】　LC调谐放大器电路种类和特性曲线

1. 电路种类

LC调谐放大器有两种，一种是单调谐放大器，另一种是双调谐放大器，如图4-4所示。

所谓单调谐放大器，就是选频放大电路的选频回路是单调谐回路，如图4-4a所示．图中C_3和T_2一次线圈组成一个单调谐电路；双调谐放大器的选频回路是双调谐回路，其放大电路是双调谐放大电路，如图4-4b所示，图中C_4、C_5、T_2组成双调谐电路，R_4是阻尼电阻，用来展宽频带，C_6是耦合电容。

2. 特性曲线

图4-4所示调谐放大器的增益由LC回路的谐振频率决定。当LC回路的谐振频率等于信号的频率时，放大器的增益最大；偏离信号的频率时，增益变小。调谐放大器的选择性、通频带与LC回路的Q值有关（Q值是LC回路的品质因素），其特性曲线如图4-5所示。从图4-5a中可以看出，Q值越大，曲线越尖，选择性好，通频带窄；Q值越小，曲线越平坦，选择性差，通频带宽。从图4-5b可以看出，曲线a呈双峰，曲线b呈单峰，并略有下凹，曲线的形状与LC双调谐回路的耦合程度有关，弱耦合呈单峰，大于临界耦合呈双峰。

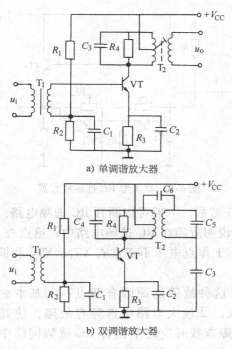

a) 单调谐放大器

b) 双调谐放大器

图 4-4　LC 调谐放大器

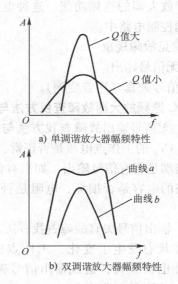

a) 单调谐放大器幅频特性

b) 双调谐放大器幅频特性

图 4-5　调谐放大器幅频特性曲线

【操作指导1】　LC 调谐放大器的故障查找方法与技巧

1. LC 调谐放大器的常见故障

1）无信号输出。

2）输出信号幅度小。

2. LC 调谐放大器故障查找方法与技巧

（1）无信号输出故障查找方法与技巧　图 4-4 中，先进行常规检查和测试（测试直流工作电压，检查元器件好坏、有无虚焊点等）。在直流工作电压正常的情况下，用专用仪器（如扫频仪）测试调谐放大器的幅频特性曲线，如曲线不好或曲线偏离中心谐振点，应用无感螺钉旋具调试。若在示波器上找不到谐振曲线，则要重点检查槽路电容和变压器的磁心是否良好，对于双调谐回路还要检查耦合电容是否良好。槽路（回路）中容量变化、磁心松动、破碎都会引起谐振频率的偏移。还要查找槽路中的元器件接触是否良好，有无断路等。元器件故障确认后应更换，修复后还要重新调试，调试方法可参阅有关资料。

（2）信号输出幅度小故障查找方法与技巧　图 4-4 中，造成信号输出幅度小的原因是：放大器的增益下降。主要查找与增益有关的元器件，测量放大器的特性曲线，方法同上。

【操作指导2】　RC 选频放大器的故障查找方法与技巧

1. 电路组成

双 T 形 RC 选频放大器如图 4-6 所示，图中，R_4、R_5、RP、C_2、C_3、C_4 组成双 T 形选

频网络，它在二级放大器中作为一个反馈电路，对不同频率的信号具有不同的负反馈量，使放大器对不同信号频率的增益也不同，这样就实现了放大器的选频功能。这种电路广泛应用在音调控制电路中。

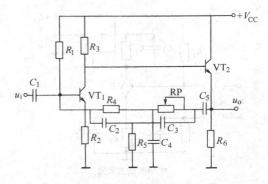

图 4-6　双 T 形 RC 选频放大器

2. 常见故障现象

1）无信号输出。

2）信号失真（声音变调）。

3. RC 选频放大器故障查找方法与技巧

（1）无信号输出故障查找方法与技巧　先测 VT$_1$、VT$_2$ 的工作点电压是否正常，工作点电压正常后，一般可以断开 RC 选频电路，再观察输出端是否有信号输出，如果有信号输出，则说明故障在 RC 选频电路中；重点查 RC 选频网络的电容是否损坏，电阻是否开路、变值。工作点电压不正常查 VT$_1$、VT$_2$ 及偏置电路。

（2）输出信号失真故障查找方法与技巧　出现这种故障的原因有两点：①基本放大电路工作状态发生了变化，工作点进入非线性区；②放大电路中选频有故障，使其他谐波信号也被放大，造成输出信号失真。所以故障查找时应着重检查 RC 选频网络中的元器件，并测量工作电压。C$_2$、C$_3$ 若损坏则输出信号中的低频分量增加，C$_4$ 若损坏则输出信号中的高频分量增加，所以，在有专用设备的情况下，可进行 RC 选频网络的特性测试，通过特性测试来排除故障的方法更为有效。

【操作指导3】　压电陶瓷式选频放大电路的故障查找方法与技巧

1. 电路组成

压电陶瓷式选频放大电路形式多样，图 4-7 所示为两种类型电路。

图 4-7a 所示电路由两个基本放大器（A$_1$、A$_2$）与一个三端陶瓷滤波器（LT）组成。图 4-7b 所示电路由声表面滤波器（SAWF）与基本放大器组成，这种电路的特点是放大器的特性曲线不需调整，一次成形。

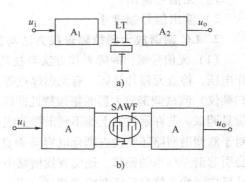

图 4-7　压电陶瓷式选频放大电路

2. 常见故障现象

1）无信号输出。

2）信号失真。

3）信号输出幅度小。

3. 压电陶瓷式选频放大电路故障查找方法与技巧

这种电路出现故障时，首先要判断故障是在基本放大器，还是在压电陶瓷。判断的方法可以用干扰法、交流短路法及电压测量法。如果是压电陶瓷损坏，则可直接用替换法。

任务4　集成电路功率放大器的故障查找方法与技巧

【任务分析】　通过任务4的学习，学生应了解集成电路功率放大器的组成，外围元器件的作用和信号流程，熟练掌握集成功率放大器常见故障现象、故障查找方法与技巧。

【基础知识】　集成电路功率放大器的组成和信号流程

1. 电路组成

（1）电路结构　BA535集成电路OTL功率放大电路如图4-8所示，采用带有散热片的12个引脚、单排直插塑料封装结构。

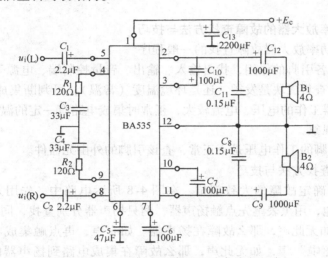

图4-8　BA535集成电路OTL功率放大电路

（2）BA535集成电路外围元器件的作用　C_1、C_2是输入耦合电容，用来传递交流信号。R_1、C_3、R_2、C_4是负反馈元件，它的大小可以改变放大器的增益。C_7、C_{10}是自举电容。C_5、C_6是滤波电容，用来滤除交流纹波。C_9、C_{12}是输出端的耦合电容，同样是用来传递交流信号。C_8、C_{11}是消振电容，主要是用来消除寄生振荡。B_1、B_2是扬声器，用来电声转换还原声音。BA535集成电路引脚功能见表4-1。

表4-1　BA535集成电路引脚功能

引　脚	作　用	引　脚	作　用
1	电源	7	右声道滤波
2	左声道输出端	8	右声道输入端
3	左声道自举	9	右声道负反馈
4	左声道负反馈	10	右声道自举
5	左声道输入端	11	右声道输出端
6	左声道滤波	12	地

2. 信号流程

在此以左声道为例说明其信号流程（右声道完全对称）。

输入信号 u_i 由电容 C_1 耦合输入到 BA535 集成电路⑤脚，经内部激励放大、功率放大后再由其②脚输出，经 C_{12} 耦合去推动左声道扬声器发声。

【操作指导】 集成功率放大电路故障查找方法与技巧

1. 集成电路功率放大器常见的故障现象

1）无声。

2）声音轻。

3）有交流声。

4）失真。

2. 集成电路功率放大器的故障查找方法与技巧

（1）集成电路功率放大器故障查找的一般程序

1）熟悉集成块各引脚的作用，找出输入、输出、音量控制端、电源等关键引脚。

2）用触摸法检查集成块是发烫，还是环境温度（常温），可判断集成电路是否有故障。因为末级功率放大器工作的电压、电流较大，正常时集成电路有一定的温度，集成电路发烫和冰冷都是不正常现象。

3）测量关键引脚的工作电压是否正常，查该引脚的外围元器件。

（2）无声故障查找方法与技巧

1）先用干扰法确定故障的大致部位。在图 4-8 所示电路中，先用万用表欧姆档 R×1kΩ 档，红表笔接地，用黑表笔先点触扬声器，两只扬声器分别查找，同时听扬声器中是否发出"喀啦"声，如无此声，那么故障在扬声器。如有声，再点触集成电路的⑤脚，听扬声器中是否发出"喀啦"声，如无此声，那么故障在集成电路到扬声器的电路中，当故障确认后，应重点检查集成电路的工作电压和外围元器件：$C_1 \sim C_{13}$ 是否开路、损坏，扬声器引出线是否断开。

2）用万用表直流电压档测量集成电路引脚⑪的基本技巧是：先测集成电路的关键点。图 4-8 中，先测量①脚电压是否正常，若①脚电压不正常，则断开 C_{13} 后，再测量①脚电压是否恢复，如果电压恢复正常，说明 C_{13} 损坏，应予调换；如果还不正常，则再查直流供电电路。①脚电压正常后，再测量①与②脚之间的电压或①与⑪脚之间的电压，正常时是电源电压的一半，如果偏低，断开 C_{12}、C_{10}、C_9、C_7 后，再测量①与②脚之间的电压，看①与⑪脚之间的电压是否恢复正常；断开后恢复正常，则说明是 C_{12}、C_{10}、C_9、C_7 电容漏电引起；如电压仍然不正常，则集成电路内部损坏，需调换。如①脚、①与②脚之间的电压或①与⑪脚之间电压正常，但故障还不能排除时，则应测量其他相关引脚，方法同上。总之，哪个引脚电压不正常时，不能马上断定是集成电路损坏，要测量与其相关的外围元器件是否损坏后，才能下结论。

（3）声音轻故障查找方法与技巧 出现声音轻故障应重点检查电源电压是否偏低，C_{13} 漏电会造成电源电压偏低。电源电压正常后，应检查交流负反馈元件，如 C_3、C_4 开路，则会引起交流负反馈增大使输出信号幅度变小，声音变轻。自举电容性能不好，也会出现这个现象。

（4）有交流声故障查找方法与技巧　有交流声应重点查找电源电路中的滤波电容是否失效，容量是否变小，C_{13}滤波电容失效、开路时会出现交流声，原因是交流电中的纹波叠加在信号中出现交流声。

（5）失真故障查找方法与技巧　失真的原因很多。扬声器纸盒破损，会出现失真；集成块性能不良会出现失真。

任务5　直流稳压电源故障查找方法与技巧

【任务分析】　通过任务5的学习，学生应了解直流稳压电源的组成和信号流程，掌握直流稳压电源常见故障现象、故障查找方法与技巧。

【基础知识1】　直流稳压电源的组成和信号流程

常用的直流稳压电源有两种：一种是串联型直流稳压电源，另一种是开关式直流稳压电源。它们的作用在项目2已作介绍，这里不再赘述。

串联型直流稳压电源的基本电路有两种：一种是分立元件串联型直流稳压电源，另一种是集成串联型直流稳压电源，如图4-9所示，这两种电路在不同场合都有广泛应用。

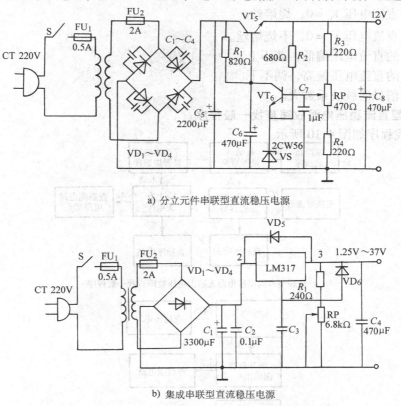

a) 分立元件串联型直流稳压电源

b) 集成串联型直流稳压电源

图4-9　串联型直流稳压电源

1. 电路组成

图4-9a中，CT是电源插头，S是开关，FU_1、FU_2是电源变压器一、二次回路熔丝，

VD$_1$～VD$_4$是整流二极管，组成桥式整流电路，由于电源在接通瞬间会出现浪涌电流，很容易击穿整流二极管，为此在每只二极管上并联一只电容，起到保护整流二极管的作用，如图中 C_1～C_4，C_5为滤波电容，VT$_5$为调整管，VT$_6$为比较放大管，VS 为稳压二极管，提供基准电压，C_6是电子滤波器，用来稳定调整管的基极电压，R_1为偏置电阻，R_2为限流电阻用来保护稳压二极管，C_7为消振电容，R_3、RP、R_4组成取样电路，C_8为滤波电容，电路输出 12V 直流电压。

图 4-9b 中，LM317 是三端可调式集成稳压电路，VD$_5$、VD$_6$是保护二极管，用来保护三端可调式稳压块。其余元器件功能同图 4-9a。

2. 信号流程

在此对图 4-9a 的信号流程加以叙述。接通电源，220V 交流电压加到变压器的一次侧，经变压器耦合传输到二次侧，并降压，送桥式整流电路 VD$_1$～VD$_4$，经整流电路后把交流电变成脉动的直流电，送 C_5 滤波，形成直流电压，此电压加到调整管 VT$_5$，经直流稳压电路稳压后，从 VT$_5$ 的发射极输出稳定的 12V 电压。

【操作指导1】 串联型直流稳压电源的故障查找方法与技巧

1. 串联型直流稳压电源常见故障现象

1) 输出直流电压 $V_o=0$，烧熔丝。

2) 输出直流电压 $V_o=0$，不烧熔丝。

3) 输出的直流电压偏低，调不上。

4) 输出的直流电压偏高，调不下。

5) 输出信号的纹波系数大。

2. 串联型直流稳压电源故障查找一般程序

故障查找程序如图 4-10 所示。

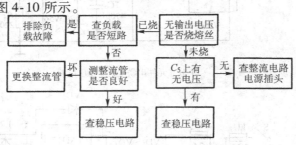

a) 串联型直流稳压电源无输出电压故障查找一般程序

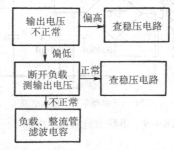

b) 串联型直流稳压电源输出电压不正常故障查找一般程序

图 4-10 串联型直流稳压电源故障查找一般程序

3. 串联型直流稳压电源故障查找方法与技巧

（1）无输出电压，不烧熔丝 图4-9a 电路中，采用分割法，先缩小故障的范围，具体做法是：先用万用表电压档测量 C_5 两端电压，如 C_5 两端无直流电压，则故障在电源插头、开关、电源变压器、整流电路。用万用表电阻档测量整流二极管是否击穿，电源变压器、电源开关、插头是否良好。若 C_5 上直流电压正常，则故障在稳压电路，此时测 VT_5、VT_6、VS 工作电压是否正常。VT_5 截止，输出端无直流电压，VT_6 饱和会引起 VT_5 截止，VS 击穿引起 VT_6 饱和，VT_5 截止。

（2）输出电压偏高、调不下故障查找方法与技巧 如果滤波电容两端电压正常，则输出电压偏高是由于调整管 V_{ce5} 减少引起，此时测 VT_6 集电极电压是否偏高，查 VT_6、VS 是否有断路等现象，取样电路中元器件断开，都会造成输出电压偏高，且调不下。

（3）输出电压偏低、调不上故障查找方法与技巧 输出电压偏低主要由三种情况引起：一是负载重、电流过大引起；二是整流管、滤波电容性能变差，它们的带负载能力差引起；三是稳压电路中稳压二极管、比较放大管、调整管性能不良引起。先查负载是否有短路现象，如有应先排除，其次是测量 C_5 是否漏电，C_5 漏电带负载能力下降，最后测量二极管的导电特性。以上情况正常后检查稳压电路，在稳压电路中主要测量调整管性能是否良好、工作电压是否正常，然后检查比较放大管和稳压二极管。

（4）输出直流电压纹波系数大故障查找方法与技巧 出现这种故障主要是滤波电容容量变小或漏电引起。查 C_5、C_6、C_8 是否漏电，确定哪个电容漏电后应立即更换。

4. 集成串联型直流稳压电源故障查找方法与技巧

集成串联型直流稳压电源故障现象与分立元件串联型直流稳压电源基本相同，这里列举两种故障。

（1）输出电压小于1V 图 4-9b 输出电压小于 1V 说明保护二极管 VD_6 由截止转为导通，是保护电路动作引起，所以重点检查两个方面：负载是否短路，整流电路中整流二极管是否击穿，故障查找方法同上述串联型直流稳压电源故障查找方法。

（2）输出电压不可调 LM317 输出电压可在 $1.25 \sim 37V$ 可调。如果输出电压不可调，则应先测量滤波电容两端的电压是否正常。在电容两端的电压正常的情况下，查 VD_5 是否导通，VD_5 正常时应截止，如果 VD_5 导通输出电压不可调，则再查与取样电位器并联的电容是否漏电、取样电路是否良好，如上述电路和元件都正常，那么故障在集成稳压电路内，应予更换。

【基础知识2】 开关型稳压电源的电路组成和信号流程

开关型稳压电源电路中调整管工作在开关状态（饱和、截止状态）。这种电路功耗小，效率高，机内温度低。实践证明，它比传统的串联型稳压电源有更多的优越性，已被广泛使用。

1. 电路组成

开关型直流稳压电源由线路滤波电路、桥式整流电路和 STK7358 厚膜电路等组成，电路如图 4-11 所示。

（1）线路滤波电路 C_{7008}、L_{7001}、C_{7009}、L_{7002} 为低通滤波器，具有双向滤波作用，既可防止电源中的干扰信号进入机内，又可防止机内的行脉冲和开关脉冲对电源产生干扰。

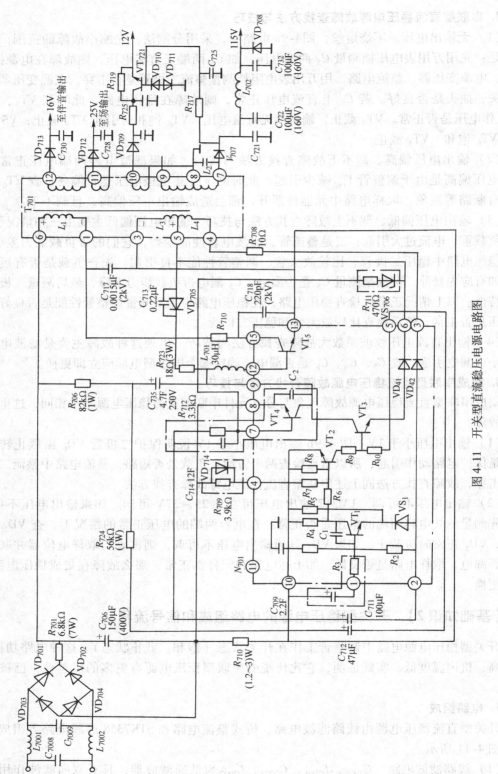

图 4-11 开关型直流稳压电源电路图

（2）桥式整流电路   由 VD_{701}～VD_{704} 组成，R_{701}、R_{706}、C_{706} 是滤波电路，它们将 220V/50Hz 的交流电变成 300V 直流电。

图 4-11 中的接地标志是整流滤波部分的地电位，即电源一次侧的地电位，也称"热地"，它是带交流电的。主板地线被开关变压器隔离后不带电称"冷地"，其标志是不同的，本书项目 2 中已做介绍，这里不再赘述。

（3）STK7358 厚膜电路   STK7358 由开关调整管、稳压、保护等电路组成，它由 15 只引脚和外围元器件组成，各引脚电压、电阻值及功能见表 4-2。

表 4-2   STK7358 各引脚电压、电阻值及功能

引　脚	对比电阻/kΩ		工作电压/V	引脚作用
	万用表黑表笔接地	万用表红表笔接地		
1	4.1	3.4	−18.5	内部通过 R_3 取样比较管，外部接电容 C_{709}
2	2.5	1.3	−26	取样比较电路公共端，外接取样滤波电容 C_{711}
3	0	0	0.4	取样端，外接 R_{708}
4	0.7	0.73	0	内接振荡管 VT_2，外接 R_{709} 振荡回路电阻
5	∞	1.35	−25	反馈滤波端，外接滤波电容 C_{712}
6	0	0	0	反馈端
7	3.2	1.5	−1.6	过电流保护端，外接电网过电压保护稳压管 VS_{706} 及 R_{711}
8	0	0	0	接地
9	1	1.2	−1.3	过电流保护电路输出端
10	0	0	0	集成电路内部接地端
11	∞	∞		空脚
12	1	1.2	−1.2	内接开关调整管 VT_5 基极
13	0	0	0	内接开关调整管 VT_5 发射极
14				空脚
15	3	50	270	内接开关调整管 VT_5 集电极

开关式电源故障查找一般程序可用逻辑框图分析法，本书项目 3 已作介绍。

2. 信号流程

开关型稳压电源电路的信号流程是将 220V/50Hz 交流电直接整流、滤波获得 300V 脉动的直流电压，再由开关调整管、开关变压器、控制电路去控制调整管，输出稳定的直流电压作为电路的工作电压。开关型稳压电源电路有多种类型，输出电压的形式也多种多样，分单路输出和多路输出。下面以图 4-11 所示的电源为例，说明开关型直流稳压电源电路供给整机各个部分的工作电压。

1）115V 电压是主电源，一般供给行推动电路、行输出电路。

2）25V 或 57V 电压供给场输出级。

3）12V电压供给公共通道集成电路、解码电路、遥控板。

4）16～24V电压供给伴音功放电路（厚膜电路）。

【操作指导2】　开关型直流稳压电源的故障查找方法与技巧

1. 烧电源熔丝故障查找方法与技巧

烧熔丝是彩色电视机最常见的一种故障。出现这种故障的原因是开关变压器一次电路中有元器件击穿短路。由于开关电源本身有过电流保护，因此，当开关电源发生负载短路或过电流时，开关电源内部保护电路动作，迫使开关振荡器停止工作，不会出现开机烧交流熔丝的现象，因此故障范围在电网进线到开关变压器一次绕组的这部分电路中。常见故障有：

1）300V整流二极管 VD_{701} ～ VD_{704} 或滤波电容 C_{706} 有一个被击穿。

2）电源开关调整管 STK7358 内 VT_5 被击穿。

3）消磁电阻失效，通电后阻值不增大。

可用电阻法逐一检查 VD_{701} ～ VD_{704} 、 C_{706} 与 STK7358 的⑫脚、⑬脚、⑮脚是否有元器件击穿。检查消磁电阻时可以暂拔掉消磁线圈，拔掉消磁线圈后如不再烧电源熔丝，则为消磁电阻失效，可用冷阻为 27Ω 的消磁电阻代换之。

2. 不烧电源熔丝故障查找方法与技巧

（1）有300V，无110V输出电压　有300V，无110V输出电压，说明熔丝没有烧，造成这种故障的原因是负载有短路或开关电源振荡电路停振所致。

1）首先测量 110V、16V、25V、12V 各输出端对地电阻，如果电阻变小，可逐一检查各整流二极管与滤波电容是否击穿，还应检查各输出电压的负载是否短路、 VD_{708} 是否被击穿等。

2）测量 STK7358 的⑫脚有无电压，如果无电压，则检查电源振荡启动电阻 R_{706} 与电容 C_{735} 。如果 STK7358 的⑫脚有电压，可检查振荡正反馈电容 C_{713} 与二极管 VD_{705} 和电阻 R_{713} 是否开路，开关变压器 T_{701} ③、⑤绕阻是否开路或脱焊。

3） R_{710} 阻值增大与 T_{701} 的①脚、⑥脚开路脱焊都会造成无电压输出。

4） C_{735} 容量变小会产生电源有时工作、有时不工作的故障现象。

（2）输出电压偏低　造成开关电源输出电压偏低的原因有两种：一种是电源负载有交流短路（常见的是行输出变压高压包匝间短路或行偏转线圈匝间短路），引起负载电流大，造成输出电压低。另一种是开关电源本身的取样放大电路有故障，引起输出电压偏低。

遇到输出电压偏低的故障时，故障排除的技巧是：首先可用假负载法来区分这两种故障部位。也可以测 110V 电源的电流值来区分，若行输出级有故障，则 110V 主电源的电流很大，一般在 0.5A 以上；如果行输出级正常，则 110V 主电源电流只有几十毫安。

如果是电源电路造成的输出电压偏低，一般可先检查 C_{709} 、 C_{711} 、 C_{712} 、 VD_{709} 等元件。如果 C_{709} 、 C_{711} 、 C_{712} 、 VD_{709} 正常，则为 STK7358 内部损坏。

（3）输出电压偏高　输出电压偏高会击穿过电压保护二极管 VD_{708}。VD_{708} 俗称 115V 稳压二极管，型号为 SR2M，其实 VD_{708} 的稳压值在 135～140V 之间，当输出电压超过此值时，便击穿短路，开关电源停止工作，无任何电压输出。更换 VD_{708} 之前一定要先查找出电源电压升高的原因。

造成输出电压过高，VD_{708} 被击穿故障的原因有：

1）C_{711} 漏电。C_{711} 为误差取样电路中的滤波电容，C_{711} 漏电后使取样电压（绝对值）变低引起输出电压过高。

2）C_{712} 漏电。C_{712} 为脉宽调节电路的电源滤波电容，C_{712} 漏电后，使 VT_3 导通时间变短，而 VT_5 导通时间变长，输出电压上升。

所以遇到输出电压过高故障时，首先用替换法更换 C_{711} 与 C_{712}，因为有时 C_{711} 与 C_{712} 用万用表不易查出其漏电。

3）STK7358 内部损坏，更换 STK7358。STK7358 可用 ST7359、IX0689 代换。

（4）纹波系数大　电源纹波系数大，会造成光栅有两条往上或往下移动的窄干扰带，干扰带内图像扭曲，无彩色；还会伴有场同步不稳定与伴音中有交流声（100Hz）的故障。此故障是 300V 滤波电容 C_{706} 开路或失效所致。可用 100～150μF/400V 电解电容器更换之。更换时其正负极千万不能接反，否则会产生电容器爆炸的现象。

任务6　现代模拟集成电路的故障查找方法与技巧

【任务分析】　通过任务6 的学习，学生应了解现代模拟集成电路和集成运算放大器基本结构工作原理，熟练掌握现代模拟集成电路和集成运算放大器的故障查找方法与技巧。

【操作指导1】　模拟多路开关故障查找技巧

1. 模拟多路开关结构

模拟多路开关是一种从多个模拟输入中，选择其中的一个作为输出的器件。MAX306 是美国 MAXIM 公司生产的 COMS 模拟多路开关，其外形结构如图 4-12 所示；内部结构如图4-13 所示。A0、A1、A2、A3 四个是逻辑控制端，EN 是译码控制端，S1 ～S16 是 16 个开关通道。MAX 306 有正电源 V＋和负电源 V－，可以单电源工作，也可以双电源工作。用 EN 来控制整个器件，只有当 EN 为低电平时，多路开关才能工作。其真值表见表 4-3。

MAX306 器件逻辑低电平 ≤0.8V，逻辑高电平 ≤2.4V。在单电源工作时，工作电压范围为 ＋10～＋30V；双电源工作时，工作电压范围为 ±4.5～±20V。模拟信号幅度应在电源电压的范围内。

2. 模拟多路开关的工作原理

MAX306 模拟多路开关的典型应用电路如图 4-14 所示，MAX306 为 16 选 1 模拟开关，S1～S16 可分别输入不同的模拟信号，根据 A0～A3 所接的高电平的不同，来确定把其中的一个输入信号从输出端输出。

3. 模拟多路开关常见故障现象

1）无信号输出。

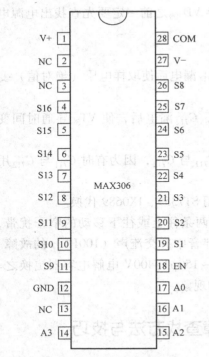

图 4-12　MAX306 模拟多
　　　　路开关外形结构

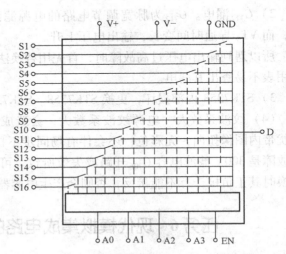

图 4-13　MAX306 模拟多路开关内部结构

表 4-3　MAX306 真值表

A3	A2	A1	A0	EN	开 关 接 通
×	×	×	×	0	—
0	0	0	0	1	1
0	0	0	1	1	2
0	0	1	0	1	3
0	0	1	1	1	4
0	1	0	0	1	5
0	1	0	1	1	6
0	1	1	0	1	7
0	1	1	1	1	8
1	0	0	0	1	9
1	0	0	1	1	10
1	0	1	0	1	11
1	0	1	1	1	12
1	1	0	0	1	13
1	1	0	1	1	14
1	1	1	0	1	15
1	1	1	1	1	16

2）输出信号逻辑关系紊乱。

4. 模拟多路开关故障查找方法与技巧

（1）无信号输出故障查找方法与技巧

1）首先检查控制端（EN）的电平是否正常。因为，使能端 EN 控制整个器件，它的电平不正常，模拟多路开关就不能正常工作，就会出现无信号输出故障，查找的技巧是先查信号源的连接线和探头是否良好，若有故障，应先排除。

2）在信号源、连接线和探头正常的情况下，先测量模拟多路开关直流供电电

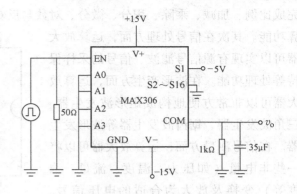

图 4-14　MAX306 应用电路

压，测量的方法是：用万用表直流电压档，并选择合适的档位，V + 电压是 15V，应选择 50V 档，测量时万用表红表笔接 V + ，黑表笔接地（公共端）。如测得的电压为零或很低，则说明模拟多路开关供电电压不正常，应当查供电电源和退耦电容。

（2）输出信号逻辑关系紊乱故障查找方法与技巧　输出信号紊乱是指模拟多路开关通断的逻辑关系紊乱，例如：当 A0、A1、A2、A3 均为高电平时，正常时应当 S16 开关接通，逻辑关系出现紊乱时 S16 开关未接通，而其他开关接通，这种现象称输出信号紊乱。

1）首先检查 A0、A1、A2、A3 电平是否正常，若不正常应检查连接线的焊接有无虚焊，连接线是否接错，接地线是否良好。若有故障应及时修复。

2）A0、A1、A2、A3 电平正常，应检查对应开关的导通电阻，用万用表 R×10Ω 档测量其阻值是否小于 100Ω，若阻值很大，则说明开关已损坏，应更换。

【操作指导2】　集成运算放大器故障查找技巧

1. 功能

运算放大器是具有高开环放大倍数并带有深度负反馈的多级直接耦合放大电路。它首先应用于电子模拟计算机上，作为基本运算单元，可以完成加减、乘除、积分和微分等数学运算。随着半导体集成工艺的发展，研制成集成运算放大器以来，才使运算放大器的应用远远地超出模拟计算机的界限。从此，集成运算放大器在信号运算、信号处理、信号采集、信号测量以及波形产生等方面得到了广泛的应用。

2. LM324 器件应用举例

（1）运算放大器　国内外生产运算放大器的厂家极多，不同的生产厂家先后推出了多种类型的产品。如低增益运算放大器、高增益运算放大器、高精度运算放大器、斩波稳零运算放大器、低噪声精密运算放大器、宽带跨导运算放大器、高压运算放大器、可变增益运算放大器等类型。不同类型的产品具有不同的内部结构和使用特点以及不同应用领域。

运算放大器也是一类应用领域非常广泛的器件。首先在线性运算方面，运算放大器可以

完成比例、加减、乘除、积分、微分、对数与反对数、开二次方、指数变换、矢量计算等运算功能。其次在信号处理方面，运算放大器可以实现有源信号滤波、信号的采样保持等处理功能。在波形产生方面，运算放大器可以非常方便地构成矩形波发生器、三角波发生器、锯齿波发生器等波形发生器。在信号测量方面，运算放大器可以将一些非电量（如压力、温度、流量、浓度等）变换及放大为合适的电压信号。LM324 是低功耗通用集成运算放大器，其结构如图 4-15 所示，引脚功能见表4-4。

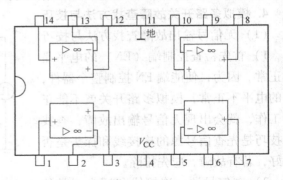

图 4-15　LM324 集成运算放大器结构

表 4-4　LM324 集成运算放大器引脚功能

引　脚	功　能	引　脚	功　能	引　脚	功　能
1	输出端	6	反相输入端	11	地
2	反相输入端	7	输出端	12	同相输入端
3	同相输入端	8	输出端	13	反相输入端
4	电源	9	反相输入端	14	输出端
5	同相输入端	10	同相输入端		空白

（2）运算器的应用

1）反相比例运算放大器。反相比例运算放大器如图 4-16 所示，输出与输入间关系为

$$v_o = -\frac{R_F}{R_1}v_i \tag{4-1}$$

由式（4-1）可知，反相比例运算放大器输出信号与输入信号相位相反，且成比例关系，比例关系决定于 R_F 与 R_1 的比值。

2）同相比例运算放大器。其电路如图 4-17 所示，输出与输入间关系为

$$v_o = \left(1 + \frac{R_F}{R_1}\right)v_i \tag{4-2}$$

由式（4-2）可知，同相比例运算放大器输出信号与输入信号相位相同，且成比例关系，比例关系决定于 R_F 与 R_1 的比值。

3. 比例运算器常见故障现象

1）无信号输出。

2）输出信号比例关系失常。

4. 比例运算放大器故障查找方法与技巧

（1）无信号输出故障查找方法与技巧

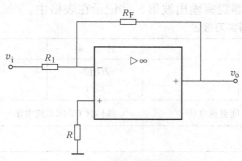

图 4-16　反相比例运算放大器

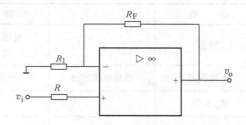

图 4-17　同相比例运算放大器

1）首先检查运算放大器的输入端有无信号加入，若无信号，查信号源、连接线和探头是否良好，如信号源、连接线和探头有故障，应先排除。

2）在信号源、连接线和探头正常的情况下，先测量运算放大器直流供电电压，测量的方法是：用万用表直流电压档，并选择合适的档位，$+V_{CC}$电压是32V，应选择50V档，测量时万用表红表笔接$+V_{CC}$的正极，黑表笔接地（公共端）。如测得的电压为零或很低，则说明放大器供电电压不正常，应当查供电电源和退耦电容。

3）直流供电电压正常后，检查运算放大器的外围元件R_1、R_F和平衡电阻R是否变值或开路。如R_1开路，则运算放大器不工作，导致无信号输出。

（2）输出信号比例关系失常故障查找方法与技巧　输出信号比例关系失常故障说明有信号输入，直流电源正常，应着重检查运算放大器的外围电阻R_1、R_F和平衡电阻R是否变值，电阻变值会引起输出信号比例关系失常。

项目4 实践　单元模拟电路故障查找训练

【训练1】　单管放大器故障查找训练

1. 实训器材

低频信号发生器一台，示波器一台，晶体管毫伏表一台，万用表一台。

2. 单管放大器实训电路

单管放大器实训电路如图 4-18 所示。

3. 实训步骤和结果

1）先将直流稳压电源的输出电压调整为$+12V$，用万用表测量该电压值后，将它与放大电路的$+12V$和地端相连接。

2）用万用表测U_{CE}和U_{BE}。

3）将低频信号发生器信号频率调至$f=1000Hz$，$U_i=10mV$，接入放大器的输入端电路，用晶体管毫伏表测量输出电压，计算A_v。

4）用示波器观察输出波形。

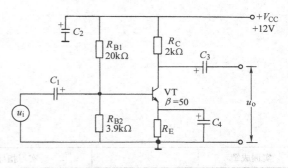

图 4-18　单管放大器实训电路

5）如果电路发生表4-5的故障现象，用示波器观察输出波形，并记录在表格中。

表4-5 单管放大器实习报告

班　　级		实 训 项 目		日　　期	
姓名		使用仪器 型号		万用表 型号	
电路故障	输出电压波形	晶体管 BE 间直流电压		晶体管 CE 间直流电压	
R_{B1} 短路					
R_{B1} 开路					
R_{B2} 短路					
R_{B2} 开路					
R_C 短路					
R_C 开路					
R_E 短路					
R_E 开路					
C_1 短路					
C_1 开路					
C_2 短路					
C_2 开路					
C_3 短路					
C_3 开路					
发射结短路					
发射结开路					
集电结短路					
集电结开路					

实训中发现的主要问题及体会

实训成绩		实习指导教师签字	

【训练2】　低频 OTL 功率放大器故障查找实训

1. 实训器材

35W 内热式电烙铁一把，不同规格十字、一字螺钉旋具一套，低频 OTL 功率放大器电路板一块，MF—47 型万用表一只，串联型直流稳压电源一台，数字示波器一台，双通道交流毫伏表一台。

2. 原理图

低频 OTL 功率放大器电路如图 4-19 所示。

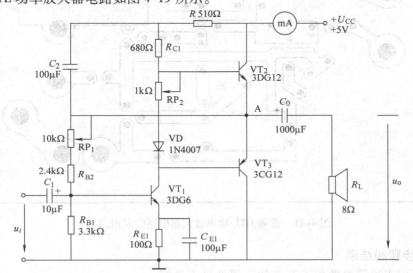

图 4-19　低频 OTL 功率放大器电路

3. 实训电路板

低频 OTL 功率放大器实训电路板如图 4-20 所示。

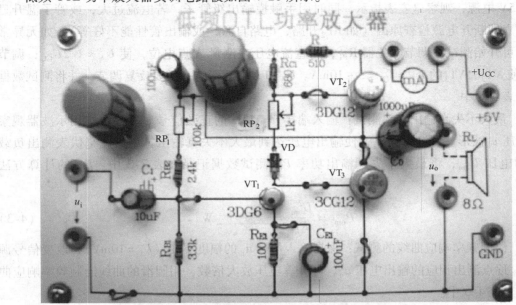

图 4-20　低频 OTL 功率放大器实训电路板

4. 低频 OTL 功率放大器电路印制电路图

低频 OTL 功率放大器印制电路图如图 4-21 所示。

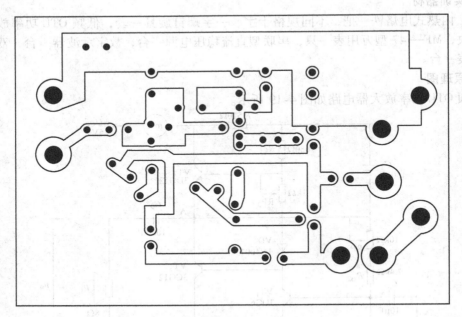

图 4-21 低频 OTL 功率放大器电路印制电路图

5. 实训步骤和结果

1）用万用表检测电路板上所有的元器件是否良好。

2）检查低频 OTL 功率放大器实物板的焊点有无虚焊。

3）工作点测试：电源进线中串入直流毫安表，电位器 RP₂ 置最小值，RP₁ 置中间位置。接通 +5V 电源，观察毫安表指示，同时用手触摸输出级管子，若电流过大，或管子温升显著，应立即断开电源检查原因（如 RP₂ 开路，电路自激，或输出管性能不好等）。如无异常现象，可开始测试。调节电位器 R_{P1}，用直流电压表测量 A 点电位，使 $U_A = 1/2U_{CC}$；调节 RP₂，使 VT₂、VT₃ 的 $I_{C2} = I_{C3} = 5 \sim 10\text{mA}$。$U_A$ 和 I_C 相互影响，需要反复调节，并将测试数据记录在表 4-6 中。

4）最大不失真输出功率测试：输入端接 $f = 1\text{kHz}$ 的正弦信号 u_i，输出端用示波器观察输出电压 u_o 波形。逐渐增大 u_i，使输出电压达到最大不失真输出，用交流毫伏表测出负载 R_L 上的电压 U_{om}，将最大不失真输出功率 P_{om} 测试数据记录在表 7-2 中。P_{om} 的计算方法如下：

$$P_{om} = \frac{U_{om}^2}{R_L} = \underline{\hspace{2cm}} \text{W} \tag{4-3}$$

5）绘制频率响应曲线的测试：保持输入信号 u_i 的幅度不变（$U_i = 10\text{mV}$），改变信号源频率 f，逐点测出相应的输出电压 u_o，并计算电压放大倍数，用圆滑的曲线绘制频率响应曲线，记入表 4-6 中。

表 4-6　低频 OTL 功率放大器故障查找方法及数据记录表

班级		技能训练项目		时间	
姓名		选用工具名称			
直流电压电流测量			**VT$_1$ ～ VT$_3$ 静态工作点测量**		

电源电压/V	中点电压/V	静态电流/mA	VT1/V	VT2/V	VT3/V
			V_b	V_b	V_b
			V_e	V_e	V_e
			V_c	V_c	V_c

不同信号频率情况下的输出电压测量

信号频率	20Hz	100Hz	200Hz	1000Hz	5000Hz	A_u
输出电压						

1. 绘制频率响应曲线

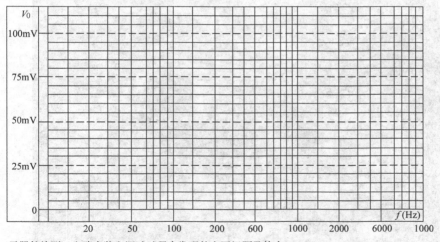

2. 元器件检测、电路安装和调试过程中发现的主要问题及体会

实训成绩		实习指导教师签字	

【训练3】　串联型直流稳压电源故障查找实训

1. 实训器材

MF-47 型万用表一只，35W 内热式电烙铁一把，镊子，不同规格十字、一字螺钉旋具一套，串联型直流稳压电源原理图，元器件一套，印制电路板一块。

2. 原理图

串联型直流稳定电源原理图如图 4-22 所示。

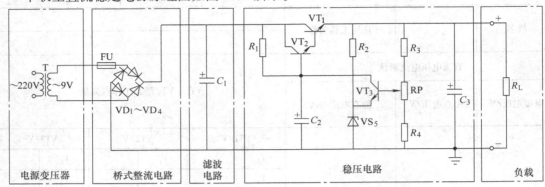

图 4-22   串联型直流稳压电源原理图

3. 串联型直流稳压电源印制电路板

串联型直流稳压电源印制电路板如图 4-23 所示。

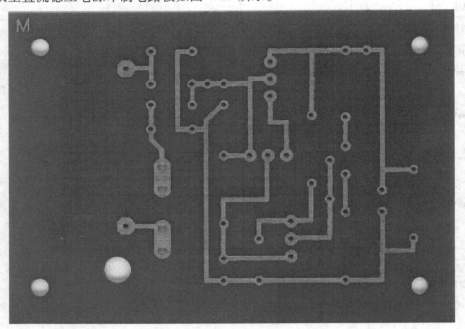

图 4-23   串联型直流稳压电源印制电路板

4. 串联型直流稳压电源实训电路板

串联型直流稳压电源实训电路板如图 4-24 所示。

5. 实训步骤和结果

1）用万用表检测电路板上所有的元器件是否良好。

2）检查串联型直流稳压电源实物板的焊点有无虚焊。

3）工作点测试：

① 测试串联型直流稳压电源变压器一次电压，二次电压。

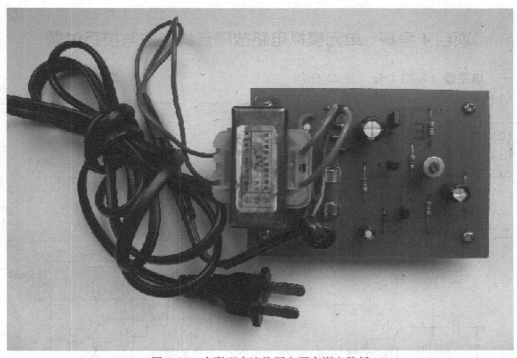

图 4-24 串联型直流稳压电源实训电路板

② 测试串联型直流稳压电源滤波电容 C_1、C_3 两端的电压。

③ 测试串联型直流稳压电源 $VT_1 \sim VT_3$ e、b、c 电压。

④ 测试串联型直流稳压电源输出电压 $+6V \pm 0.2V$。

⑤ 测试串联型直流稳压电源输出直流分量、交流分量和纹波系数 S_r。

4）将串联型直流稳压电源的调试及测量数据填入表 4-7 中。

表 4-7 串联型直流稳压电源故障查找及测量数据记录表

班级		技能训练项目		时间	
姓名		选用工具名称			
稳压电源 测量	稳压电源 测试点	变压器 一次电压/V	变压器 二次电压/V	滤波电容 C_1 两端的电压/V	滤波电容 C_3 两端的电压/V
输出直流电压			$VT_1 \sim VT_3$ e、b、c 电压		
直流分量/V	交流分量/V	纹波系数 S_r	VT_1/V	VT_2/V	VT_3/V
			V_b	V_b	V_b
			V_e	V_e	V_e
			V_c	V_c	V_c

元器件检测、电路安装和调试过程中发现的主要问题及体会

实训成绩		实习指导教师签字	

项目4 考核 单元模拟电路故障查找方法与技巧试题

一、填空题（每空1分，共22分）

（1）单元模拟电路的种类有：_____、_____、_____、_____、_____、
_____、_____、_____。

（2）现代模拟集成电路的种类有：_____、_____、_____。

（3）稳压电源电路的种类有：_____、_____。

（4）功率放大电路的种类有：_____、_____。

（5）LC调谐放大电路的种类有_____、_____。

（6）双调谐放大器幅频特性呈_____。

二、识电路图，并指出下列电路的名称（每题3分，共18分）

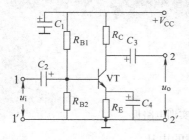

A _____

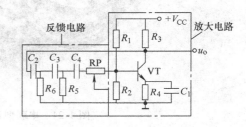

B _____

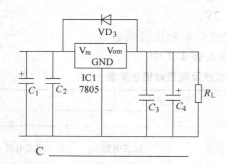

C _____

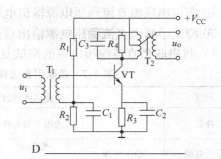

D _____

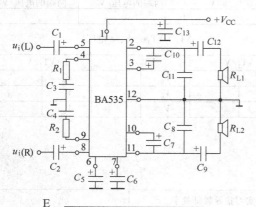

E _____

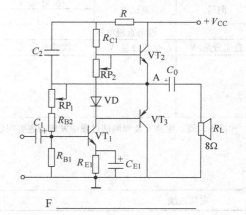

F _____

三、选择题（每题 3 分，共 15 分）

1. 桥式整流电路有（　　）。

A. 一个二极管　　　　B. 两个二极管　　　　C. 三个二极管　　　　D. 四个二极管

2. 当电网或负载变化时，稳压电源输出电压（　　）。

A. 不变　　　　　　　B. 有变化　　　　　　C. 基本不变　　　　　D. 有较大变化

3. 滤波电容容量通常取（　　）。

A. 几个 pF　　　　　 B. 几百个 pF　　　　　C. 几个 μF　　　　　　D. 几百到几千 μF

4. BA535 集成电路 OTL 功率放大电路信号通道有（　　）。

A. 一个　　　　　　　B. 两个　　　　　　　C. 三个　　　　　　　D. 四个

5. BA535 集成电路 OTL 功率放大电路输出信号中有交流声的原因是（　　）。

A. 电容失效　　　　　B. 电感量变小　　　　C. 电阻阻值变大　　　D. 电容量变小

四、单元模拟电路常见故障分析题（每题 3 分，共 15 分）

1. 单管放大电路的常见故障有哪几种？

2. 负反馈放大电路的常见故障有哪几种？

3. 选频放大电路的常见故障有哪几种？

4. 串联型直流稳压电源电压常见故障有哪几种？

5. 功率放大电路常见故障有哪几种？

五、单元模拟电路常见故障查找问答题（每题 6 分，共 30 分）

1. 如何查找单管放大电路无信号输出故障？

2. 如何查找负反馈放大电路输出信号幅度增大并且失真的故障？

3. 功率放大电路有哪几个测试点？

4. 串联型直流稳压电源电压有哪几个测试点？

5. 如何查找开关型电源电路烧电源熔丝故障？

项 目 小 结

1. 单管放大器电路有三种基本形式和三种常见故障现象。

2. 多级放大器一般由输入级、中间级和输出级组成，常见故障现象有三种，常见故障查找方法与技巧是：先缩小故障的范围，确定故障具体在哪一级，查找方法采用干扰法比较方便。

3. 反馈放大电路有正、负反馈电路，常见故障有四种。

4. 选频放大电路有两种基本形式：LC 调谐放大器和 RC 调谐放大器，有两种不同的幅频特性曲线。

5. 集成电路功放电路有左右两个声道，常见故障有四种，查找方法及技巧是测关键引脚电压，采用触摸法等。

6. 常见的直流稳压电源电路有两种：一种是串联型直流稳压电源，另一种是开关型直流稳压电源。常见故障现象有五种，查找方法采用逻辑分析法。

7. 开关型直流稳压电源电路故障查找时要注意安全，最好用开关变压器隔离。查找方法可用电阻测量法、直流电压测量法等。

8. 集成模拟多路开关有两种常见故障，查找方法可用直流电压测量法等。

9. 集成运算放大器有两种常见故障，查找方法采用电阻测量法、直流电压测量法等。

思 考 题

1. 图 4-1 中，如果放大器无信号输出，应如何查找其故障？
2. 多级放大器故障查找的基本技巧是什么？
3. 简述负反馈放大器故障查找方法与技巧。
4. 简述振荡器停振故障查找方法与技巧。
5. 简述 LC 调谐放大器无信号输出故障的查找方法与技巧。
6. 简述压电陶瓷式选频放大器的故障查找方法与技巧。
7. 图 4-8 中，OTL 集成功放出现无声故障时，应怎样查找其故障？
8. 图 4-8 中，OTL 集成功放出现声音轻故障时，应怎样查找其故障？
9. 用流程图说明串联型直流稳压电源故障查找的一般程序。
10. 简述集成电路直流稳压电源的故障查找方法与技巧。
11. 如何检修开关型稳压电源电路中有 300V、无输出电压故障？
12. 简述集成模拟多路开关的故障查找方法与技巧。
13. 简述运算放大器无信号输出故障查找方法与技巧。

项目5 单元数字电路故障查找方法与技巧

单元数字电路是数字系统的基本组成部分。要想学会查找、排除数字系统的电路故障，首先要充分理解数字单元电路的类型及工作原理，对所选用的器件的工作原理及其特性要很熟悉；其次，熟悉故障的检测与定位，掌握数字单元电路故障查找方法和查找步骤；此外，还要会熟练地使用万用表、逻辑测试笔、示波器等常用检测工具。

在数字电路的故障诊断与排除过程中，电路故障的检测与定位技术非常重要，它是排除电路故障的必不可少的步骤，因此必须掌握。根据电路复杂程度的不同，故障检测和故障定位的难易程度也不一样。在实际工作中要根据具体的故障现象、电路的复杂程度和所使用的设备等因素进行综合考虑和判断。

本项目中主要介绍门电路、触发电路、时序电路及显示电路等单元数字电路中常见的故障及其查找的技巧。

任务1 门电路故障查找方法与技巧

【任务分析】 通过任务1的学习，学生应了解集成门电路的种类，常见故障及产生的原因，熟练掌握集成门电路的故障查找方法与技巧。

【基础知识】 门电路的种类

1. 基本门电路的种类

门电路是最基本的逻辑电路，也是数字电路最基本的单元电路，最基本的门电路有：与门、或门、非门三种，它们是具有多端输入（非门为单端输入）、单端输出的开关电路。按照构造方法的不同，门电路分为分立元件门电路和集成门电路，由于集成门电路具有体积小、重量轻、功耗小、价格低及可靠性高的优点，应用极为广泛。本节主要介绍集成门电路的故障查找方法与技巧。

2. 集成逻辑门电路种类

集成逻辑门电路又分为双极型（TTL型）集成电路和单极型（CMOS型）集成电路两

种。TTL 型集成逻辑门电路很多，有与非门（如 74LS00、74LS20）、与门（如 74LS08）、非门（如 74LS04）、或门、或非门（如 74LS02）、与或非门（如 74LS51）、异或门（如 74LS86）、OC 门（如 74LS03）、三态门（如 74LS125）等。而 CMOS 型集成逻辑门电路有：CMOS 反相器（非门）、集成 CMOS 与非门、集成 CMOS 或非门、集成 CMOS 与门、集成 CMOS 或门、CMOS 传输门和 CMOS 三态门等。

【操作指导】 集成逻辑门电路常见故障及查找方法

1. 常见故障现象

1）在应用电路中，门电路逻辑功能不正常，有输入信号、无输出信号或输出状态不正确。

2）输出电平不正常。

3）器件损坏。

2. 常见故障查找方法与技巧

（1）门电路逻辑功能不正常的故障查找方法与技巧 在数字集成电路的具体应用电路中，所涉及的集成块比较多，因此分析、查找电路故障时应全盘考虑，首先要非常熟悉电路的工作原理和各功能模块的工作原理，熟悉各器件的功能及性能指标。下面以与非门 74LS00（图 5-1）为例进行说明。

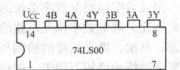

图 5-1 74LS00 集成
2 输入四与非门

TTL 与非门的正常功能应该是全"1"得"0"，见"0"得"1"，有故障时经常出现无论输入如何，输出都保持"1"状态或保持"0"状态，即所谓的固定电平故障。

查找该故障的最简单方法是感观和替换法，需要说明一下，在替换新器件之前，先仔细检查连接线有无错误，再换上新器件，更换的器件要保证质量。查看连接线有无错误：首先检查正、负电源端子引线，可以用万用表测量集成块电源端与接地端之间的直流电压是否正常；所使用的门电路的输入、输出脚与其他电路的连接是否正确，是否出现输出端接到固定的高电平或低电平这种情况。在检查连接线无误的情况下，取一块同型号的集成块换一下，观察是否正常，如功能正常则说明原集成块损坏。如还不正常则可采用电阻测量法来判断是否是连接导线内部断路、接触不良或虚接等情况。查找的办法是将万用表拨到欧姆档 R ×1Ω，将万用表的两根表棒分别接待测连接导线的两端，导线连接良好则所测电阻值几乎为零，如读数较大甚至指针不动则说明连接导线接触不好甚至导线内部断路，应更换导线重新连接。另外可用万用表的直流电压档去分别测量门电路的输入端、输出端的电平，判断是否由其他外接电路的影响造成固定电平故障。

门电路通常在数字电路中用作控制门，因此，首先查看控制端的信号是否正常，被控信号是否正常。当电路比较复杂，与门电路单元的联系较多时，在对整个应用电路功能及工作原理比较熟悉的基础上，应用信号寻迹法，按照信号的流程从前级到后级，用示波器或万用表或逻辑笔逐级逐点地检查信号的控制及传输情况，从而缩小故障范围，判断出故障所在部位并加以确定，排除故障。

通常情况下，一片集成块上有几个门电路，使用过程中经常发现集成块中个别门电路损坏，在实际电路应用中可以避开故障门选用正常门而不必更换新器件。

（2）输出电平不正常的故障查找方法与技巧 门电路的输出高电平典型值为3.6V，输出低电平值通常为0.3V。

对数字电路，会发现电路完全不工作或不稳定现象。出现这类情况时，多半是集成电路的引脚电平不正常，而且问题大多数出现在控制电路部分。可查找：电源电压是否超出正常范围；器件的引脚接触是否不良或者连接导线接触不良；提供输入信号的电路（前级电路）的带负载能力是否不强；因为闲置的引脚处理不当而造成干扰信号的串入等。检查的办法是用万用表检测控制电路中集成门电路的电源电压是否正常，接地是否良好，再用示波器检测电压成分中的纹波成分，以确定是否要进行电源的检修。电源电压正常后，再测量集成块各引脚的电压值是否正常，当输出脚的低电平电压大于0.8V或高电平电压值低于1.8V时，容易造成电路逻辑功能混乱、电路失控，使整个电路时而稳定，时而混乱。如果测量发现存在上述情况，首先用同型号的好的集成块替换怀疑对象，看是否恢复正常，如正常，说明被换的集成块已坏；如还不正常，应检查线路连接有无虚接、错接、多接或漏接等现象，这时的故障很可能是线路混线或与之相连的其他数字单元电路有故障而造成的；另外还应考虑会不会是因为该器件所带负载过重。判断是否由相连的其他电路引起的故障，可以采用分割测试法，即把外接的端子线分别拆除，检查门电路的逻辑功能正常与否，如果门电路本身的逻辑功能正常，而且经过仔细检查没有发现线路连接错误，则考虑与该集成块相连的其他部分集成电路有故障。特别注意的是连接导线的虚接现象从外表上看很难辨别，而虚接很容易造成电路工作不稳定，这就是间接性的故障。

（3）器件损坏的故障查找方法与技巧 集成门电路由于使用不当，会造成集成块的损坏。集成门电路的损坏主要表现为以下几个方面：

1）由于集成块不正确的频繁插拔，造成引脚的断裂或变形，再次使用时没有注意到这一点，因而造成电路故障。可采用直接观察法、功能分析法、引脚电压测量法等进行检测。

2）由于连线时不注意，将门电路（OC门除外）的输出端子直接接在电源或地上，通电试验前没有仔细检查，这时容易造成集成器件的损坏，这种由于连接线的错误引起的器件损坏，损坏部分是局部的（同一块集成块上有几个门电路时），可以改用完好的门而不必更换集成块。

3）由于接线时疏忽，不小心将集成块的工作电源的正、负极性端子接反，通电后必定造成集成门电路的损坏，这时的故障现象表现为：器件发烫甚至冒烟，有时表现为器件表面有裂痕或冒泡烧焦等痕迹。当通过眼睛观察或鼻子嗅闻发现这类异常情况时，首先必须想到电源接线的问题，应立即切断电源，然后仔细检查加以排除。

3. TTL 逻辑门电路使用注意事项

1）注意电源的电压范围要满足要求，电源的极性不能接反，否则过大的电流会造成器件的损坏。

2）电源接通的情况下，不能插、拔或焊接集成器件。

3）注意输入信号的幅度范围：$-0.5 \sim +5.5\text{V}$。

4）多余的输入端尽量不要悬空，以免受干扰。应按照其逻辑功能将多余输入端接地或通过适当的电阻接到V_{CC}上。

5）输出端不允许与电源端或地相接，多个输出端不能短接使用（三态门和OC

门除外）。

6）OC 门输出端与电源线相接时，应在其公共输出端上串接适当的电阻连接到 V_{CC} 上。

4. COMS 逻辑门电路使用注意事项

1）注意 CMOS 门电路的工作电源范围为 3~18V，为了能与 TTL 电路兼容，一般情况下 V_{CC} 也取 5V。

2）与 TTL 门电路一样，不允许将电源的极性接反，通电的情况下不允许插、拔或焊接集成器件。输出端不能与地或电源连接，多个输出端也不能短接使用。

3）CMOS 门电路与 TTL 门电路混合使用时，应注意电平配合的问题。由于它们的输入输出电平、带负载能力不同，为保证整个数字系统的安全、可靠，使电路具有比较好的抗干扰能力，在 CMOS 门电路与 TTL 门电路之间通常要加接口电路。

4）CMOS 门电路的多余端子在处理时，必须根据具体情况要么接高电平、要么接地，不允许悬空；在工作速度很高的数字电路系统中，CMOS 门电路闲置的输入端不允许与使用的输入端并联使用，否则会增大输入电容，降低电路的工作速度或出现混乱，检查电路时要留意。

5）CMOS 门电路的带负载能力比 TTL 门电路带负载能力差，因此在实际使用中要注意。当负载较重而没有采取外接驱动电路时，很容易造成电路异常。

6）在进行电路实验或对 CMOS 电路系统进行调试、检测时，要先接通直流工作电源，后接入信号源；检测结束先关信号源再关直流电源。

图 5-2 所示是 CMOS 门电路驱动 TTL 门电路、TTL 门电路驱动 CMOS 门电路的常用电路。

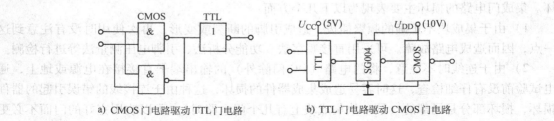

a) CMOS 门电路驱动 TTL 门电路　　　　b) TTL 门电路驱动 CMOS 门电路

图 5-2　常用驱动电路

【案例分析】　1 位数值比较器电路故障查找方法与技巧

1. 电路组成及工作原理

图 5-3 所示为利用门电路组成的 1 位数值比较器电路。它主要由两个反相器 D_1、D_2，两个二输入与门电路 D_3、D_4，一个二输入或非门电路 D_5 及指示电路等组成。其功能为：比较两个 1 位二进制数 A 和 B 的大小（逻辑：高电平为 1，低电平为 0）。比较结果不外乎三种情况，若 A > B，则 VT_1 导通，红色发光二极管 VL_1 亮；若 A = B，VT_2 导通，黄色发光二极管 VL_2 亮；若 A < B，VT_3 导通，绿色发光二极管 VL_3 亮。表 5-1 为 1 位数值比较器的真值表。

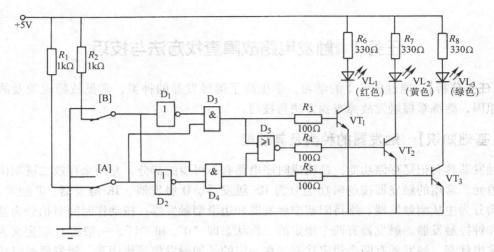

图 5-3　1 位数值比较器电路

表 5-1　1 位数值比较器的真值表

A	B	Y_1（A＞B）	Y_2（A＝B）	Y_3（A＜B）
0	0	0	1	0
0	1	0	0	1
1	0	1	0	0
1	1	0	1	0

2. 常见故障现象

1）三只发光二极管都不亮。

2）A＞B 时，红色发光二极管不亮。

3）两只发光二极管同时亮。

3. 常见故障的查找方法与技巧

（1）三只发光二极管都不亮的故障查找方法与技巧

1）查找供电电路，+5V 电压是否正常，不正常时立即修复。

2）查指示电路，先用镊子依次短路晶体管 VT_1、VT_2、VT_3 的 e、c 极，如发光二极管会发光，则说明发光二极管 VL_1、VL_2、VL_3 和限流电阻 R_6、R_7、R_8 正常，否则对损坏的元器件进行更换。

3）用逻辑测试笔测试各门电路的输入、输出逻辑因果关系，若发现因果关系出错，先测量连接线、焊接点等，如连接线、焊接点正常，则更换该门电路。

（2）A＞B 时，红色发光二极管不亮的故障查找方法与技巧

1）用镊子短路 VT_1 的 e、c 极，判断红色发光二极管的好坏，若损坏，更换即可。

2）用逻辑测试笔测试，是否 A＞B。若 A＞B，再分别测试 D_1、D_3 门电路的因果关系，发现故障排除即能修复。

（3）两只发光二极管同时亮的故障查找方法与技巧　拨动开关 A、B，判断是否 A、B 在任何状态，都是有两只发光二极管亮，如是这种情况，可确定是某晶体管损坏了，更换

即可。

任务2 触发电路故障查找方法与技巧

【任务分析】 通过任务2的学习，学生应了解触发器的种类，常见故障现象及故障产生的原因，熟练掌握触发故障查找方法与技巧。

【基础知识】 触发器的种类及其功能

触发器具有记忆存储功能，是构成时序电路必不可少的部分，是用来存放二进制信息的基本单元。常用的触发器按逻辑功能分为RS触发器、D触发器、JK触发器、T触发器等；按结构分为主从型触发器、维持阻塞型触发器和边沿型触发器；按动作时间节拍分为基本触发器和钟控触发器。触发器有两个稳定的工作状态即"0"和"1"，一般将Q端定义为触发器的输出状态。触发器有两个稳定状态，在一定的外加触发信号作用下，触发器可以从一种稳态翻转到另一种稳态。本任务主要讨论几种常用触发器在使用中常见的故障及查找与排除技巧。

【操作指导1】 RS触发器故障查找方法与技巧

RS触发器通常可用来组成无抖动开关，也称为逻辑开关，如图5-4所示，它避免了机械开关在转换过程中因接触抖动而引起的误动作。

由门电路（如与非门或者或非门）组成的基本RS触发器，结构简单，只要明确门电路的逻辑功能，分析基本RS触发器故障也很容易。

1. RS触发器常见故障现象

1）门电路器件损坏。

2）连接线接触不良或开路。

3）制作调试时出现搭锡、错接等情况而造成混线。

4）控制端S、D出现不允许状态而造成输出不定情况。

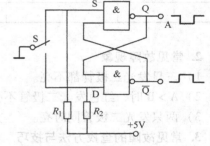

图5-4 无抖动开关

2. RS触发器常见故障查找方法与技巧

1）由门电路组成的基本RS触发器，若门电路器件损坏，触发器将不能正常翻转。查找方法见任务1有关内容。

2）查看线路连接是不是正确，当发现接线有错时，应及时纠正并观察故障是否已消失。如果故障还存在，应考虑连接线的接触是否良好，判断的方法是用万用表 $R \times 1\Omega$ 档（关闭电路的电源）测量连接导线是否畅通。

3）用感观法，观察器件引脚有无松脱、虚焊，器件或所在位置的电路板有无烧焦、搭锡等情况。

4）判断控制端S、D是否出现非法状态，只要用逻辑测试笔测量一下各自的电平进而予以纠正即可。

【操作指导2】 JK触发器故障查找方法与技巧

JK触发器分为：主从型JK触发器（TTL），如74LS72（下降沿触发）；边沿JK触发器（TTL、CMOS），如74LS112（下降沿触发）、74LS70（上升沿触发）和CC4027（上升沿触发）。

74LS112是集成双下降沿JK触发器，如图5-5所示。它带有置位端和复位端，其引脚端子如图5-5a所示，逻辑符号如图5-5b所示。真值表见表5-2。

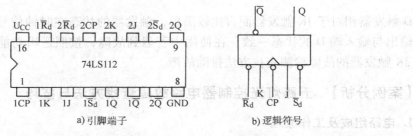

a) 引脚端子   b) 逻辑符号

图5-5 74LS112集成双下降沿JK触发器

表5-2 双下降沿JK触发器真值表

J	K	Q^{n+1}	J	K	Q^{n+1}
0	0	Q^n	1	0	1
0	1	0	1	1	$\overline{Q^n}$

1. JK触发器常见故障现象

1）在电路运行中，应该发生翻转时，触发器不翻转。

2）触发器的输出始终为"0"或始终为"1"。

3）触发器的Q与$\overline{Q}$端出现同一状态。

2. JK触发器故障查找方法与技巧

（1）触发器不翻转 在电路运行中，JK触发器在CP脉冲作用下，应该发生翻转时，而它不翻转。首先，用万用表的直流电压档检查触发器的工作电源是否正常，电源的正负极性有没有接反；其次，检查触发器的J、K端的电平状态在应该发生翻转前那一刻是不是满足翻转的条件。如不满足，则检查J、K端的接线是否正确，如果接线也没问题，可先断开与J、K端的外部连线，用万用表检查外接端子。如果外电路能给出正确的条件，再断开触发器的输出端子的外接导线，将万用表的表笔接在触发器的输出端，观察触发器能不能正常翻转，能正常翻转，说明问题出在与触发器输出相连的电路部分；如在输出断开的情况下，触发器仍然不能翻转，应断定故障就在JK触发器器件本身，这时应将其更换。

（2）触发器的输出始终为"0"或始终为"1" 首先，检查触发器的置位端或复位端的接法是否正确，JK触发器正常工作时，其置位端$\overline{S}_d$和复位端$\overline{R}_d$应都接高电平，否则就会发生置位（输出为"1"）或复位（输出为"0"）；其次，断开触发器的输出端与外电路的连接线，看触发器的输出能不能恢复正常。在输出断开的情况下，触发器恢复正常，就说明故障出现在与输出相连的外电路；在输出断开的情况下，触发器仍然不能正常，则应更换器件。

（3）触发器的Q与$\overline{Q}$端出现同一状态 这种情况的出现很有可能是器件已损坏。先更换器件，看故障现象能否消失。如故障消失，则故障排除；如故障现象仍然存在，参照前面的方法，断开输出端的外接电路来检查即可找到问题所在。

以上只是介绍了三种故障现象的一般检查方法与技巧。很显然，当怀疑电路中该部分单元电路有故障时，如果器件更换方便，只要连接线（包括电源的极性）无误，确保新更换上去的触发器器件不被损坏，先更换器件排除故障较为快捷方便。如器件更换不方便，还是按照上述的步骤去检查、判断为好。

【操作指导3】 D 触发器故障查找方法

D 触发器相对于 JK 触发器而言比较简单，触发器的状态在时钟信号的上升沿到来时翻转，输出与输入端 D 的状态一致。在使用中若遇到故障，按照逻辑功能结合故障现象，可参照 JK 触发器的故障检测查找方法排除故障。

【案例分析】 五路灯光控制器电路故障查找方法与技巧

1. 电路组成及工作原理

用 JK 触发器组成的五路灯光控制器电路如图 5-6 所示。它主要由多谐振荡器、分频器和指示电路等组成。

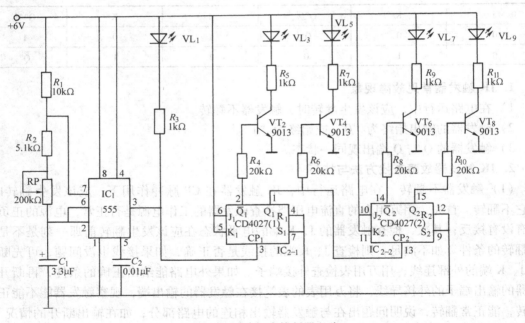

图 5-6 五路灯光控制器电路

多谐振荡器是以集成电路 IC_1（555）为核心组成的，IC_{2-1}、IC_{2-2} 为两个二分频电路。从 IC_1 ③脚输出方波信号，作为 IC_{2-1} 的时钟信号 CP_1，每两个时钟脉冲 Q_1 就输出一个脉冲，作为 IC_{2-2} 的时钟信号，Q_2 输出的频率是 IC_1 ③脚信号频率的 1/4。

当 IC_1（555）③脚输出时钟脉冲为低电平时，发光二极管 VL_1 发光；③脚输出高电平时，VL_1 熄灭。因 IC_2 ①、②脚为一个 Q_1 和 $\overline{Q}_1$，VL_3、VL_5 的输出波形总是反相的，因而，

VL_3、VL_5 是交替闪烁发光，闪烁频率为 VL_1 闪烁频率的二分之一；同理 VL_7、VL_9 的闪烁频率为 VL_1 闪烁频率的四分之一。

2. 常见故障现象

1）发光二极管全都不亮。

2）VL_1 发光，闪烁频率正常，VL_3、VL_5、VL_7、VL_9 都不亮。

3）VL_1、VL_3、VL_5 发光，闪烁频率正常，VL_7、VL_9 一直亮，不闪烁。

3. 常见故障的查找方法与技巧

（1）发光二极管全都不亮故障的查找方法与技巧

1）查供电电路，看 +6V 电源电压是否正常，若不正常则修复。

2）查多谐振荡器，若多谐振荡器停振，则所有发光二极管都不发光。可先测量外围元器件，再测量集成电路 IC_1（555），若 IC_1 损坏，更换即可。

（2）VL_1 发光，闪烁频率正常，VL_3、VL_5、VL_7、VL_9 都不亮故障的查找方法与技巧

1）查 IC_2 的③脚，输入脉冲信号是否正常，若不正常，查 $IC_1$③脚与 $IC_2$③脚之间的连接线，若断裂，则修复。

2）查集成电路 IC_2。先用在线测量法，测量集成电路各脚对地的电阻值，测量时注意比较对应脚的阻值是否相同（因 CD4027 为双 JK 触发器），①与⑮、②与⑭、⑥与⑩、⑤与⑪、③与⑬、⑦与⑨和④与⑫的对地电阻值应相同，如发现阻值相差较大，基本可判定集成电路损坏。

3）查电源供电线与地线是否连接良好。

4）查指示电路。用在线测量法，测电阻、晶体管和发光二极管等元器件，若发现问题，则更换损坏的元器件。

（3）VL_1、VL_3、VL_5 发光，闪烁频率正常，VL_7、VL_9 一直亮、不闪烁故障的查找方法与技巧

1）查晶体管 VT_6、VT_8，若已击穿或损坏，则会使 VL_7、VL_9 一直亮。

2）查集成电路 IC_2。采用在线测量法，测量集成电路各引脚对地的电阻值，即能排除故障。

任务3　时序电路故障查找方法与技巧

【任务分析】　通过任务3的学习，学生应了解时序电路的种类和常见故障现象，熟练掌握时序电路故障查找方法与技巧。

【基础知识】　**时序电路的构成**

时序逻辑电路简称时序电路，在时序电路中，任一时刻电路的输出状态不仅取决于该时刻的电路输入状态，而且与前一时刻电路的状态有关。时序电路主要由存储单元电路和组合逻辑电路两部分组成。组合逻辑电路的基本单元是门电路，存储单元电路的基本单元是触发器。

【操作指导1】　**同步时序电路常见故障及查找方法**

1. 同步计数电路常见故障

1）计数不正常：不计数或计数未达到预期要求。

2）进位不正常：未按照规定向高位送出进位信号。

2. 同步计数电路故障查找方法与技巧

（1）计数不正常故障的查找方法与技巧

1）不计数故障的查找方法与技巧。计数电路不能正常计数，有可能是组成计数电路的触发器的驱动条件不满足或者是各触发器的复位端被长置成复位状态，也可能是计数时钟脉冲信号没有加到触发器的 CP 端等。

① 查触发器的复位端的电平情况是否正常，如不正常则检查连接线连接情况，开关接触是否良好等。

② 检查计数脉冲是否顺利送到各触发器的 CP 端。如果没有，先断开 CP 端的外接线，单独测量外来的 CP 信号正常与否，CP 信号不正常，则检查外电路；CP 信号正常，则检查 CP 信号输出端与触发器 CP 端之间的连接线。

③ 根据该电路的驱动方程，逐一检测各触发器的输入端状态。如该计数电路由 JK 触发器（D 触发器）组成，则分别用万用表测量各触发器 J 端与 K 端（D 触发器的 D 端）的输入状态，如果各触发器的输入状态与预期输入状态不一致，则检查与这些输入端相连的其他部分，会不会接线有错或连线开路。如果也没问题，则可能是个别触发器损坏造成。

2）计数未达到预期要求的故障查找方法与技巧。这种故障很可能是由于后面某一级的触发器输入状态信号不正确，也有可能是该级没有接收到前级送来的状态信号，或者该级触发器复位端被永久复位、CP 信号没能加入等原因造成。

① 先测量该触发器的 CP 端有没有时钟信号。

② 测量该触发器复位端的电平情况，判断是否正常。

③ 检查该级输入端即触发器的 J 端与 K 端（D 触发器的 D 端）外接线路正确与否。

（2）进位不正常的故障查找方法与技巧　计数电路计数不正常或不计数，这两种情况的故障现象也会造成没有进位信号的输出，输出部分的门电路有故障也会引起该故障的出现，当整个计数过程都正常，但没有进位脉冲产生时，应检查门电路部分（包括接线、元器件等）。门电路故障的查找与排除方法任务 1 中介绍过，这里不再重复；但要注意后级电路的故障如元器件损坏引起本级的输出端被钳制的可能。

以上是同步计数电路的故障现象分析及查找方法的简要介绍，在实际工作中应根据具体故障现象具体分析，方法不是一成不变的，只要熟悉电路原理及电路里所用元器件的功能特点、动作条件等，故障排查并不困难。

【操作指导 2】　寄存电路常见故障查找方法与技巧

寄存器是能够存放数码、运算结果或指令信息的数字部件。寄存器是依靠其内部的触发器来存放数码信息的，移位寄存器除了能存放数码信息外，还具有将数码移位的作用，可以左移也能右移。

正常的寄存器必须能存取数码，因此在寄存器中除触发器以外还有一些起控制作用的门电路。通常所说的寄存器，是指用无空翻现象的边沿型触发器构成的寄存器。一个触发器可以存放一位二进制数码，所以一个触发器就是一位寄存器，n 位寄存器则需要 n 个触发器。

1. 数码寄存器故障现象及查找方法与技巧

图 5-7 所示为由 D 触发器组成的四位数码并入、并出单拍接收方式的寄存器，其组成结构和工作原理很简单，因此故障现象很容易分析并排除。

1）假设 CP 脉冲到来前，输入端 $D_4D_3D_2D_1$ 的状态为 1101，$Q_4Q_3Q_2Q_1$ 为 0000，CP 脉冲到来后，$Q_4Q_3Q_2Q_1$ 的状态应变成 1101，现发现结果仍为 0000。分析一下会发现，这是个共性故障，可能存在的问题：一是各触发器没有工作电源；二是清零端被置成低电位；三是 CP 脉冲没进来。

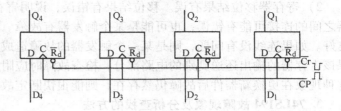

图 5-7　四位数码寄存器

2）电路输入端状态同上，当 CP 脉冲到来后，$Q_4Q_3Q_2Q_1$ 的状态变为 1001 或其他状态（不是预期结果）。这样的故障为个性故障，分析方法为将输出与输入状态进行比较，找出不同的部分及其对应的触发器，问题就在该触发器本身及与之相连的接线上。用万用表检测其输入端状态、清零端电平、CP 脉冲的进线等，如果排除了这些问题，故障仍然存在，则说明该触发器已损坏。

2. 移位寄存器（左移寄存器或右移寄存器）**故障现象及分析查找方法**

图 5-8 所示为 D 触发器组成的单向移位寄存器。图 5-8a 为 4 位右移寄存器，图 5-8b 为 4 位左移寄存器，它们的输入端是级连的方式，故为串行输入、并行输出的寄存器。

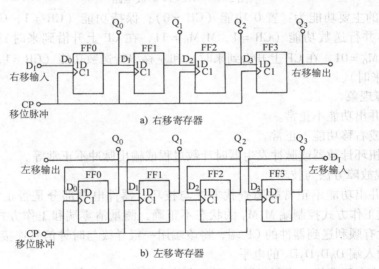

图 5-8　D 触发器组成的单向移位寄存器

以左移寄存器为例（右移寄存器雷同），如图 5-8b 所示，被存数码逐位送到 D_3 端，Q_3 接到 D_2、Q_2 接到 D_1、Q_1 接到 D_0，每来一个 CP 信号，输入的数码向左移动一位。假如 CP 脉冲的到来，寄存器不能按预定的目标移位，例如寄存器根本无反应、寄存器移位结果有误。分析查找方法如下：

1）寄存器根本没有反应。查电源是否正常；CP 脉冲是否送到；复位端子（图中没有画出）被置成复位状态。只要用万用表按照前面介绍的方法一项一项地检测，问题就会被发现并解决。

2）寄存器移位结果有误。移位结果有错误，说明寄存器能实现移位功能，只是各触发器之间的连接可能有错误，也可能是某个触发器有故障。要仔细检查各级的连线是否正确和良好。如果连线没有问题，则是某一个触发器的故障造成的，更换同型号的新器件即可。如果该寄存器的输出还送到别的电路部分，检查故障时应附加考虑外电路故障的牵制作用，如这种现象在更换新器件后故障仍然存在，则能很快断定故障在外电路。

3. 74LS194 故障现象及分析查找的方法

常用的 74LS194 是一个 4 位双向移位寄存器，如图 5-9 所示。图 5-9a 所示是 74LS194 的引脚排列图，图 5-9b 所示是 74LS194 逻辑功能图。

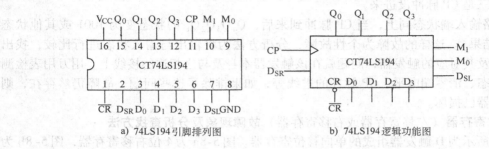

a) 74LS194 引脚排列图　　　　　　b) 74LS194 逻辑功能图

图 5-9　74LS194 集成电路

74LS194 的主要功能为：置 0 功能（$\overline{CR}=0$）；保持功能（$\overline{CR}=1$，$CP=0$ 或 $\overline{CR}=1$，$M_1M_0=00$）；并行送数功能（$\overline{CR}=1$，$M_1M_0=11$，在 CP 上升沿到来时）；右移串行送数（$\overline{CR}=1$，$M_1M_0=01$，在 CP 上升沿到来时）和左移串行送数功能（$\overline{CR}=1$，$M_1M_0=10$，在 CP 上升沿到来时）。

（1）故障现象

1）并入并出功能不正常。

2）左移或右移功能不正常。

3）构成扭环计数器或脉冲发生器时计数过程或输出脉冲不正常等。

（2）查找故障方法与技巧

1）并入并出功能不正常故障查找方法与技巧。器件电源部分是否正常，检查工作电源；置 0 端或工作方式控制端 M_1M_0 的状态不正确，测量清零端和工作方式控制端的电平；时钟信号有没有顺利送到器件的 CP 端，将该端用一根导线与时钟信号连接；数据是否完整送到：检测输入端 $D_0D_1D_2D_3$ 的电平。

2）左移或右移功能（串行送数）不正常故障查找方法与技巧同上。

3）构成扭环计数器或脉冲发生器时计数过程或输出脉冲不正常故障查找方法与技巧。

除上述情况外，还可能是各级之间的连接问题（包括接线有误、连线不良等），或者组合门电路部分的问题等，检查方法，前已详述。

总之，分析检查移位寄存器的故障，首先要熟悉器件的逻辑功能、器件所组成的具体应用电路和动作原理，其次是综合运用以前讲述过的检查测量方法。

【操作指导3】　异步时序电路常见故障查找方法与技巧

1. 异步计数电路故障查找方法与技巧

图 5-10 所示是异步计数电路，图 5-10a 所示为四位十进制异步加法计数器，图 5-10b

所示为三位二进制减法计数器。

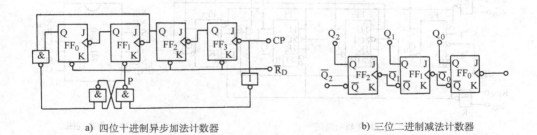

a) 四位十进制异步加法计数器　　　　　　　　　　　　b) 三位二进制减法计数器

图 5-10　异步计数电路

由图 5-10 所示可以发现，所有的 JK 触发器的 J、K 端子都为 "1" 状态，除第一个触发器以外，其余触发器的 CP 端触发脉冲都由前一级触发器的输出端（Q 或 $\overline{Q}$）提供。

2. 常见故障现象（以图 5-10a 为例）

1）CP 信号到来时不能计数。

2）虽然能计数，但计数不正常。

3. 常见故障查找方法与技巧

（1）计数器不能计数故障查找方法与技巧

1）分析：电源问题；可能由于第一个触发器或所有触发器的清零端出现低电平；第一个触发器可能没接收到 CP 脉冲；第一个触发器可能有故障。

2）查找与技巧：用万用表直接测量触发器的电源、检测清零端电平；检查第一个触发器 CP 端的外接线连接情况，直接测量该端有没有 CP 信号；如果前面的检查没有问题，应怀疑是第一个触发器有问题，更换一块新芯片试试看。如果计数器的输出还送到别的电路去，那么检查时应考虑外电路故障对计数电路的附加影响。

（2）虽然能计数，但计数不正常故障查找方法与技巧

1）分析：个别触发器的电源没加上；触发器之间的连接有误或断线；个别触发器的清零端没接好；由于门电路有问题，使门电路失去正常功能，导致反馈信号不能正常反馈；由于门电路部分接线不好导致提前反馈清零等。

2）查找与技巧：先检查各触发器电源，触发器之间的连接线；根据计数故障现象检查被怀疑触发器的清零端连接；检查集成门电路的电源、与触发器之间的连接线（例如由于接线不好，Q_1 和 Q_3 中的任何一个反馈信号不能正常送到与非门的输入端，就会造成计数器提前复位，计数器变成二进制或八进制）；如果接线没问题，应怀疑器件有故障，更换新器件。同样，如计数电路还外接其他电路，应考虑外电路的不正常对本电路的影响。

4. 集成计数器（以 74LS290 为例）

图 5-11 所示为 74LS290 集成电路，从内部结构可以看到，74LS290 实际上也是异步计数器，由四个 JK 触发器和逻辑门电路一起组合而成。图 5-12 所示为 74LS290 构成的计数器。

图 5-12a 所示为单片 74LS290 构成的六进制计数电路，图 5-12b 所示为由两片 74LS290 和逻辑门电路一起构成的二十三进制计数电路。下面简要说明一下 74LS290 构成的计数电路

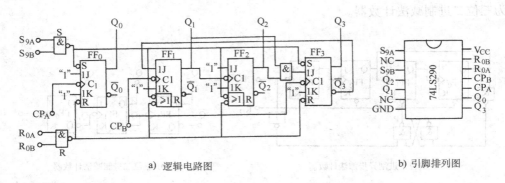

a) 逻辑电路图   b) 引脚排列图

图 5-11 74LS290 集成电路

可能出现的故障现象及分析查找的方法。

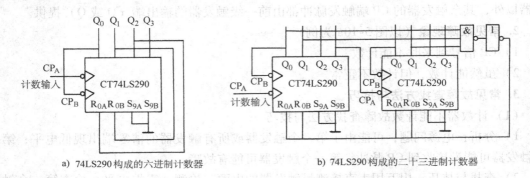

a) 74LS290 构成的六进制计数器   b) 74LS290 构成的二十三进制计数器

图 5-12 74LS290 构成的计数器

74LS290 的电路功能为：74LS290 有两个相互独立的计数器，分别是二进制和五进制计数器，要实现十进制计数时，必须将 Q_0 与五进制计数器的时钟端 CP_A 连接起来。R_{0A}、R_{0B} 是计数器的置 0 端，S_{9A}、S_{9B} 是计数器的置 9 端，它们都是高电平有效，因此，计数器正常计数时，必须将 R_{0A}、R_{0B} 和 S_{9A}、S_{9B} 接地。

（1）常见故障现象（以 74LS290 构成的二十三进制计数电路为例）

1）电路不工作。

2）只计数 0 到 1 或 0 到 19 或其他不正常的情况。

3）有一片或两片都始终出现 9 等。

（2）常见故障的查找方法与技巧

1）分析故障的原因：如整个计数电路不工作，可能电源供电有问题；也可能接线不好或门电路不好，造成 R_{0A}、R_{0B} 端悬空，计数器始终置 0；另外应考虑计数信号有没有顺利送至集成计数器的 CP 端，S_{9A}、S_{9B} 接地是否良好等。

2）查找方法与技巧：先直接检测器件的电源，再检查 R_{0A}、R_{0B} 端是否为低电平（如果不是，可能由于非门的输出到 R_{0A}、R_{0B} 端的连线断路或门电路器件有问题）；检查 S_{9A}、S_{9B} 接地是否良好。如上述检查仍不能解决问题，应考虑计数器器件的问题或外接电路的故障所带来的牵制，更换器件或检查外电路。

任务4　显示电路故障查找方法与技巧

【任务分析】　通过任务4的学习，学生应了解显示电路的种类，集成译码器引脚功能，熟练掌握显示电路故障查找方法与技巧。

【基础知识】　显示器件的种类及其引脚功能

1. 显示器件的种类

在数字系统中，经常需要将计数、测量或处理的结果直接显示成十进制数字。因此，在电路设计中，首先要将以二进制表示的结果送至译码器进行译码，然后由译码器的输出去驱动显示器件。显示器件的工作方式不同，对译码器的要求也不一样，因此译码器的电路也不同。

显示器件有多种形式，以七段显示器为例，常用的有发光二极管（LED）和液晶显示器件（LCD）。因此本任务主要介绍集成译码器。图5-13所示是七段显示译码器CD4511的引脚排列图。

2. 集成译码器引脚功能

该集成译码器有四位BCD码输入端A、B、C、D和七段码输出端a、b、c、d、e、f、g。另外，CD4511还有三个输入控制端，其功能如下：

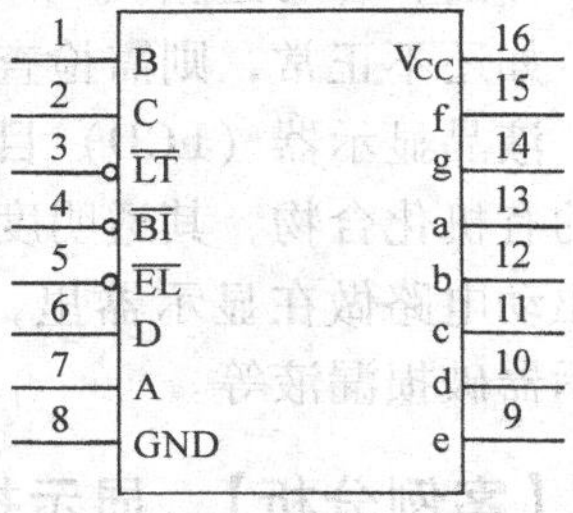

图5-13　CD4511的引脚排列图

$\overline{LT}$为灯测试输入端：该端为0，无论输入A、B、C、D为何种状态，输出都为1，数码管七段全亮，显示出8字，用来检测数码管的七段是否能正常显示。

$\overline{BI}$为动态灭0输入端：当该端为0时，输出都为低电平，显示器为全灭。

EL为锁存控制功能端口：该端加高电平时，则在此之前一瞬间的A～D（BCD码输入）的状态将被集成电路锁定并保持，即集成电路"记忆住了"（锁存）这一瞬间的状态，同时译码输出也随之保持不变；当EL为低电平时，A～D输入则直接译码变成七段信号从a～g输出。

以上三个输入控制端都是低电平有效，在正常计数时，这些端子电平必须接正确。

共阴（共阳）极七段数码管有10个引脚，上下各5个。上下的中间端子为公共端，共阴极数码管的公共端正常使用时需接地，显然，这时应要求译码器的输出为高电平，才能使各显示段发光；共阳极数码管的公共端正常使用时需接电源正端，此时要求所用的译码器输出低电平，各显示段才能发光。

【操作指导】　集成译码器驱动数码管的显示电路故障查找方法与技巧

1. 译码显示电路常见故障现象

1）固定显示"8"字。

2）显示的数与预期的要求不一致。

3）出现缺段显示。

4）不显示任何数字。

2. 译码显示电路常见故障查找方法与技巧

1）固定显示"8"字。先测量LT端的电位和检查计数器部分接线及计数器的好坏。由于接线不良,将导致译码器LT端出现低电平,此时为"8"字显示状态(无论输入状态如何)。如果是计数译码显示电路,也可能是计数器有问题。

2)显示的数与预期的要求不一致。很可能是计数器的输出到译码器的输入端子之间有问题,如端子接错、接线不好等,将会造成译码输出有误,还可能是译码器的七个输出端中的某一个或几个没有顺利地送到数码管的相应端子上。查找接线是否正确及接线是否良好。

3)出现缺段显示。可能数码管该端所对应的内部 LED 损坏,也有可能是对应的译码器输出没有接好。先检查接线,接线没有问题,则怀疑数码管内部相应段的 LED 烧坏,拆除该段的接线,单独从有显示的段引一根线接到该段看看有无显示,若没显示,则更换数码管;若数码管没问题,则译码器有问题。

4)不显示任何数字。很有可能是数码管的公共端漏接线或没接好造成。先检查数码管的公共端有没有漏接线,数码管有没有选错(因为共阴极数码管与共阳极数码管的外观上是一样的,容易选错)。如这些都正确,则考虑译码器的问题,更换一块新的译码器试试看,如还不正常,则需检查译码器的接线(包括电源部分)及外电路。

液晶显示器(LCD)目前使用比较多,液晶是一种既具有液体流动性又具有晶体光学特性的有机化合物,其透明度和显示的颜色受外加电场的控制。目前市场上的液晶显示器大都将驱动电路做在显示器里,作为单个器件出售。LCD 常见的故障有:导电橡胶导电不良;显示器破损漏液等。

【案例分析】 显示报警电路故障查找方法与技巧

1. 电路组成与工作原理

显示报警电路由编码电路、译码电路和 LED 显示电路构成,电路原理图如图 5-14 所示。其工作原理为:由开关 S_1 和 CD4532 组成编码器电路,平时 S_1 的 8 组开关置接通状态,CD4532 的 8 个输入端 I0 ~ I7 均为低电平即"0"状态。当其中某一个开关断开时,则CD4532 的对应输入端为高电平即"1"状态,CD4532 将其编为对应的 8421BCD 码输出至七段锁存/译码/驱动器 CD4511,经译码后转换成相应的七段码由 BS207 数码管显示出相对应的开关号。如 S1-5 开关断开,数码管相应地显示"5"。

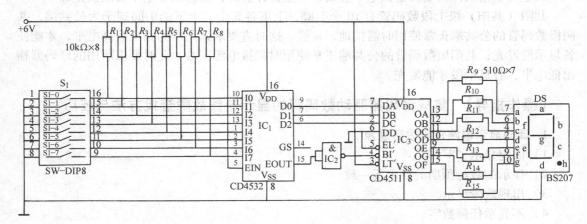

图 5-14 显示报警电路原理图

2. 常见故障现象

1）报警显示出现错码。

2）报警显示出现缺少笔画。

3）输入任何状态，全显示"8"字。

3. 报警显示电路故障查找方法与技巧

（1）报警显示出现错码故障查找方法与技巧

1）检测编码器 IC_1 的输出状态是否与设计状态相同，重点测量编码开关与 IC_1 之间的连线，可拨动开关 S_1，用万用表测量对应输出给 IC_2 的电平来判断编码信号是否正确，如连线接错或虚焊排除即可；如连线正常并接触良好，就检查开关 S_1 或电阻 $R_1 \sim R_8$，可用万用表进行测量，若损坏则更换。

2）查数码管及连接电阻是否有接错。仔细检测 IC_3 与数码管之间连接的对应关系是否正确，出错纠正。

3）查 IC_1 与 IC_3 之间的连接情况，拨动开关 S_1，测量 IC_1、IC_3 的编码信号是否出错，若编码信号正常，可另用一只 CD4511 代换试验，如代换后恢复正常，则说明 CD4511 已损坏。

（2）报警显示出现缺少笔画故障查找方法与技巧

1）查数码管内部某笔画是否损坏，用万用表测量即能判断，若损坏则需更换。

2）查对应译码器输出及之间连接的电阻，主要查缺段显示的端子。

（3）输入任何状态，全显示"8"字故障查找方法与技巧　先测量 IC_3 的③脚是否是高电平，若是高电平，则大多是 IC_3 损坏了。

任务5　555 定时器应用电路故障查找方法与技巧

【任务分析】　学生通过任务 5 的学习，应了解 555 定时器应用电路的组成、功能及常见故障。熟练掌握 555 电路故障查找方法与技巧

555 定时电路是一种双极型集成电路，电路功能全，适用范围广，只要在外部配上几个适当的阻容元件，就可构成单稳、多谐以及施密特触发器等脉冲产生电路，在工业自动控制、检测、定时、报警等方面应用广泛。

【基础知识】　555 定时电路的组成及工作原理

1. 555 定时电路的内部结构与基本功能

555 定时电路内部结构的简化原理图如图 5-15a 所示，主要由分压器、电压比较器 C_1 和 C_2、基本 RS 触发器和集电极开路的晶体管 VT_1 等组成。引脚排列图如图 5-15b 所示，其基本功能见表 5-3。

2. 555 定时器应用电路组成及工作原理

555 定时器组成的声光报警电路如图 5-16 所示。IC_3、IC_4 分别构成两只不同频率的多谐振荡器，IC_2 构成施密特触发器，IC_1 构成单稳态电路和光报警显示电路，VT_3、B 构成声报警电路。

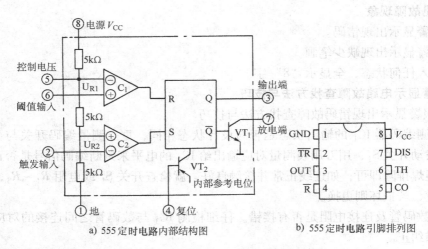

a) 555 定时电路内部结构图

b) 555 定时电路引脚排列图

图 5-15 555 定时电路内部结构图和引脚排列图

表 5-3 555 定时电路基本功能表

输 入					输 出	
阈 值 输 入	触 发 输 入	复 位		R　　S	输 出	晶体管 VT$_1$
$< \frac{2}{3}V_{CC}$	$> \frac{1}{3}V_{CC}$	1		0　　0	不变	不变
$< \frac{2}{3}V_{CC}$	$< \frac{1}{3}V_{CC}$	1		0　　1	1	截止
$> \frac{2}{3}V_{CC}$	$> \frac{1}{3}V_{CC}$	1		1　　0	0	导通
$> \frac{2}{3}V_{CC}$	$< \frac{1}{3}V_{CC}$	1		1　　1	×	×
×	×	0		×　　×	0	导通

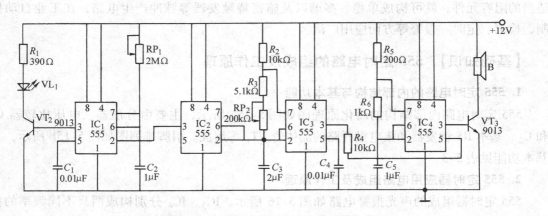

图 5-16 555 定时器组成的声光报警电路

电路工作原理为：接通电源后 IC_3 ②脚输出振荡锯齿波，经 IC_2 施密特触发电路整形后触发 IC_1 单稳态电路反转，使发光二极管不断闪烁。因为 IC_3 振荡器的充放电时间常数远大于 IC_4 振荡器的充放电时间常数，因此 IC_3 振荡器的振荡周期远大于 IC_4 振荡器，将 IC_3 振荡器输出连接到 IC_4 振荡器的控制电压输入端，利用 IC_3 振荡器输出高、低电平控制 IC_4 振荡器产生两个不同频率的音频振荡，通过 VT_3 推动扬声器产生音响效果。

【操作指导】 555 定时器应用电路的故障查找方法与技巧

1. 常见故障现象

（1）发光二极管不亮。

（2）发光二极管一直亮。

（3）发光二极管闪烁频率不正常。

（4）扬声器不响。

2. 常见故障查找方法与技巧

（1）发光二极管不亮故障查找方法与技巧

1）查供电电路。用万用表测 12V 电源是否正常。

2）查指示电路。用在线测量法，测电阻、二极管、晶体管，发现损坏更换即可。

3）查 IC_1 所构成的单稳态电路。若 IC_1 ③脚始终输出低电平，VT_2 将一直处于截止状态，发光二极管不亮，可采用代换法，判断 555 集成电路的好坏。

（2）发光二极管一直亮故障查找方法与技巧

1）查 VT_2 晶体管。若 VT_2 击穿，更换 VT_2 故障即可排除。

2）测 IC_1 ⑥、⑦脚的电平。若为低电平，查 RP_1 及连接线是否有断线或虚焊，查 C_1 是否击穿。查 IC_1 ②脚是否悬空。外围检查无误后，可用代替法判断 IC_1 是否损坏。

3）用上述同样方法，查找 IC_2、IC_3 及其外围元器件。

（3）发光二极管闪烁频率不正常故障查找方法与技巧。主要查单稳态电路（IC_1），当单稳态电路工作不正常时，会造成发光二极管闪烁频率不正常，主要查电容器 C_2。

（4）扬声器不响故障查找方法与技巧

1）查音响电路。测量供电电源电压，检测 VT_3 是否损坏。

2）查集成电路 IC_4。主要测量 IC_4 ⑤脚的控制信号，不正常查 IC_3 的③脚信号及 R_4，也可通过示波器测量输出波形来判断故障部位。

总之，要学会分析、查找、排除数字集成电路的故障，首先要熟悉每一种器件的逻辑功能、工作原理和使用条件等，再根据具体故障现象，结合前面介绍过的数字系统电路故障查找方法及步骤，借助于合适的检测工具，多分析、多实践，就能掌握其技巧，解决实际问题。

任务6 可编程序倒计时定时器电路故障查找方法与技巧

【任务分析】 通过任务 6 的学习，学生应了解可编程序倒计时定时器电路基本功能、工作原理及常见故障现象。熟练掌握可编程序倒计时定时的故障查找方法与技巧。

利用集成减法器或可逆计数器的预置数功能，可以获得可编程序同步减法计数器。

【基础知识】 可编程序倒计时定时器的功能及工作原理

1. 可编程序倒计时定时器的功能

可编程序倒计时定时器可以用作定时器，控制被定时的电器的工作状态，实现定时开或者定时关。在定时的过程中由数码管直观显示倒计时计数状态。由讯响器正确发出秒信号报时声。

2. 电路组成与工作原理

可编程序倒计时定时器电路原理图如图 5-17 所示。该电路由秒信号发生器、施密特触发器、分频器、可预置数减法计数器、预置数设定电路、译码、显示电路和讯响报时电路等组成。IC$_1$ 4522 组成可预置数减法计数器，拨码开关 S$_1$ 等组成预置数设定电路，IC$_2$ 4543 及数码管 LED 组成译码显示电路。标准秒信号产生是依靠 50Hz、220V 交流电源，经变压器降压，VD$_6$ ~ VD$_9$ 桥式全波整流，生成 100Hz 的脉冲信号。此脉冲信号经 R_{19}、R_{20}、R_{21} 分压，送 VT$_5$、VT$_6$ 施密特触发器整形后，输入由 IC$_3$ 4518 组成的 100 分频器分频。从 IC$_3$ 输出端 2Q3（14 脚）得到频率为 1Hz 的矩形脉冲信号。此信号一路经 C_6 送 VT$_7$ ~ VT$_{10}$ 组成的讯响电路。使电路每秒能同步发出"嘟"的一声报时音。另一路经 R_{10} 作为时钟脉冲送到 IC$_1$ 4522 减计数器的 CP 端。倒计时定时器核心是可预置数减计数器 IC$_1$。其倒计时的预置时间，初始数由拨码开关 S$_1$ 设定，均为二进制数。开关闭合表示"1"，断开表示"0"，例 0111 = 7、1001 = 9；输出状态由 BCD 码七段译码器 IC$_2$ 译码，译码后驱动数码管 LED 显示。当按下启动按钮 S$_2$ 时，高电平加至 IC$_1$ 的 FE 端，使 S$_1$ 设定的预置数进入减法计数器中。数码管显示出该预置数。然后计数器就在时钟脉冲 CP 的作用下作减法计数。数码管亦做同步显示。当倒计时结束，计数减为 0，显示器显示为 0 时，IC$_1$（12 脚）输出高电平。此高电平

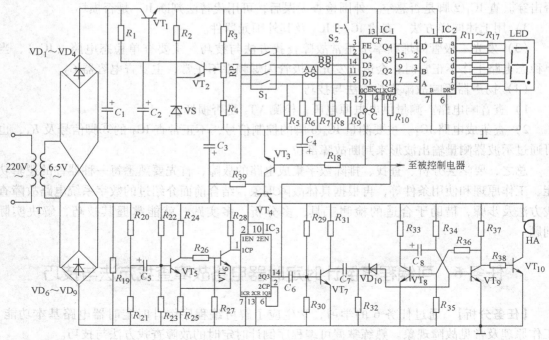

图 5-17 可编程序倒计时定时器电路原理图

送至 VT_3 基极，控制并切断讯响报时电路电源，使讯响器 HA 停止报时。同时，该高电平亦可送至被控制电器，实现定时控制。

【操作指导】　可编程序倒计时定时器的常见故障及查找方法与技巧

1. 常见故障现象

1）讯响器不响，数码管不亮。

2）讯响器报时正常，数码管不亮或显示不正常。

3）数码管倒计时显示正常，讯响器不响。

2. 常见故障查找方法与技巧

（1）讯响器不响，数码管不亮故障查找方法与技巧

1）查供电电路。用万用表测 6V 电源是否正常。

2）查秒信号发生器。用在线测量法，测电阻、二极管，发现损坏更换即可。可用示波器检测 R_{21} 两端的输出波形，频率 100Hz。

3）查施密特触发器。用在线测量法，测电阻、电容器、晶体管，发现损坏更换即可。可用示波器检测 VT_6 集电极的输出波形，应为频率 100Hz 矩形脉冲波。

4）查分频器。用在线测量法，测集成电路 IC_3 各脚电位，发现损坏更换即可。可用示波器检测集成电路 IC_3⑭脚的输出波形，应为频率 1Hz 矩形脉冲波。

（2）讯响器报时正常，数码管不亮或显示不正常故障查找方法与技巧

1）查可预置数减法计数器、预置数设定电路、译码、显示电路的供电电路。用万用表测 6V 电源是否正常，接地是否良好。

2）查译码、显示电路。测数码显示管、电阻 $R_{11} \sim R_{17}$、集成电路 IC_2 4543，发现损坏更换即可。

3）查可预置数减法计数器、预置数设定电路。测电阻 $R_5 \sim R_9$、拨码开关和按钮开关、集成电路 IC_1 4522，发现损坏更换即可。

4）查 CP 脉冲信号。用示波器检查 CP 脉冲信号是否正常。

（3）数码管倒计时显示正常，讯响器不响故障查找方法与技巧

1）查讯响电路的供电电路。用在线测量法，测电阻 R_{18} 和 R_{39}、电容 C_4、晶体管 VT_3 和 VT_4，发现损坏更换即可。用万用表测讯响电路的 6V 电源是否正常，接地是否良好。

2）查 VT_7 放大电路。用在线测量法，测电阻 R_{29}、R_{30} 和 R_{31}、电容 C_6 和 C_7、晶体管 VT_7，发现损坏更换即可。

3）查单稳态触发电路。测电阻 $R_{33} \sim R_{38}$、晶体管 VT_8、VT_9 和 VT_{10}、讯响器，发现损坏更换即可。

项目5 实践　数字单元电路故障查找训练

【训练1】　频率计故障查找训练

1. 训练目的

1）了解数字电路组成的频率计的工作情况（见图 5-18 频率计系统框图）。

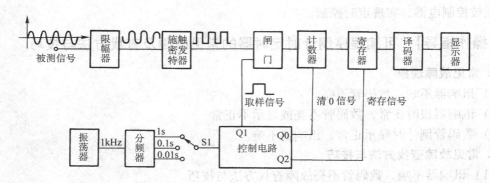

图 5-18　频率计系统框图

2）学习数字电路组成的频率计的故障查找与排除方法。

3）根据频率计逻辑简图（见图 5-19），在面包板上搭接该电路。

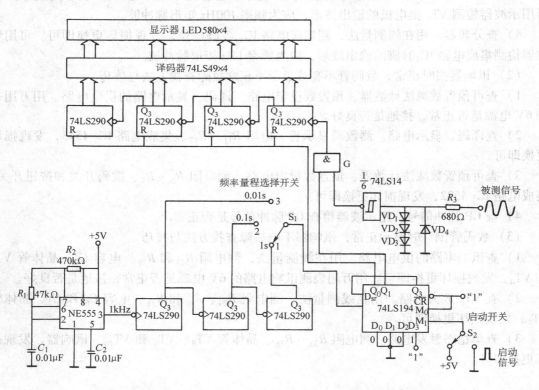

图 5-19　频率计逻辑简图

4）检查所搭接的电路无误后，开通试验，完成训练报告，见表 5-4。

2. 训练器件

NE555 定时器，74LS290 计数器，74LS194 寄存器，74LS14 施密特触发器，74LS00 与非门，74LS49 或 74LS48 七段译码器，共阴极七段数码管以及二极管、电阻、电容元件若干。

表5-4　频率计训练报告表

班级		实习项目		时间	
姓名		电路名称		电路组成	
使用仪器仪表、工具的名称					
测量各功能框图输出的波形图					
测量各集成电路引脚的电压值					
出现故障，分析原因，查找故障					
排除过程					
重新调整，测量波形和电压值					

电路实训中发现的问题及体会

实训成绩		指导教师签名	

3. 实训电路的工作原理

图5-18所示是频率计的系统框图，限幅器是由四只二极管组成的双向限幅电路，对输入被测信号进行限幅，让施密特触发器正常工作；施密特触发器（74LS14）对被测信号进行整形，将正弦量信号变成数字信号，同时消除干扰信号；振荡器产生1kHz的标准信号，经过分频器分频，获得0.01s、0.1s、1s的时基信号；控制电路由74LS194构成节拍脉冲发生器，产生时序脉冲作为频率计的控制信号，控制计数器的清零及闸门的开启与关闭；闸门用来控制测频时间；由74LS290、74LS49（或74LS48）和共阴极七段数码管构成计数译码显示电路，对被测信号计数并显示结果。

【训练2】　脉冲式充电器元器件的安装与调试

1. 脉冲式充电器的概述

脉冲式充电器是无线电装接与调试中级工训练任务之一，电路的功能是：采用大电流脉冲充放电的形式，以达到快速充电的效果，并能减少不良极化作用，增加电池使用寿命。

整个电路由分立元件和集成电路组成，电路结构简单，安装、调试方便，价格便宜，已被广泛应用于无线电装接与调试中级工考核训练中。脉冲式充电器电路由直流稳压电源、音频振荡器、施密特整形电路、循环定时器、运算放大比较器、充电显示及放大器等组成，其原理图如图5-20所示。

2. 训练目的

1）了解脉冲式充电器的组成及其工作情况。

2）学习数字电路组成的脉冲式充电器的故障查找与排除方法。

3）根据脉冲式充电器原理图（见图5-20）和装配图（见图5-21），在印制电路板（见图5-22）上焊接该电路。

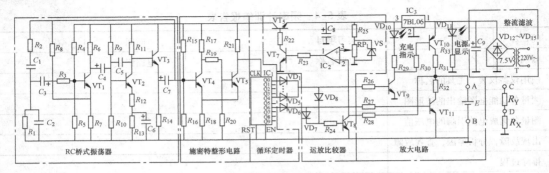

图 5-20　脉冲式充电器原理图

4）检查所搭接的电路无误后，开通试验，完成训练报告表 5-6。

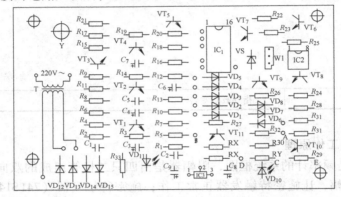

图 5-21　脉冲式充电器整机装配图

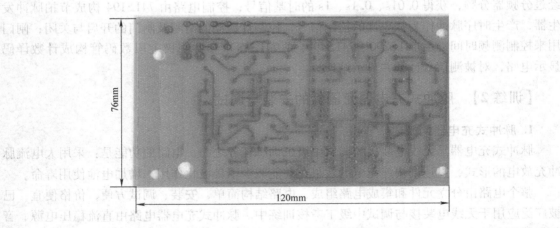

图 5-22　脉冲式充电器印制电路板

3. 训练器材

MF-77 型万用表一只，35W 内热式电烙铁一把，镊子、剪刀、卷尺或钢皮直尺各一个，不同规格的剥线钳、斜口钳、钢丝钳等各一把，不同规格十字、一字螺钉旋具一套，脉冲式充电器元器件一套，技术文件一套（含原理图、装配图、印制电路板、安装及调试工艺文件和元器件材料清单）。

（1）技术文件

1）IC_1 CD4017 各 Q 输出端与 $VD_1 \sim VD_6$ 在印制电路板上没有连通，留有焊盘孔，要求根据原理图用细导线准确将 Q0 与 VD_1、Q1 与 VD_2、Q2 与 VD_3、Q3 与 VD_4、Q4 与 VD_5、Q6 与 VD_6 依次连接，连线长短适当，导线放在元件面。

2）接通电源，红灯应亮，稳压电源应为6V，无需调整。

3）调整 RP_1 使 IC_2 LM358 的同相输入端（INA+）电压为1.4V。

4）在充电器输出端接入假负载电阻 R_X，测试充电电流，这时应在 A、D 两点间串入直流电流表，模拟对电池进行充电，应有0.15A左右的充电电流。同时绿灯 VD_{10} 作为充电指示应亮。

5）在充电的同时，用镊子将 R_Y 电阻的 C 点与 +6V 电源（装配图上 E 点）临时短接一下，使 D 点电位上升高于1.4V，模拟充电电池的电压已充足，这时运放输出低电平，使 VT_6、VT_7 截止。充电完毕绿灯自动熄灭。

6）调试完毕实际应用时，在 A、B 两点间串入5号镍镉可充电池一节，应有0.15A左右的充电电流，绿灯应亮。充足电后绿灯将自动熄灭。

注：1. 镍镉可充电池的额定电压是1.2V，充足电时为1.4V。

2. 图中 R_X、R_Y 是供调试用的假负载电阻。

3. 为扩大电阻功率，R_{31}、R_X 用两只电阻并联使用。

（2）脉冲式充电器元器件材料清单（见表5-5）

表5-5 脉冲式充电器元器件材料清单

序　号	名　称	规格型号	数　量	备　注
R_1	碳膜电阻	10kΩ	1	
R_2	碳膜电阻	10kΩ	1	
R_3	碳膜电阻	33kΩ	1	
R_4	碳膜电阻	62kΩ	1	
R_5	碳膜电阻	20kΩ	1	
R_6	碳膜电阻	2kΩ	1	
R_7	碳膜电阻	510Ω	1	
R_8	碳膜电阻	20kΩ	1	
R_9	碳膜电阻	62kΩ	1	
R_{10}	碳膜电阻	20kΩ	1	
R_{11}	碳膜电阻	2kΩ	1	
R_{12}	碳膜电阻	100Ω	1	
R_{13}	碳膜电阻	430Ω	1	
R_{14}	碳膜电阻	2kΩ	1	
R_{15}	碳膜电阻	5.1kΩ	1	
R_{16}	碳膜电阻	1kΩ	1	
R_{17}	碳膜电阻	2kΩ	1	
R_{18}	碳膜电阻	330Ω	1	

（续）

序　号	名　称	规格型号	数　量	备　注
R_{19}	碳膜电阻	51kΩ	1	
R_{20}	碳膜电阻	27kΩ	1	
R_{21}	碳膜电阻	2kΩ	1	
R_{22}	碳膜电阻	4.7kΩ	1	
R_{23}	碳膜电阻	1kΩ	1	
R_{24}	碳膜电阻	1kΩ	1	
R_{25}	碳膜电阻	200Ω	1	
R_{26}	碳膜电阻	10kΩ	1	
R_{27}	碳膜电阻	5.6kΩ	1	
R_{28}	碳膜电阻	10kΩ	1	
R_{29}	碳膜电阻	470Ω	1	
R_{30}	碳膜电阻	3.9kΩ	1	
R_{31}	碳膜电阻	5Ω（2只10Ω电阻并联）	1	
R_{32}	碳膜电阻	1Ω	1	
R_{33}	碳膜电阻	1kΩ	1	
R_{X}	碳膜电阻	15Ω（2只10Ω电阻并联）	1	
R_{Y}	碳膜电阻	30Ω	1	
RP_1	绕线电位器	10kΩ	1	
C_1	圆片电容	3300pF	1	
C_2	圆片电容	3300pF	1	
C_3	电解电容	33μF	1	
C_4	电解电容	33μF	1	
C_5	圆片电容	300pF	1	
C_6	电解电容	33μF	1	
C_7	电解电容	33μF	1	
C_8	电解电容	100μF	1	
C_9	电解电容	470μF	1	
VD_1	二极管	4148	1	
VD_2	二极管	4148	1	
VD_3	二极管	4148	1	
VD_4	二极管	4148	1	
VD_5	二极管	4148	1	
VD_6	二极管	4148	1	
VD_7	二极管	4148	1	
VD_8	二极管	4148	1	
VS	稳压二极管	3V	1	

（续）

序　号	名　称	规　格　型　号	数　量	备　注
VD$_{10}$	发光二极管	绿色	1	
VD$_{11}$	发光二极管	红色	1	
VD$_{12}$	二极管	4007	1	
VD$_{13}$	二极管	4007	1	
VD$_{14}$	二极管	4007	1	
VD$_{15}$	二极管	4007	1	
VT$_1$	晶体管	9013	1	
VT$_2$	晶体管	9013	1	
VT$_3$	晶体管	9013	1	
VT$_4$	晶体管	9013	1	
VT$_5$	晶体管	9013	1	
VT$_6$	晶体管	9012	1	
VT$_7$	晶体管	9013	1	
VT$_8$	晶体管	9013	1	
VT$_9$	晶体管	9013	1	
VT$_{10}$	晶体管	8550	1	
VT$_{11}$	晶体管	8050	1	
IC$_1$	集成电路	CD4017	1	
IC$_2$	集成电路	LM358	1	
IC$_3$	集成电路	78L06	1	
T	变压器	220/7.5×2	1	
	集成块插座	16P	1	
	集成块插座	8P	1	
	螺钉螺母	M4×15	4	
	细导线	30cm	若干	
	印制电路板	一块	1	
	电源线	一条	1	

4. 训练内容及步骤

1）用万用表检测所有的元器件。

2）按电路装配图及装配工艺要求，完成脉冲式充电器元器件的装配与焊接。脉冲式充电器实物如图 5-23 所示。

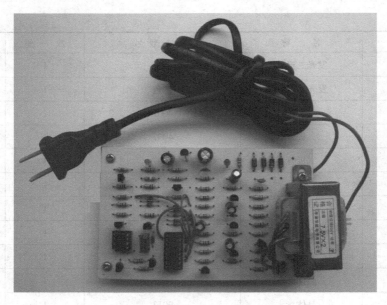

图 5-23　脉冲式充电器实物图

3）按调试工艺文件完成脉冲式充电器元器件调试。

4）将脉冲式充电器稳压电源和功率放大器的调试及测量数据填入表 5-6 中。

表 5-6　脉冲式充电器训练报告表

班级		技能训练项目			时间	
姓名		选用工具名称				
稳压电源测量	稳压电源测试点	变压器一次电压/V	变压器二次电压/V	滤波电容 C_9两端的电压/V	输出电压/V	

晶体管 $VT_1 \sim VT_{11}$ e、b、c 电压/V

VT_1		VT_2	VT_3	VT_4	VT_5	VT_6	VT_7	VT_8	VT_9	VT_{10}	VT_{11}
V_b		V_b	V_b	V_b	V_b	V_b	V_b	V_b	V_b	V_b	V_b
V_e		V_e	V_e	V_e	V_e	V_e	V_e	V_e	V_e	V_e	V_e
V_c		V_c	V_c	V_c	V_c	V_c	V_c	V_c	V_c	V_c	V_c

充电电流测量	万用表的电流表读数/A		充电指示灯变化情况	
镍镉可充电池的额定电压测量	充电前电压值/V		充电后电压值/V	

脉冲式充电器训练中的主要问题及体会

实训成绩		实习指导教师签字	

项目5 考核 单元数字电路故障查找方法与技巧试题

一、填空题（每空 1 分，共 27 分）

1. 基本门电路的种类有_____、_____、_____三种。

2. 门电路的输出高电平典型值为_____V，输出低电平典型值通常为_____V。

3. 集成逻辑门电路的种类有_____、_____两种。

4. 触发器具有_____功能，是构成_____电路必不可少的部分，是用来存放_____信息的基本单元。

5. 触发器有两个稳定的工作状态，即_____和_____，一般将_____端定义为触发器的输出状态。

6. 时序逻辑电路简称_____电路，主要由_____电路和组合逻辑电路两部分组成。组合逻辑电路的基本单元是_____，存储单元电路的基本单元是_____。

7. 555 定时电路是一种_____集成电路。只要在外部配上几个适当的_____元器件，就可构成_____、_____以及_____等脉冲产生电路。在自动控制、_____、_____、_____等方面应用广泛。

8. 显示器件有多种形式，以七段显示器为例，常用的有_____和_____两种。

二、选择题（每题 4 分，共 20 分）

1. 门电路的工作状态是什么？（　　　）

A. 放大状态　　　　　B. 开关状态　　　　　C. 随机状态

2. 寄存器是在什么脉冲控制下工作的？（　　　）

A. 正脉冲　　　　　B. CP 脉冲　　　　　C. 正脉冲

3. 触发器常见故障现象有几种？（　　　）

A. 两种　　　　　B. 三种　　　　　C. 四种

4. 译码显示电路常见故障现象有几种？（　　　）

A. 两种　　　　　B. 三种　　　　　C. 四种

5. 可编程序倒计时定时器电路常见故障现象有几种？（　　　）

A. 两种　　　　　B. 三种　　　　　C. 四种

三、识图，指出下列电路的名称？（每题 4 分，共 20 分）

A _____　　　　　　　　　　B _____

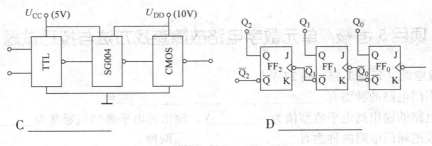

C _____

D _____

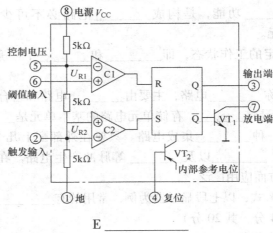

E _____

四、简答题（每题6分，共24分）

1. 简述门电路故障查找方法和使用注意事项的共同点。
2. 简述门电路逻辑功能不正常的故障查找方法和输出电平不正常的故障查找方法。
3. 简述触发器故障查找方法。
4. 简述时序电路故障查找方法。

五、故障查找，查找下图发光二极管全都不亮的故障原因。（9分）

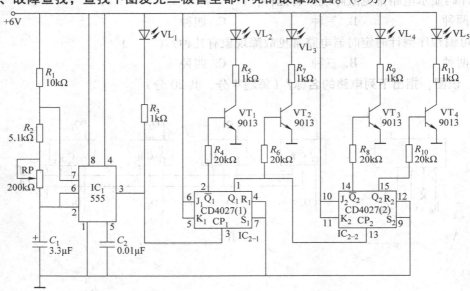

项目小结

　　本项目就逻辑门电路、触发电路、时序电路、显示电路等数字单元电路在搭建、制作、调试过程中以及在小型数字系统应用电路中常见的故障现象进行了分析，并介绍了这些常见故障查找排除的方法。在介绍过程中穿插介绍了这些电路的逻辑功能或工作原理，旨在为分析故障做准备；在分析过程中又就个别具体应用电路可能出现的故障，以及它们的查找排除方法作了介绍。在此基础上，介绍了数字集成电路可能出现的故障及分析、查找办法。由于实际使用中的故障现象是千奇百怪的，这里不可能一一列举，但故障万变不离其宗，只要对电路熟悉、对器件的功能及使用条件清楚，灵活运用上述方法，故障排除就轻而易举。

思　考　题

1. 检查数字系统电路的常用方法有几种？
2. 造成数字应用电路故障的原因一般有哪些？
3. 常用的数字电路故障检测工具、仪表有哪些？
4. 替换集成器件能不能在带电的情况下进行？
5. 替换法的优点有哪些？缺点是什么？
6. 在查找数字电路的故障之前，首先要做什么？

项目6   整机电路故障查找方法与技巧

> ⚖ **教学目的**
>   掌握：整机电路的组成，信号流程。
>   理解：整机电路的常见故障现象，故障查找方法。
>   了解：整机电路的基本结构和特点。
>
> 🔔 **技能要求**
>   掌握：用仪器仪表检测整机的方法。
>   了解：整机电路故障现象维修与调试方法。

由多种单元电路组合而成的，具有特定功能的电路系统称为整机电路。例如信号发生器，调幅、调频收音机，彩色电视机，数字视听设备等电子设备。当整机电路不能正常工作，或达不到它的主要性能指标时，则认为整机电路出现了故障。整机电路的故障查找比单元电路的故障查找要困难，原因是整机电路的同一种故障现象，其故障点可出现在整机的不同部位。究竟如何入手，按怎样的顺序和方法进行查找，是本项目所要讨论的问题。

任务1   整机电路故障查找的一般程序

【任务分析】   通过任务1的学习，学生应了解查找整机故障时的五个基本步骤：①了解并确定故障的症状；②做好查找前的准备工作；③判断故障部位；④更换元器件，测量验证和调整设备；⑤记录概况，总结提高。

【操作指导1】   了解并确定故障的症状

1. 了解整机故障前工作情况

查找整机故障时，应先向使用者了解以下几方面的情况：

（1）使用时间及搁置时间   整机和主要部件都有一个使用期限，实际工作时间超过使用期限，其性能指标将明显下降，故障会接踵而来。长期搁置的整机电路，易因受潮霉变、氧化、油烟、灰尘污染等而容易发生故障。另外由于使用保养情况不同，各整机出现衰老的时间会有所差异。

（2）工作环境   了解整机设备工作的环境，如工作地点的环境温度、湿度，工作电压范围，受振动和带负载情况等。一台整机设备在较差环境条件下工作，是很容易发生故障的。

（3）整机设备检修病历   整机设备是否被检修或更换过元器件，这一情况应向管理人员或用户了解清楚。被他人检修或更换过元器件的整机设备，有时会因调整不当，安装不规范或使用替代品而留下隐患，发生故障。所以，整机设备中被检修过的部位应是查找的重点区域。

2. 故障发生的过程及现象

检修故障整机时，只能看到故障现象，而看不到故障发生的过程，所以必须向用户询问故障发生的前后经过。是突然出现故障的，还是有一段渐渐变化的过程；是被摔打过，还是被敲击和碰撞过；是使用不慎，还是工作环境突然变化等其他情况。这样，用户可向检修人员提供更多的查找线索。

3. 确认故障症状

检修人员应对整机设备进行通电、调整、确认故障症状。另外检修人员应利用自己的业务知识，排除一些"假故障"，如由于使用不当把开关、按钮处在不正常位置，干电池没电等"假故障"，并向用户宣传一些使用常识。

【操作指导2】　做好查找故障前的准备工作

1. 阅读待检修整机设备的电路原理图、用户手册和使用说明书

首先应阅读待检修整机设备的电路原理图、框图、印制电路图、用户手册和使用说明书等有关技术文件，掌握该整机设备的工作原理、操作步骤、测试程序、调整方法等。搞清该整机设备的组成和各部分的功能，以及各功能部分之间的相互因果关系，掌握各种有关数据及波形。

2. 掌握被修整机设备的使用和调整方法

检修人员应能正确操作和使用待检修整机设备，不能因修理人员操作失误而导致故障扩大。准备好修理需用的工具、仪器仪表、元器件及零部件。熟练掌握待检修整机设备的调整方法，了解检修时的注意事项。

【操作指导3】　判断故障部位

整机设备一般由若干的功能部件组合而成，检修人员可依据故障现象与原因，在理论的指导下，根据维修经验，借助项目3所讲述的各种故障查找方法，快速判断待检修整机设备的大致故障部位。然后利用直流通路和信号通路的检测，采用在线、断线的各种测量方法，判断出故障所在。

【操作指导4】　更换元器件，测量验证和调整设备

故障确认以后，对损坏的元器件或零件进行更换（更换上去的元器件或零件要符合要求，如同型号、同规格等）。更换后检查电路工作是否正常，如还不正常，则继续查找下一个故障点；若工作正常，则应对整机设备重新进行测量验证和调整，使设备达到应有的性能指标。检验合格后，交付使用。

【操作指导5】　记录概况，总结提高

检修后，应及时对修理过程进行适当的归纳、记录、整理。维修档案的主要内容有：维修时间、整机设备的型号、故障现象、原因分析、查找方法、检修技巧、测试的数据或波形等。

总结维修经验，并使之上升为理论，对查找故障过程中走过的弯路进行必要的反思。这是由实践到理论的认识过程，对提高维修技术水平，指导今后的检修，具有重要的意义。

任务2　整机电路故障查找的原则

【任务分析】　通过任务2的学习，学生应了解整机电路故障查找的8条原则。

【操作指导】　**整机电路故障查找的8条原则**

查找整机电路故障要有条不紊、逐步缩小故障范围。实现整机电路的检修目的，一般需牢固掌握以下8条故障查找的原则。

1. 先思考后动手

在整机电路检修之前，应先冷静思考、分析，做出检修的最佳方案，然后动手检修。在思考时，一定要弄懂该整机电路的基本原理，该整机由哪些部分组成，每一部分具有什么功能，以及各部分之间有什么因果联系。在理论的指导下，根据故障现象和具体电路进行分析、判断，对重点故障部位进行查找、测量，确诊故障，达到修复的目的。

2. 先外后内

"外"与"内"是相对而言的。如家庭影院：信号源设备（CD机、DVD机等）、输出设备（音箱、监视器等）为"外"；功率放大器是家庭影院的主要设备即为"内"。对电路板来讲，输入、输出接线、接插件和其他部分为"外"；电路板为"内"。而讨论集成电路时，集成电路外围元器件为"外"；集成电路为"内"。在故障查找时，先查"外"，在确认"外"部完好后，再查找"内"部。这样可较快地查找到故障部位。

3. 先易后难

整机设备往往有时会出现两种或两种以上的故障现象，而每种故障现象有可能是由多方面的原因造成的。此时，首先要根据故障现象进行判别。分清哪些是故障的主要原因，哪些是故障的次要原因；哪些故障查找较简单、容易，哪些故障较复杂、难办。然后按照"先易后难"的查找顺序，先解决简易故障，再处理复杂故障。

4. 先静后动

"静"指的是在整机设备通电前的直观检查；"动"指的是对整机设备通电后的检查。有些故障通过直观检查、目测、在线测量，就能直接查找到故障部位，更换或修理后即能排除故障。假如盲目通电，有可能会使整机设备遭受更严重的创伤，扩大故障范围。只有在确认通电后对整机设备无危险的情况下，方可通电检查。在检修过程中，需静、动交替进行。

5. 先"源"再"它"

"源"指的是整机设备的电源；"它"指的是除电源以外的其他电路和机械装置。一台故障的整机设备，在查找故障时，通常总是从电源部分查起，即使是某一局部电路出故障，也应先查其供电情况。因为电源是设备的能源，只有在保证电源正常供给的前提下，着手其"它"部分的查找才具有实际意义。

6. 先直流后交流

通电后查找故障可先对整机设备进行直流通路的检查。通过测量供电电压，晶体管、集成电路的静态工作电压或电流，判断各级单元电路的工作环境。在确认所有电路都处在正常静态工作条件下，再进行交流通路的检查。如采用信号发生器、示波器或故障寻迹器等不同仪器仪表，对整机电路进行检测，查看各部分电路的输入、输出信号的因果变化情况，从而发现故障部位并排除。

7. 由一般到特殊

元器件或零部件，由于自身的结构或性能的缘故，或在设备中处于某种工作状态，使整机设备容易出现某种故障现象，这些故障呈多发性。如遥控器、电话机的按钮，使用较长时间后，受到环境污染，使其接触不良，造成故障，这就是一般故障。特殊故障则与一般故障相反，即这种故障现象很少见，碰到此类故障应耐心细致地查找，也可采用替代法解决。

8. 循序渐进

所谓"序"指的是静态电流或交流信号的"流程"。查找时可根据"流程"顺序逐级检查。查找顺序可以由起点往终点顺"流"而下，也可由终点往起点逆"流"而上。也可以由某处向源头和终端齐头并进。只要方便检修即可。

以上故障查找的原则既有区别又有联系，运用时应根据实际情况，灵活掌握，合理安排。采用最巧妙的方法，使用最短的时间，排除故障。

任务3　整机设备故障查找的注意事项

【任务分析】通过任务3的学习，学生应了解整机故障查找的注意事项。

【操作指导1】　维修人员应确保自身安全

1）防电击。整机电路设备一般均采用市电220V交流电做供电能源。维修人员在查找故障过程时若不注意，可能会导致电击。为了防止电击，可采取相应的安全防范措施：第一，检修人员在维修工作时不能直接站在地面上，脚下应放置橡胶板或木板等一类的绝缘物；第二，待检修的整机设备最好通过隔离变压器再接市电220V；第三，操作工作台的配电盘应安装漏电保护器；第四，在打开整机设备检修时，首先检查220V交流电部分绝缘胶布或套管是否安装牢靠。

2）防辐射。有些整机设备会产生各种射线，如X射线、强磁场和激光器发出的激光等，在维修过程中一定要严格遵守操作规程，以免在维修中自身受到伤害。

【操作指导2】　查找整机设备故障时的注意事项

1）打开整机设备拆出机芯时，应把拆下的旋钮、按键和紧固螺钉等妥善放好，以免缺失。有些整机设备在检修时，需拆卸很多零部件，如果忘记拆卸步骤，即使故障排除了，往往也很难恢复成原样。所以在拆卸时要把拆卸过程记录下来，装配时按逆过程安装即可。

2）检修中对精密加工的零部件、电路板、结构件不能硬掰硬撬，以防损坏，检修后要把卸下的元器件、连接插头和各种螺钉等正确复位。在没有了解拆卸方法之前，不要强行拆卸，以免导致永久损坏。

3）对有冒烟、打火、焦味等故障现象的整机设备，查找中要格外小心，不可随意通电。特别注意在检查电源交流电路和高压电路部分时要小心，注意人身安全。

4）不允许盲目调节机内的可变电阻、半可变电容、可变电感和其他可调元器件，也不允许随意调整机内的各种弹簧、弹簧片。如果需要调整试验，要记住原来位置，以便试验后可重新还原。

5）检查元器件温度时，要用手指的背面去接触元器件，这样比较敏感。第一次接触元器件要加倍小心，以防温度太高烫伤手指，另外在进行接触检查时，一般要在断电的情况下进行，注意安全。

6）在检查元器件时，对拨动过的元器件要恢复原状，以免使它们相碰发生短路，或引起噪声和其他故障。

7）测量在路电阻值，拆卸、焊接元器件或调换熔丝前必须切断电源。发现熔丝烧断，在未查清原因之前不可盲目调换熔丝，更不能以大容量熔丝甚至铜丝来代替小容量的熔丝。

8）调换元器件，不应单凭主观臆测，瞎猜乱拆。由于没有正确的判断，不仅多此一举，甚至会把原来好的元器件和电路板拆坏。更换的电子元器件要用原型号、同规格。如找不到与原来一致的，应严格按照代换原则选择合理的元器件替代。更换大功率集成电路、电源调整管等发热量大的元器件时，一定要安装散热器。

9）不可毫无目的地大面积熔焊电路板上的焊点，避免烫坏装饰面板、塑料部件、尼龙拉线和塑料连接导线。熔焊时要切断整机设备的电源。

10）对整机设备内有关部位清洗或加润滑油时，应小心从事，量不要过多，尽可能不要沾到无关的部位上去。

11）开机通电时，最好在电源与负载之间串入电流表，以便及时掌握电流是否正常，避免造成损失。

12）检修过的整机设备，还应注意重新仔细调整一下，试看或检测其性能是否良好和稳定。

13）检修结束回装机芯电路板时，特别注意导线束不要靠近发热的零部件、电源部分、高压部分及锐利的边缘处，要把导线束整理好恢复原样。

【操作指导3】 对工作环境的要求

1）维修工作环境应明亮、干燥、通风、注意保持环境卫生。切忌在潮湿、阴暗的环境中进行检修。

2）工作台应远离热源。工作台上的仪器设备应合理摆放。

3）在使用仪器设备时要遵守操作规范，正确使用仪器设备。如在用示波器、万用表或其他仪器进行检测时，由于使用和连接方法不当，会造成仪器的损坏。所以检测时，一要弄清仪器、仪表与整机设备的正确连接，二要搞清公共接地端。

任务4 简易音频信号发生器故障查找方法

【任务分析】 通过任务4的学习，学生应了解简易音频信号发生器电路组成、工作原理、常见故障现象及故障产生的原因，熟练掌握简易音频信号发生器故障查找方法与技能。

简易音频信号发生器是由模拟电路组成的电信号仪器。它能提供符合一定要求的音频信号，在检修各种音频设备或电路音频通道时，可作为信号源。本电路能够输出两种不同频率的音频信号。

【基础知识】 简易音频信号发生器电路组成及工作原理

1. 电路组成

简易音频信号发生器主要由直流稳压电源、音频振荡器、音频放大器等电路组成。组成框图如图6-1所示，图6-2所示是它的电路原理图。

2. 工作原理

直流稳压电源采用串联型稳压电路，音频振荡器采

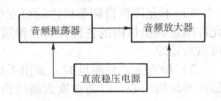

图6-1 简易音频信号发生器组成框图

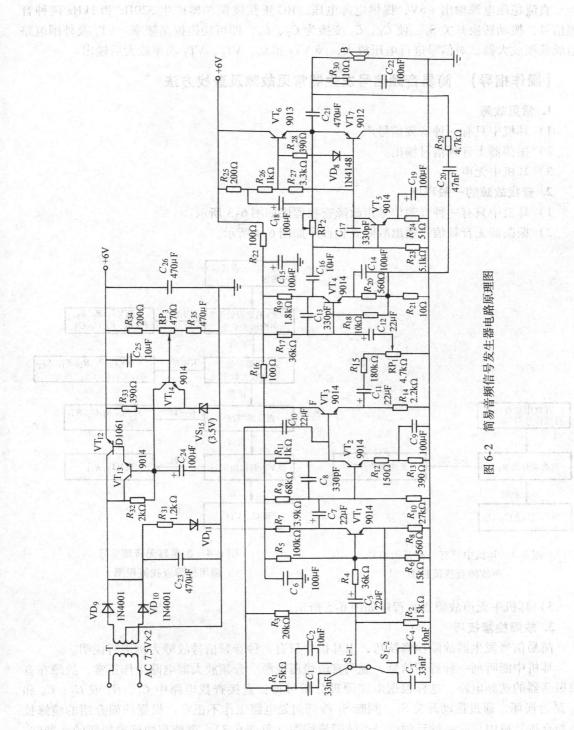

图6-2 简易音频信号发生器电路原理图

用 RC 正弦波振荡器，音频放大器由低频电压放大级和 OTL 功率放大级组成。

直流稳压电源输出 +6V，提供电源电压。RC 正弦波振荡器产生 320Hz 和 1kHz 两种音频信号，拨动转换开关 S_1，使 C_1、C_3 变换为 C_2、C_4，即可切换振荡频率。VT_4 及外围电路组成低频放大器，对信号进行电压放大，经 VT_5 推动，VT_6、VT_7 功率放大后输出。

【操作指导】 简易音频信号发生器常见故障及查找方法

1. 常见故障

1）耳机中只有一种音频信号声。

2）振荡器无音频信号输出。

3）耳机中无声。

2. 查找故障的一般程序

1）耳机中只有一种音频信号声故障查找程序如图 6-3 所示。

2）振荡器无音频信号输出故障查找程序如图 6-4 所示。

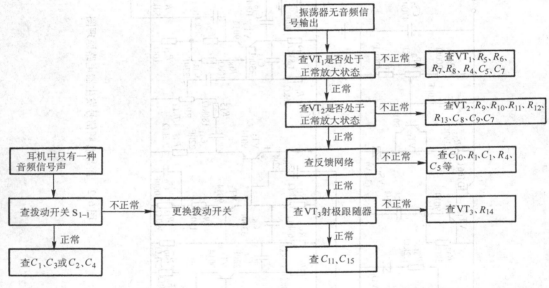

图 6-3 耳机中只有一种音频信号
声故障查找流程图

图 6-4 振荡器无音频信号
输出故障查找流程图

3）耳机中无声故障查找程序如图 6-5 所示。

3. 故障检修技巧

简易信号发生器故障检修技巧，以耳机中只有一种音频信号故障为例进行说明。

耳机中能听到一种音频信号，说明直流稳压电源、音频放大器电路工作正常，故障在音频振荡器的选频电路，这样根据电路原理分析可得：直接查找电路中 C_1、C_3 或 C_2、C_4 和 S_1 是否损坏，通过拨动开关 S_1，判断 S_1 拨到何处电路工作不正常。根据前面介绍的检修技巧和查找耳机中只有一种音频信号声故障流程图（见图 6-3），就能很快确定损坏的元器件，将电路修复。

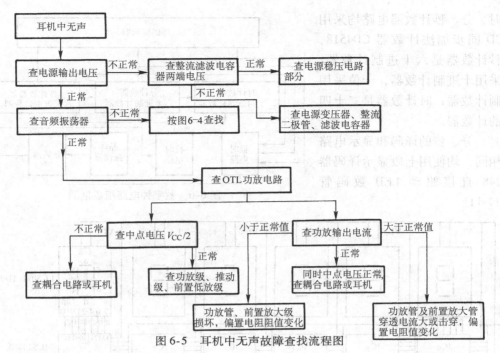

图6-5　耳机中无声故障查找流程图

4. 调整方法

1）接通电源，调整 RP_3 使直流稳压电源输出电压 V_{CC} 为 +6V，然后切断电源将负载接上。

2）接通电源，将 RP_1 调至最小位置，调整 RP_2，使功放电路的中点电压为 $V_{CC}/2$，即 +3V。

3）将 RP_1 调至音量适中，耳机应发出音频信号的声音，拨动开关 S_1 的两个位置，可改变音频振荡器的频率，耳机中的音频声应有明显的变化。

4）用示波器可测试信号波形的变化情况。

任务5　数字钟故障查找方法

【任务分析】　通过任务5的学习，学生应了解数字钟电路组成、工作原理、常见故障现象及故障产生的原因，掌握数字钟故障查找方法与技巧。

数字钟是一个典型的由数字电路组成的电子产品。它具有走时准确、显示直观、无机械传动等优点，广泛应用于车站、码头、机场等公共场所。

【基础知识】　数字钟电路组成及工作原理

1. 电路组成

数字钟主要由时、分、秒计数器以及校时、译码显示和报时等电路组成。组成框图如图6-6所示，电路原理图如图6-7所示。

2. 工作原理

秒信号发生器电路由晶体振荡器和分频器组成，产生频率为1Hz的时间基准信号。采用专用集成电路CD4060与外接电阻、电容、石英晶体共同组成 2^{15} Hz = 32768Hz 的振荡器，并进行14级二分频，再外加一级D触发器（74LS74）二分频，输出1Hz的时基秒信号。

时、分、秒计数器电路均采用双 BCD 同步加法计数器 CD4518，分、秒计数器是六十进制计数器，个位采用十进制计数器，十位采用六进制计数器；时计数器是二十四进制的计数器。

时、分、秒的译码和显示电路完全相同，均使用七段显示译码器 74LS248 直接驱动 LED 数码管 LC5011-11。

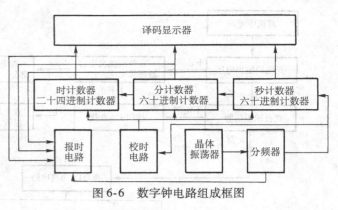

图 6-6　数字钟电路组成框图

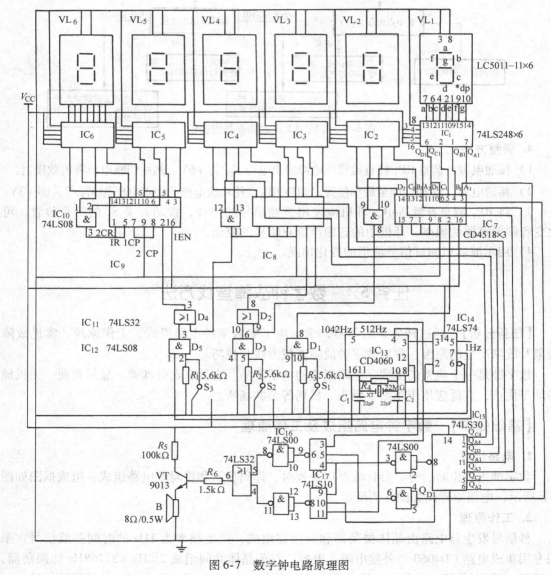

图 6-7　数字钟电路原理图

校时电路采用两种校时法。秒校时采用等待校时法。正常工作时，将开关 S_1 拨向 V_{CC} 位置，不影响与门 D_1 传送秒计数信号。进行校对时，将 S_1 拨向接地位置，封闭与门 D_1，暂停秒计时。标准时间一到，立即将 S_1 拨回 V_{CC} 位置，开放与门 D_1。时、分校时采用加速校时法。正常工作时，S_3、S_2 接地，封闭与门 D_5、D_3，不影响或门 D_4、D_2 传送分、秒进位计数脉冲。进行校对时，将 S_3、S_2 拨向 V_{CC} 位置，秒脉冲通过 D_5、D_4 或 D_3、D_2 直接引入时、分计数器，让时、分计数器以秒节奏快速计数。待标准时、分一到，立即将 S_3、S_2 拨回接地位置，封锁秒脉冲信号，开放或门 D_4、D_2 对分、秒进位计数脉冲的传送。

整点报时电路主要由控制电路和音响电路组成。控制电路由 IC_{15}、IC_{16}、IC_{17} 等与非门电路组成，每当分、秒计数器计到 59min51s，自动驱动音响电路发出 5 次持续 1s 的鸣叫（鸣叫 1s，间歇 1s），前四次音调低，最后一次音调高。最后一声鸣叫结束，计数器正好为整点。

【操作指导】 常见故障及其查找方法

1. 常见故障

1）七段显示器显示缺笔画。

2）七段显示器显示和音响都不正常。

3）数字钟显示正常，但整点报时无声响。

2. 查找故障的一般程序

1）七段显示器显示缺笔画故障查找程序如图 6-8 所示。

2）七段显示器显示和音响都不正常故障查找程序如图 6-9 所示。

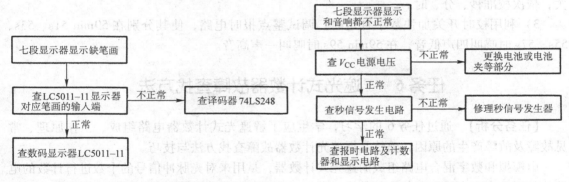

图 6-8 七段显示器显示缺笔画故障查找流程图

图 6-9 七段显示器显示和音响都不正常故障查找流程图

3）数字钟显示正常，但整点报时无声响故障查找程序如图 6-10 所示。

3. 故障检修技巧

数字钟故障检修技巧，以七段显示器显示和音响都不正常故障为例进行说明。

七段显示器显示和音响都不正常故障查找，可根据查找故障原则，首先检测电源电压、电池、电池夹、供电线等供电电路，此类故障大多是由供电电路引起的，解决供电问题，就能使数字钟恢复正常。如检测电源电压正常，供给到各部分电路的电源电压也正常，则重点就要检查秒信号发生电路，因为它是显示电路和报时电路的公共信号源，它由振荡器和分频器两部分组成。可利用示波器测量它们的输出波形，根据波形快速判断故障部位，修复数字钟，使其正常工作。

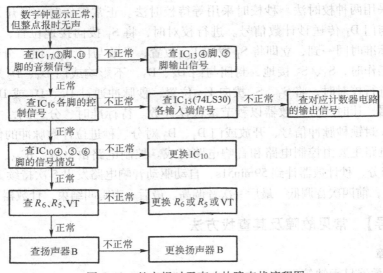

图 6-10　整点报时无声响故障查找流程图

4. 调整方法

1）接通电源，用通用计数器测量秒信号发生器输出频率，调节微调电容 C_2，使振荡频率为 32768Hz，再测 CD4060 的 Q_{14}、Q_5、Q_6 等引脚输出频率。

2）用通用计数器测量秒、分、时计数器。调试好秒、分、时计数器后，通过校时开关，依次校准秒、分、时。

3）利用校时开关加快数字钟走时，调试整点报时电路，使其分别在 59min 51s、53s、55s、57s 时鸣叫四声低音，在 59min 59s 时鸣叫一声高音。

任务6　　遮光式计数器故障查找方法

【任务分析】　通过任务 6 的学习，学生应了解遮光式计数器电路组成、工作原理、常见故障及故障产生的原因，熟练掌握遮光计数器故障查找方法与技巧。

由模拟和数字混合电路组成的遮光式计数器，是用来对光脉冲信号的个数进行计数的电路。如对生产流水线生产的产品数量，车站、广场进出的人数等进行统计，应用十分广泛。

【基础知识】　遮光式计数器电路组成及工作原理

1. 电路组成

遮光式计数器由直流稳压电源、光敏电阻、电压放大器、倍压检波电路、电压比较器、计数器、译码器、显示电路等组成。组成框图如图 6-11 所示，电路原理图如图 6-12 所示。

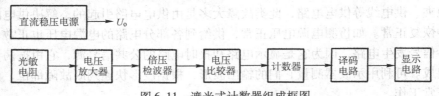

图 6-11　遮光式计数器组成框图

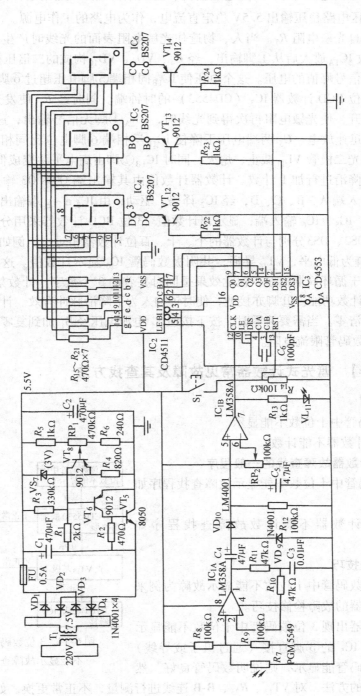

图 6-12　遮光式计数器电路原理图

2. 工作原理

电源变压器二次电压 7.5V 交流电经整流、滤波成为约 9V 直流电，再经 VT_5、VT_6 及 VS_7 等组成的稳压电路稳压输出 5.5V 稳定直流电，作为电路的工作电源。

光电信号取自光敏电阻 R_7。当人、物遮住光敏电阻表面的光线时产生的光电信号加到 $IC_1$③脚，由运放 IC_{1A} 放大后从①脚输出，经 C_4、VD_9、VD_{10} 构成的二倍压检波电路，在 C_5 两端得到双倍于信号峰值的电压。这个电压使 IC_{1B} 同相端⑤脚电压超过⑥脚，IC_{1B}⑦脚输出高电平，加到 3 位 BCD 计数器 IC_3（CD4553）的时钟端。同时经 R_{13} 使发光二极管 VL_{11} 发光。当人、物移开，使光敏电阻再次得到光线时，IC_{1A}①脚无信号输出，这时 C_4 起隔离作用，C_5 通过 R_{12} 迅速放电。C_5 两端电压下降使 IC_{1B} 反相端⑥脚电位比同相端⑤脚高，⑦脚输出低电平，发光二极管 VL_{11} 截止、熄灭。同时 IC_{1B}⑦脚由高电平跳变成低电平，IC_3 计数器在时钟信号下降沿进行加 1 计数。计数器计数值由其输出端 Q0 ~ Q3 输出到七段译码器 IC_2 CD4511 的输入端 A、B、C、D，经 IC_2 译码、驱动，由 IC_2 a ~ g 端输出相应各笔画信号加到数码管 IC_4、IC_5、IC_6 输入端，显示出计数值。3 位 BCD 计数器采用分时控制方式，锁存显示端 DS1、DS2、DS3 分别与计数器的个、十、百位计数器相对应。例如：当显示个位值时 IC_3 DS1②脚为低电平，VT_{14} 导通，共阴极数码管 IC_6 显示计数值。这样 3 位计数值轮流动态显示。由于循环周期很短，视觉效果是同时亮着的 3 个数字。计数禁止端⑩脚接地，使 IC_3 始终保持计数功能。⑪脚亦接地，使时钟输入为下降沿脉冲有效。计数器清零端⑬脚平时接地，不许清零。当需要清零时，按下按钮 S_1 电源电压经 S_1 加到复零端，使计数器复零。R_{15} ~ R_{21} 为数码管限流电阻。

【操作指导】 遮光式计数器常见故障及其查找方法

1. 常见故障

1）3 位数码管中十位数不能显示。

2）遮光式计数器不能计数。

2. 遮光式计数器故障查找的一般程序

1）3 位数码管中十位数不能显示故障查找程序如图 6-13 所示。

2）遮光式计数器不能计数故障查找程序如图 6-14 所示。

3. 故障检修技巧

下面以 3 位数码管中十位数不能显示故障为例来说明遮光式计数器的故障检修技巧。

遮光式计数器出现 3 位数码管中十位数不能显示故障，可首先把 IC_5 的③脚直接（通过镊子或导线）与地连接，若数码管能显示，则说明数码管良好。然

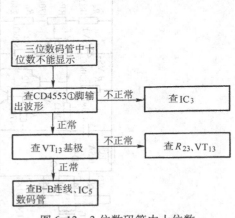

图 6-13 3 位数码管中十位数
不能显示故障查找流程图

后利用在线测量的方法，对 VT_{13}、R_{23}、B-B 连线进行测量，不正常更换。如正常则检查 IC_3 CD4553 集成电路，若损坏更换即可。

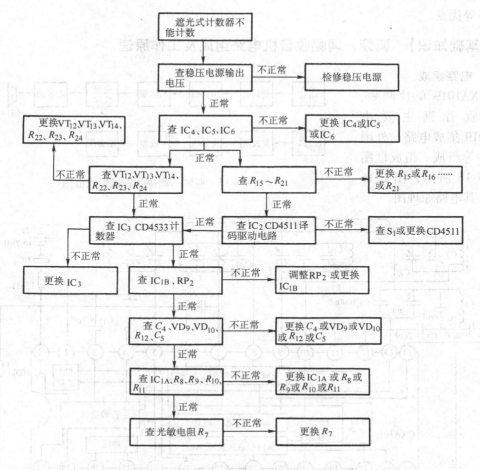

图6-14　遮光式计数器不能计数故障的查找流程图

4. 调整方法

1）装上熔丝后接通电源，调整 RP_1 使稳压电源输出（5.5±0.2）V。

2）光敏电阻在有自然光线的情况下，调整 RP_2，使发光管 VL_{11} 发光，然后再将 RP_2 的中心头向正方向转动，使 VL_{11} 发光管刚好熄灭。这时计数器会自动进1，仔细调整 RP_2 使计数器每计数一次的时间小于0.5s。

3）上述调试正常后，按下清零按钮 S_1，这时数码管显示"000"，这表示调试结束可以投入使用。用手遮住光敏电阻器表面的光线然后再移开手，每遮光一次计数器就能自动加1。计数速度达每秒2次以上。

任务7　调频、调幅收音机故障查找方法

【任务分析】　通过任务7的学习，学生应了解调频、调幅收音机电路组成，工作原理，常见故障现象及故障产生的原因，熟练掌握调频、调幅收音机故障查找方法与技巧。

调频、调幅收音机是能接收调频和调幅广播信号，并经处理后还原成声音的无线电接收装置。CXA1019单片调频、调幅收音机具有应用电压范围宽（3～9V）、耗电省、灵敏度高、

失真小等优点。

【基础知识】 调频、调幅收音机电路组成及工作原理

1. 电路组成

CXA1019 单片调频、调幅收音机主要由 CXA1019 集成电路与外围元器件等组成。组成框图如图 6-15 所示，图 6-16 所示是其电路原理图。

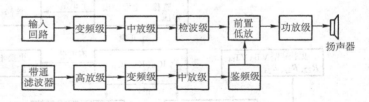

图 6-15 调频、调幅收音机组成框图

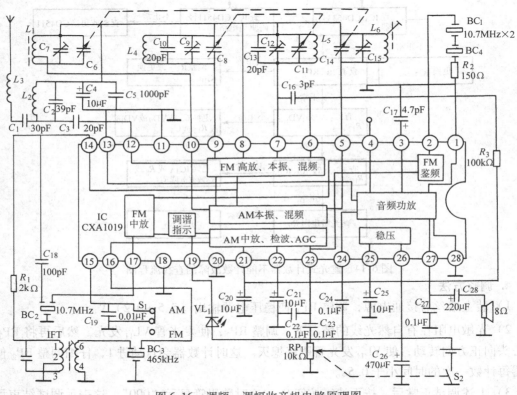

图 6-16 调频、调幅收音机电路原理图

2. 工作原理

（1）调幅（AM）收音电路信号流程　磁性天线接收到中波广播信号，经过线圈 L_1 和可变电容器 C_6、微调电容器 C_7 组成的输入回路，选取所要接收的高频调幅广播信号，送到集成电路 CXA1019 的⑩脚。由振荡线圈 L_6 和可变电容器 C_{14}、微调电容器 C_{15} 组成的 LC 回路和 CXA1019 的⑤脚所连集成块内的电路一起组成本机振荡器，本机振荡器产生高频等幅信号，与⑩脚送入的广播信号在集成电路内部进行混频，混频后的信号，由 CXA1019 的⑭脚输出，经中频变压器 IFT 和 465kHz 的陶瓷滤波器 BC_3 选频后，得到的 465kHz 中频信号送到⑯脚内进行中频放大，放大后的中频信号在集成电路内部的检波器中进行检波，检出的音

频信号由㉓脚输出，并经音量电位器 RP_1 调节后，经 C_{24} 耦合至㉔脚进入音频功率放大器，放大后的音频信号由㉗脚输出，经 C_{28} 耦合送到扬声器还原成声音。

（2）调频（FM）收音电路信号流程　由天线接收到的调频广播信号，先经过由 L_3、C_1、L_2 和 C_2 组成的 $88 \sim 108\,MHz$ 带通滤波器，抑制掉频带范围以外的信号，让频带内的 FM 广播信号顺利进入集成电路⑫脚进行高频选频放大，⑨脚外所接选频回路（线圈 L_4 和可变电容器 C_8、微调电容器 C_9 组成）。高放后的欲收听的 FM 广播信号再与本机振荡信号混频，由⑭脚输出，⑦脚外接 FM 本振回路（L_5、C_{11}、C_{12}、C_{13} 组成）。⑭脚输出混频信号，经过 $10.7\,MHz$ 陶瓷滤波器 BC_2 选频后的 FM 中频信号，进入第⑰脚内进行 FM 中频放大、FM 鉴频，②脚外接 FM 鉴频滤波器 BC_1、BC_4。鉴频后输出的音频信号与 AM 通路信号同路。

（3）AM/FM 波段开关电路　CXA1019⑮脚外接 AM/FM 选择开关 S_1。S_1 拨向下方，⑮脚直接接地，使电路处于 AM 工作状态；S_1 拨向上方时，⑮脚通过 C_{19} 接地，电路处于 FM 工作状态。

（4）自动增益控制（AGC）和自动频率控制（AFC）电路　CXA1019 AGC 电路与 AFC 电路由集成电路的内部电路以及接于㉑、㉒脚外的电容器 C_{20}、C_{21}、R_3 组成，它能使收音机工作稳定、可靠。

（5）调谐指示电路　CXA1019 集成电路的调谐指示信号由⑲脚输出，当收音电路调谐到某一电台位置时，发光二极管 VL_1 点亮，这样使调谐操作更为直观、准确。

【操作指导】　调频、调幅收音机常见故障及查找方法

1. 常见故障

1）收音无声。

2）收音灵敏度低。

3）收音失真。

4）调频收音正常、调幅收音无声。

5）调幅收音正常、调频收音无声。

6）收音噪声大、啸叫。

2. 调频、调幅收音机故障查找的一般程序

1）收音无声故障查找程序。收音无声故障一般有两种情况：一种是完全无声，无电台声，也无噪声；另一种是无电台声，有噪声。

① 收音完全无声故障查找程序如图 6-17 所示。

② 无电台声，有噪声故障查找程序如图 6-18 所示。

2）收音灵敏度低故障查找程序如图 6-19 所示。

3）收音失真故障查找程序如图 6-20 所示。

4）调频收音正常、调幅收音无声故障查找程序如图 6-21 所示。

5）调幅收音正常、调频收音无声故障查找程序如图 6-22 所示。

6）收音噪声大、啸叫故障查找程序如图 6-23 所示。

3. 故障检修技巧

调频、调幅收音机故障检修技巧，以收音噪声大、啸叫故障为例进行说明。

调频、调幅收音出现收音噪声大、啸叫故障较为常见，对于此类故障应先区分出是低频

电路故障，还是中频电路故障。方法是调节音量电位器，听噪声、啸叫的变化情况。如果噪声不随调节音量的变化而变化，则故障在低频电路部分，反之故障不在低频电路。根据图6-23所示，如故障在低频电路，则主要检测电源及退耦电路和功率放大电路。如故障在中频电路，用一只 $0.01\mu F$ 左右的电容器，由后向前逐级进行交流短路（电容器一端接地，另一端接信号端）。当短路到某一级噪声消失，说明故障就在该级，然后利用项目3查找故障的方法，进一步确定故障部件，重点检测谐振回路、电容器、陶瓷滤波器和集成电路。这样能快速找到质量差的元器件，解决噪声大、啸叫的故障。

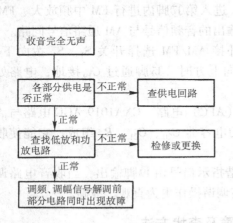

图 6-17　收音完全无声故障查找流程图

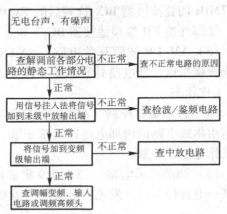

图 6-18　收音无电台声、有噪声
故障查找流程图

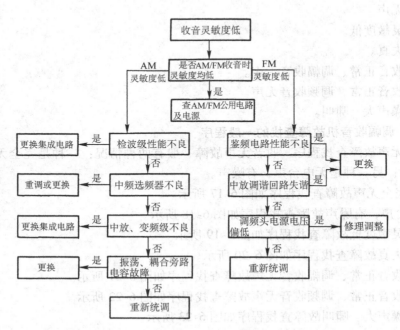

图 6-19　收音灵敏度低故障查找流程图

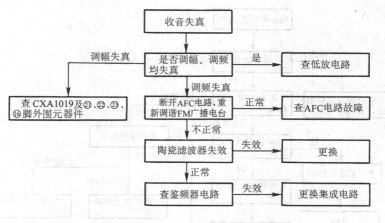

图 6-20 收音失真故障查找流程图

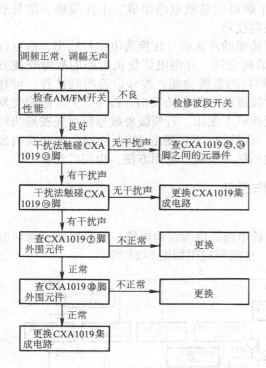

图 6-21 调频收音正常、调幅收音无声故障查找流程图

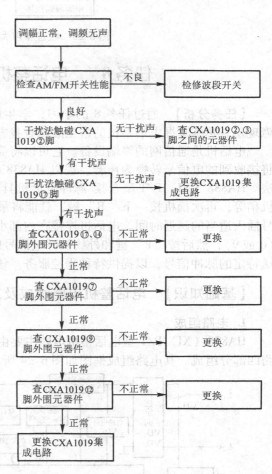

图 6-22 调幅收音正常、调频收音无声故障查找流程图

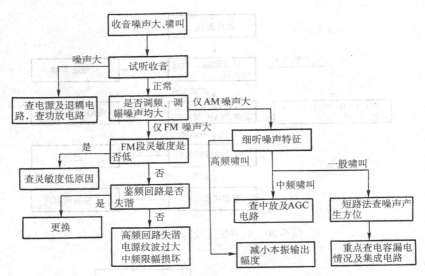

图 6-23 收音噪声大、啸叫故障查找流程图

任务 8 电话整机电路故障查找方法

【任务分析】 通过任务 8 的学习，学生应了解电话整机电路组成、工作原理、常见故障现象。熟练掌握电话整机的常见故障查找方法与技巧。

电话机是通信网的终端设备。它可以将需要传递的声音信号转换为电信号输出，也可以将接收到的电信号转换为声音。现以 HA838 电话机为例，介绍电话整机电路的故障查找方法。HA838（XI）P/T 型音频/脉冲电话机具有最后码重拨功能，拨号后若听到忙音，可挂机稍等，再次摘机按一下"R"键，就能将最后拨过的号码自动发出。按下"P"键能使发号插入适当的延迟时间。电话机连接在内部小交换机上使用，若要拨外线号码可先按局线码（0 或 9），然后按"P"键和外线被呼电话号码。该机的"F"键起 Flash 功能，向交换机发送特定的脉冲信号，以提供特种程控服务。该电话机功能强，使用方便，应用广泛。

【基础知识】 电话整机电路组成及工作原理

1. 电路组成

HA838（XI）P/T 型电话整机电路主要由振铃电路、电源供给电路、拨号电路和通话电路四部分组成。其电路组成框图如图 6-24 所示，电路原理图如图 6-25 所示。

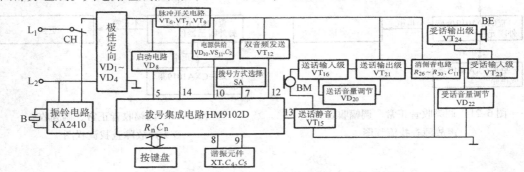

图 6-24 HA838（XI）P/T 型电话整机电路组成框图

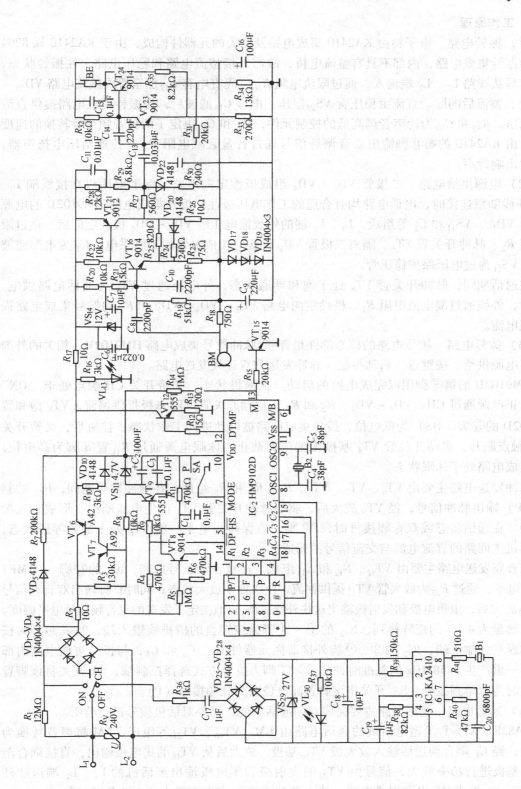

图 6-25　HA838(XI)P/T 型电话整机电路原理图

2. 工作原理

（1）振铃电路　电子铃由 KA2410 集成电路及有关的元器件构成，由于 KA2410 属 8204 类型的振铃集成电路，内部不具有整流电桥，故需外接整流电路和稳压电路。在振铃状态，铃声信号从线路 L_1、L_2 端输入，通过限流电阻 R_{36}、隔直电容 C_{17} 加至桥式整流电路 VD_{25} ～ VD_{28} 上，整流后的脉动直流由稳压管 VS_{29} 限压、电容 C_{18} 滤波后，为振铃集成电路提供直流工作电压。R_{40} 和 C_{20} 为铃声音调高低的控制元件，R_{38} 和 C_{19} 决定了两种音频交替转换的速度快慢。由 KA2410 的第⑧脚输出双音调铃信号通过音量衰减电阻 R_{41}，传递给压电扬声器，使之发出响铃声。

（2）电源供给电路　二极管 VD_1 ～ VD_4 组成极性定向电路，保证电话机在接线端 L_1、L_2 与外线随意连接时，电话电路均有合适的工作电压极性。拨号集成电路 HM9102D 的电源供给由 VD_{10}、VS_{11} 和 C_2 等组成。L_1、L_2 端的外线馈电压经 VD_1 ～ VD_4 极性定向后，通过限流电阻 R_2、脉冲开关管 VT_6、隔离二极管 VD_{10} 向拨号集成电路的⑩脚供电，C_2 为电源滤波电容，VS_{11} 为过电压保护稳压管。

在通话期间，脉冲开关管 VT_6 处于饱和导通状态，外电压通过 VT_6 为通话电路供电。挂机后，外线通过漏电流电阻 R_1、极性定向电路 VD_1 ～ VD_4、VD_5 和 R_7 向拨号集成电路提供休眠电流。

（3）拨号电路　拨号电路的核心部件是音频/脉冲拨号集成电路 HM9102D，相关的外围电路有电源供给、按键盘、启动控制、脉冲发送和双音频发送电路。

HM9102D 的第⑤脚用以完成电路的启动。在摘机状态，叉簧开关 CH 触点处于"ON"状态，正电源通过 CH、VD_1 ～ VD_4、R_2 和 R_5 为启动开关管 VT_8 基极提供偏流，VT_8 饱和置 HM9102D 的⑤脚（$\overline{HS}$）为低电位，拨号集成电路被启动进入工作状态；挂机后，叉簧开关 CH 的触点断开，启动开关管 VT_8 基极无偏流而截止，休眠电源通过 R_{11} 置⑤脚为高电位，拨号集成电路处于休眠状态。

脉冲发送电路主要由 VT_9、VT_7、VT_6、R_3、R_9 和 R_8 组成。在脉冲发号期间，IC_2 的⑭脚（DP）输出脉冲信号，经 VT_9 放大后，驱使脉冲开关管 VT_6 产生电流断续，形成直流拨号脉冲。在通话状态或双音频拨号时，DP 脚一直保持高电平，使 VT_6 处于饱和导通状态，保证话机主回路的直流电源与交流信号的畅通。

双音频发送电路主要由 VT_{12}、R_{12} 和 R_{13} 组成。在双音频发号期间，IC_2 的⑰脚（DTMF）变为高电平，通过 R_{12} 为放大管 VT_{12} 提供偏流，使之处于放大状态；同时⑫脚输出双音频信号经 VT_{12} 放大后，由集电极和发射极输出送往外线。R_{13} 阻值决定了发送的双音频信号电平幅度。

按键盘为 4×4 的矩阵排列，IC_2 的①～④脚为按键盘的横排线输入端，⑮～⑱脚为按键盘的纵列线输入端，IC_2 的⑧、⑨脚外接谐振元器件 B_2、C_4 和 C_5，与拨号集成电路内部振荡器一道产生 3.58MHz 的基准时钟信号。⑦脚为拨号方式选择控制端，SA 开关将该脚置低电位时为双单频拨号，SA 开关将该脚置高电位时为脉冲拨号（P）。

（4）通话电路　通话电路主要完成双向通话功能，另外对话机拨号进行监听。

HA838（XI）P/T 型电话机的送话电路由 BM、VT_{16}、VT_{21} 等组成，BM 将声音转换为电信号，经 C_8 耦合到送话输入放大级 VT_{16} 基极，放大后从 VT_{16} 的集电极输出，直接耦合至 VT_{21} 的基极进行功率放大，信号由 VT_{21} 的发射极和集电极输出至话机的 L_1、L_2 端送往外线。R_{20}、C_7 组成 RC 电源退耦电路，放大器的直流工作点主要由 R_{20} 和 R_{21} 控制，R_{25}、R_{24}

和 VD_{20} 组成电压串联负反馈，能稳定静态工作点和实现送话音量自动调节。C_{10} 为高频旁路电容，可消除高频噪声，防止电路产生高频自激。

送话静噪电路由 IC_2 的静噪控制端⑬脚、R_{15}、VT_{15} 组成，在拨号期间，⑬脚处于低电位，通过 R_{15} 使静噪开关管 VT_{15} 截止，送话器被断开，以防止送话器产生音频信号干扰拨号信号。拨号结束后，第⑬脚恢复高电平，开关管 VT_{15} 饱和导通，送话电路能正常工作。

受话电路由 BE、VT_{23} 和 VT_{24} 等组成，外线输入的话音信号经过叉簧开关 CH、极性定向电路、限流电阻 R_2、脉冲开关管 VT_6、平衡网络元件 R_{28}、R_{29}、C_{11} 及耦合元件 C_{13} 送至受话输入放大器的 VT_{23} 基极，放大后信号由 VT_{23} 集电极输出直接耦合至受话输出放大管 VT_{24} 的基极，经放大后从 VT_{24} 的发射极与集电极输出话音信号，驱动受话器 BE 发声。两级受话放大器采用直接耦合方式，R_{31}、R_{34} 组成静态工作点稳定偏置电路。C_{16} 为交流旁路电容，用以消除 R_{34} 的交流负反馈，受话电路的增益主要决定于 R_{35} 的阻值，VD_{22} 与 R_{30} 接在受话输入端起受话自动音量调节作用。

HA838（XI）P/T 型电话机采用平衡式电桥消除侧音。平衡电桥由 $R_{26} \sim R_{29}$、C_{11}、C_{13} 和外线阻抗 Z_L 等组成，其等效电路如图 6-26 所示。其中，R_{28}、R_{29} 和 C_{11} 组成平衡网络，R_{10} 与外线阻抗 Z_L 并联，可以减少外线阻抗变化对电桥平衡度的影响。

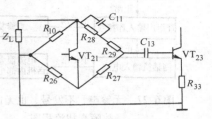

图 6-26 消侧音等效电路

【操作指导】 电话机常见故障及其查找方法

1. 常见故障

1）无铃声、不发号、也无送受话。

2）铃不响，拨号和通话正常。

3）铃声单一频率。

4）铃只响一声。

5）不拨号，也不能通话。

6）通话正常，但不能拨号。

7）音频拨号正常，脉冲无法拨号。

8）脉冲拨号正常，音频无法拨号。

9）受话正常，但不能送话。

10）无受话声音。

2. 常见故障查找的一般程序

1）无铃声、不发号、也无送受话故障查找程序如图 6-27 所示。

2）铃不响，拨号和通话正常故障查找程序如图 6-28 所示。

3）铃声单一频率故障查找程序如图 6-29 所示。

4）铃只响一声故障查找程序如图 6-30 所示。

5）不能拨号，也不能通话故障查找程序如图 6-31 所示。

6）通话正常，但不能拨号故障查找程序如图 6-32 所示。

7）音频拨号正常，脉冲无法拨号故障查找程序如图 6-33 所示。

8）脉冲拨号正常，音频无法拨号故障查找程序如图 6-34 所示。

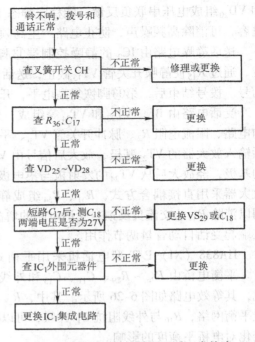

图 6-28　铃不响，拨号和通话正常故障
查找流程图

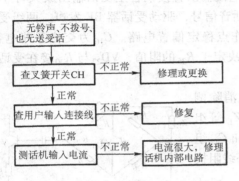

图 6-27　无铃声、不发号、也无送受话
故障查找流程图

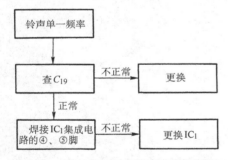

图 6-29　铃声单一频率故障查找流程图

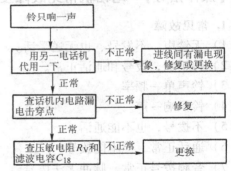

图 6-30　铃只响一声故障查找流程图

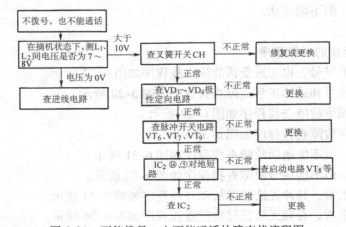

图 6-31　不能拨号，也不能通话故障查找流程图

9）受话正常，但不能送话故障查找程序如图 6-35 所示。

10）无受话声音故障查找程序如图 6-36 所示。

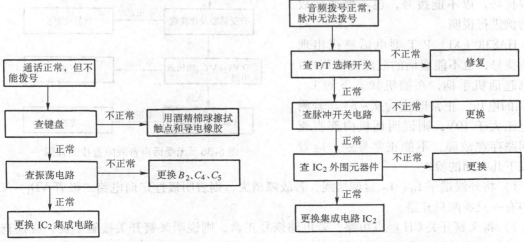

图 6-32　通话正常，但不能拨
号故障查找流程图

图 6-33　音频拨号正常，脉冲无法拨
号故障查找流程图

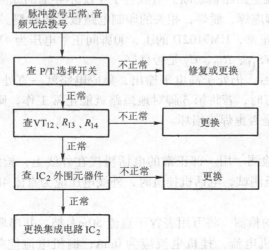

图 6-34　脉冲拨号正常，音频无法拨号故障查找流程图

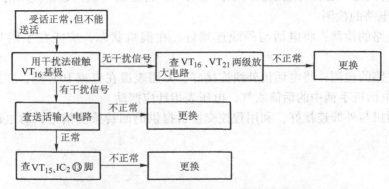

图 6-35　受话正常，但不能送话故障查找流程图

3. 故障检修技巧

HA838（XI）P/T 型电话整机故障检修技巧，以不能拨号，也不能通话故障为例进行说明。

HA838（XI）P/T 型电话整机出现不能拨号，也不能通话的故障查找程序：先拿起话机手柄，在摘机状态下测 L_1、L_2 间的电压，正常时应为 7~8V。若测得电压大于 10V，则说明话机内部直流主回路存在故障，不能正常导通，应着重以下几方面的检查。

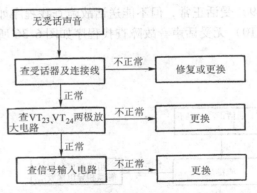

图 6-36　无受话声音故障查找流程图

1）将外线端子 L_1、L_2 对调接线，若故障消失，则表明极性定向电路二极管 VD_1~VD_4 其中有一只或两只开路。

2）将叉簧开关 CH 触点短路，若电路恢复正常，则说明叉簧开关接触不良，应检查叉簧开关触点有无断开或氧化锈蚀及开关引线是否有断路。

3）若将 VT_6 的集电极与发射极短路，通话能恢复正常，则说明脉冲开关管 VT_6 开路或管子处于截止状态，直流主回路被切断。造成管子 VT_6 不导通的原因较多，常见的有：

① VT_7、VT_9 的管脚虚焊、脱焊，相关的印制电路板走线断裂。

② 电源电路供电不正常，HM9102D 的①、⑩脚间正常电压为 4V 左右，若为 0V，应检查电源电路中的 VD_{10}、VS_{11}、R_{10}、C_2 是否良好。

③ 启动电路在摘机后，仍处于高电平输出，集成电路就一直处于休眠状态，不能进入正常工作状态。摘机状态时，若将第⑤脚对地短路就能正常工作，则表明是启动电路故障，应检查启动开关管 VT_8 是否虚焊或损坏。

4. 电话机的检测

（1）电话机外线的检测　用一部正常的电话机接在外线上，检测手柄听筒里能否听见信号声。对外线进行电压测试，电话机挂机时，外线电压应为直流 48V；电话机摘机时，电压应为 8~12V 左右。

（2）电话整机电流的检测　将万用表置于直流 50mA 档，并串联在其中一根电话线上，分别测量挂机电流和摘机电流，挂机电流应为 0mA，摘机电流应等于用户线短路电流的 70%~80%。测试完毕后，将电话机外线两端对调，再检测一次，数据应跟前一次相同。

（3）通话电路的检测

1）受话电路的检测：将电话与外线连接好，在摘机状态，应能在手柄耳机里听见拨号声。

2）通话电路的检测：将电话机外线连接好，万用表拨在直流 10V 档，并连接在电话机外线两端，对电话机手柄中的话筒吹气，电压表指针应摆动。

3）将电话机与外线连接好，利用程控交换机提供的回铃检测信号，对电话机振铃电路进行检测。

任务9　5.5in 黑白电视机故障查找方法

【任务分析】　通过任务 9 的学习, 学生应了解 5.5in 黑白电视机电路组成、工作原理、常见故障现象及产生原因, 熟练掌握 5.5in 黑白电视机故障查找方法与技巧。

【基础知识1】　5.5in 黑白电视机电路组成及框图

5.5in 黑白电视机组成框图如图 6-37 所示。它主要由信号系统、扫描系统、直流稳压电源三大部分组成。电路原理图如图 6-38 所示。

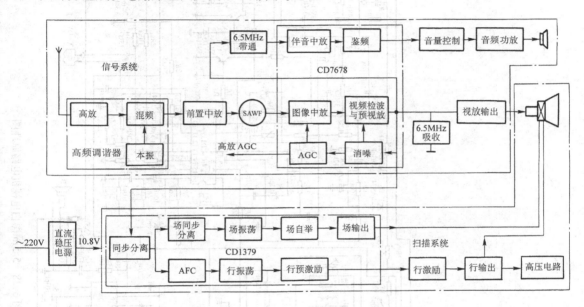

图 6-37　5.5in 黑白电视机组成框图

1. 信号系统

(1) 高频调谐器　高频调谐器俗称高频头。它的主要作用是选择所要接收的频道信号, 并经放大和混频, 输出 38MHz 图像中频信号和 31.5MHz 伴音中频信号。

(2) 前置中放及声表面滤波器　声表面波滤波器 (SAWF) 是一种压电材料制作的固定器件, 它能一次形成公共中频通道所需的幅频特性。由于 SAWF 的插入损耗达到 18~20dB, 为了保证足够的公共通道增益, 因此在 SAWF 前增加一级前置中放。

(3) 图像通道　CD7678 图像通道由图像中放、视频检波及预视放、消噪 (ANC) 和自动增益控制 (AGC) 组成。

图像中放对中频信号进行放大; 视频检波器从图像中频信号中检出全电视信号, 并生成 6.5MHz 的第二伴音信号; AGC 的作用是保持视频检波输出的信号幅度稳定, 使图像稳定。

(4) 伴音通道　伴音通道包括伴音中放电路、鉴频电路 (集成电路 CD7678 的一部分电路) 和音频放大电路等。视频放大 (预视放) 送来的第二伴音信号经伴音中放放大后由鉴频器解调出音频信号, 最后经音频功放放大后, 推动扬声器还原成伴音。

(5) 视放输出电路　视放输出电路把视频图像信号再进行频率补偿放大, 然后去调制显像管内的电子束显示图像。

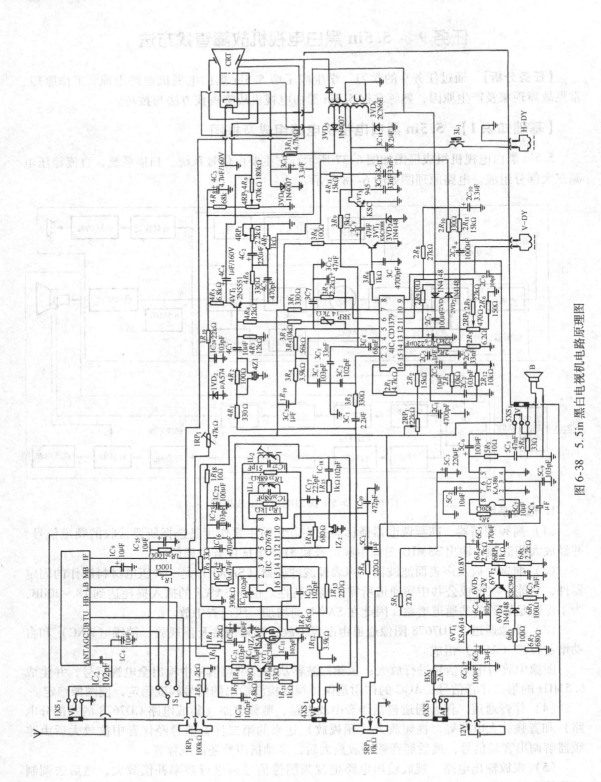

图 6-38 5.5in 黑白电视机电路原理图

2. 扫描系统

（1）显像管及其附属电路　显像管内部有五个电极，为使它正常工作，必须在它的各个电极加上正常电压。附属电路包括各极直流电压供电电路和关机消亮点电路。

（2）同步扫描电路　同步扫描电路由同步分离，行、场振荡及放大电路组成（CD1379）。它的作用是产生行频矩形脉冲信号和场频锯齿波电压并能分别被行、场同步信号同步。

（3）行场扫描输出电路　从 CD1379 输出的行频矩形脉冲，经行激励和行输出级后，在行偏转线圈中产生行频锯齿波电流。

从 CD1379 场功放输出的场频锯齿波信号，在场偏转线圈中产生场频锯齿波电流。

3. 直流稳压电源

直流稳压电源的作用是将220V 交流电压降压、整流、滤波成直流后，经稳压电路稳压后输出稳定的直流电压供各级电路使用。

【基础知识2】　工作原理

首先接通电视机电源，直流稳压电路开始工作，输出直流电压使各级电路进入工作状态。

场、行扫描电路自发产生行频和场频锯齿波电流，通过偏转线圈使显像管电子束产生水平方向和垂直方向的扫描运动，在荧光屏上形成扫描光栅。

将频道旋钮转到有节目的某频道上，天线接收到电视高频信号，该信号经高频放大20 ~ 30dB 后，与本机振荡器产生的高频振荡信号进行混频，产生 38MHz 的图像中频信号和 31.5MHz 的伴音中频信号。

混频级输出的图像中频和伴音中频信号被送入中频公共通道。它们在 SAWF 中形成规定的频谱特性，然后由图像中放级放大数千倍，送往视频检波器。检波器把图像中频信号还原成视频信号，并对伴音混频生成 6.5MHz 的第二伴音中频信号。6.5MHz 的陶瓷滤波器将第二伴音信号选出，送入伴音通道。视频信号在前置视放级进行预先放大和消除噪声干扰后，一路通过 6.5MHz 的陷波器滤掉 6.5MHz 伴音信号，送往视放输出级；一路送往同步分离电路；第三路送往 AGC 电路。AGC 电路对视频信号中的同步电平进行鉴别，根据信号强弱调整图像中放和高频放大级的增益，使通道输出的视频信号幅度基本保证不变。

送入伴音通道的第二伴音中频信号，经过 60dB 左右的限幅放大，除掉幅度干扰，再由鉴频器解调成音频信号；音频信号去加重后，经低频放大电路放大后，推动扬声器发出响亮的伴音。

送往视放输出级的视频信号在 $1 \sim 3V_{PP}$，视放输出级将它放大到 $50 \sim 80V_{PP}$，调制显像管内的电子束显示图像。

同步分离电路从输入的视频信号中，切割出电平最高的复合同步信号，放大送到积分电路和 AFC 电路。积分电路选出场同步信号去控制场扫描同步；行 AFC 电路将行同步信号与行频比较锯齿波进行相位比较，产生误差电压改变行扫描频率与相位，实现行扫描的同步。于是显像管屏幕上重现的图像，就同发送端完全一致了。

【操作指导】 5.5in 黑白电视机常见故障及其查找方法

1. 常见故障

1）无光栅，无伴音。

2）无光栅，有伴音。

3）只有垂直一条亮线，伴音正常。

4）只有水平一条亮线，伴音正常。

5）有光栅，无图像，无伴音。

6）有光栅，无图像，有伴音。

7）有图像，无伴音。

8）行、场都不同步。

9）场同步正常，行不同步。

10）行同步正常，场不同步。

2. 常见故障查找的一般程序

1）无光栅，无伴音故障查找程序，如图6-39所示。

2）无光栅，有伴音故障查找程序，如图6-40所示。

3）只有垂直一条亮线，伴音正常故障查找程序，如图6-41所示。

4）只有水平一条亮线，伴音正常故障查找程序，如图6-42所示。

5）有光栅，无图像，无伴音故障查找程序，如图6-43所示。

6）有光栅，无图像，有伴音故障查找程序，如图6-44所示。

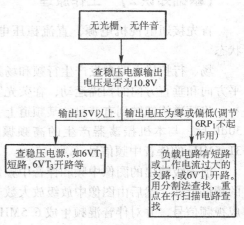

图6-39 无光栅，无伴音故障查找流程图

7）有图像，无伴音故障查找程序，如图6-45所示。

8）行、场都不同步故障查找程序，如图6-46所示。

9）场同步正常，行不同步故障查找程序，如图6-47所示。

10）行同步正常，场不同步故障查找程序，如图6-48所示。

3. 故障检修技巧

5.5in 黑白电视机故障检修技巧，以有光栅，无图像，无伴音故障为例进行说明。

5.5in 黑白电视机出现有光栅，无图像，无伴音故障，说明电视机整机电路的电源电路、扫描电路、显像管及其附属电路正常，故障原因出在公共通道，包括天线、高频头、预中放、声表面波滤波器、图像中放集成电路 CD7678 及其外围元器件。也可能是视放级和伴音通道同时有故障。

在检修时利用"雪花"点，AGC 检波电压、荧屏回扫线、干扰条纹等特征现象来缩小判断范围。具体步骤如下：

1）开机后转动频道旋钮，观察屏幕，若屏幕上有又粗又密的"雪花"点，转动频道旋

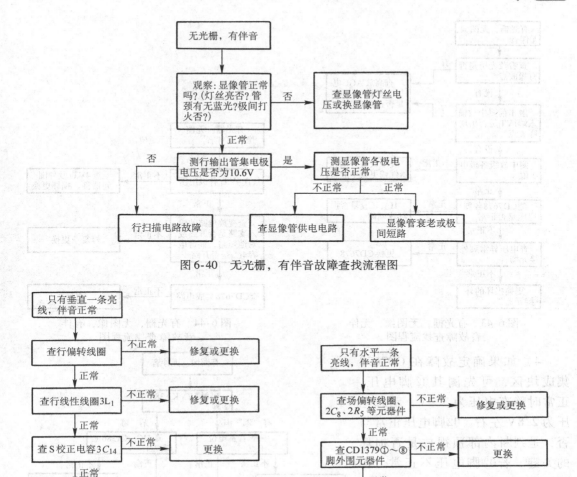

图 6-40 无光栅,有伴音故障查找流程图

图 6-41 只有垂直一条亮线,伴音正常
故障查找流程图

图 6-42 只有水平一条亮线,伴音正
常故障查找流程图

钮时有干扰条纹,则故障多在高频头;如屏幕上无"雪花"点,转动旋钮又无干扰条纹,则故障多在预中放 $1VT_1$ 及其后面各级。

2)当断定故障在高频头之后时,用金属镊子干扰 CD7678⑯脚,如果屏幕上出现几条黑白相间的条纹,则说明故障不在集成块区,而在预中放级。若无干扰条纹出现,则故障在 CD7678 及其外围电路。

3)检查预中放(包括 SAWF)时,可先检查预中放管 $1VT_1$ 各极直流电压,进一步检查 SAWF。SAWF 常见的故障是失效或输入、输出端对地短路。短路故障可用万用表 $R×10k\Omega$ 档测量直流电阻来确定,如测得端点间电阻不为无穷大,则说明两端间有漏电现象。SAWF 的失效故障无法用万用表判断,一般用跨接法判断,即用一只 $0.01\mu F$ 左右的电容跨接在 $1VT_1$ 集电极和 CD7678⑯脚间,若可看到图像,则说明 SAWF 失效。

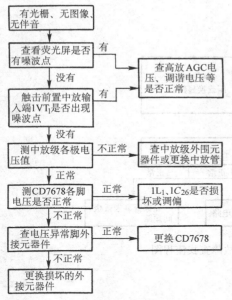

图 6-43　有光栅，无图像，无伴
音故障查找流程图

4）如果确定故障在 CD7678
集成块区，可先测其⑫脚电压，
正常时静态电压为 3.4V，动态电
压为 2.8V 左右。⑫脚电压正常与
否，是判断内部预视放是否损坏
的关键。若⑫脚电压不正常，再
测⑪脚电压，⑪脚电压是集成电
路中预视放、AGC 等电路的工作
电源，正常值为 10.3V。如⑪脚
电压正常而⑫脚电压不正常，若
不是外围元器件坏，就是内部损
坏，通常预视放损坏后，⑫脚电
压会高于 5V 或低于 1V。此外，
集成电路⑯、⑮、②、⑧、⑨脚
电压如偏离正常较多，也都表明
集成电路损坏或外围元器件有短
路故障；另外，⑭脚是 AGC 检波
电压，当 CD7678 预视放级之前电
路正常时，未收到电视信号时 V_{14}
为 8V 左右，当有电视信号输入
时，V_{14} 下降到 6.5V 左右。如果
在调谐时 V_{14} 不变，则应是集成电

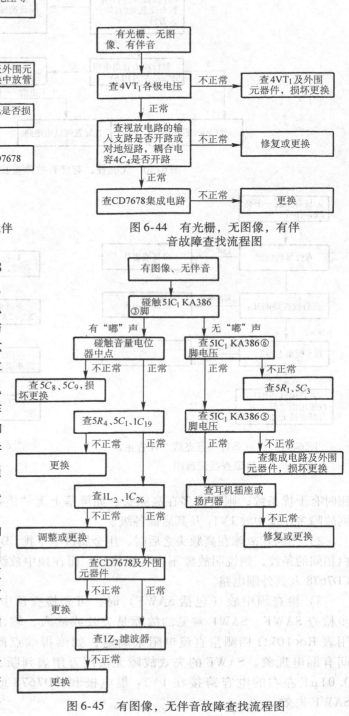

图 6-44　有光栅，无图像，有伴
音故障查找流程图

图 6-45　有图像，无伴音故障查找流程图

路故障。

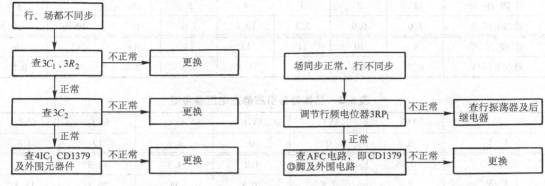

图 6-46 行、场都不同步故障查找流程图　　图 6-47 场同步正常，行不同步故障查找流程图

4. 调整方法

（1）调试准备　搞清电路中的电位器、开关、插座的具体位置及作用。$1RP_1$ 为高频头基准电压调节电位器，$1RP_2$ 为调谐电位器，$2RP_1$ 为帧同步电位器，$2RP_2$ 为帧幅调节电位器，$3RP_1$ 为行同步（行频）调节电位器，$4RP_1$ 为对比度调节电位器，$4RP_2$ 为亮度电位器，$5RP_1$ 为音量电位器，$6RP_1$ 为电源电压调节电位器，$1S_1$ 为波段选择开关，$1XS_1$ 为视频输入插座，$5XS_1$ 为耳机插座，$6S_1$ 为电源开关，$6XS_1$ 为电源插座。

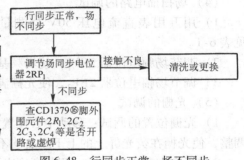

图 6-48　行同步正常，场不同步
故障查找流程图

（2）直流电源的调试

1）装上熔丝，断开负载，用万用表 $R \times 100\Omega$ 档测量稳压电源输入、输出端（$6VT_1$ 所装散热片）对地电阻，输入端对地电阻的正、反向电阻值应为无穷大；输出端的正向电阻应为数千欧，反向电阻约为数百欧。

2）在断开负载的情况下，将万用表拨至直流 50V 档，并接在稳压电源输出端。按下电源开关 $6S_1$，同时监视万用表指示，若电表指示大于 15V 或输出为零，应立即切断电源，查找原因。若正常，则调整电源电压调节电位器 $6RP_1$，使稳压电源输出 10.8V。

3）断电后用电烙铁把负载焊接上。

（3）行扫描电路的调试

1）在断电的情况下，除 $6RP_1$ 外，将其余电位器都调节在正中位置。

2）将万用表量程置直流电流 1000mA 档，把电流表接在电源正极与行输出变压器位置的一个断口处。通电，观察万用表读数，正常值约为 250mA 左右。然后在断电情况下，把该断口处用电烙铁焊接好。

3）按下电源开关，此时电视机应有光栅。若不正常，则根据常见故障查找方法进行检修。若正常，则用万用表直流电压档分别测量 CD1379 集成电路的 ⑨、⑩、⑫ 脚及 $3VT_1$、$3VD_2$ 的各极静态电压值，参考值见表 6-1 与表 6-2。

表 6-1 CD1379 各引脚静态电压参考值

引脚序号	1	2	3	4	5	6	7	8
静态电压/V	3.6	6.0	3.3	10.8	1.0	1.7	10.0	4.8
引脚序号	9	10	11	12	13	14	15	16
静态电压/V	0.5	6.5	0.2	3.3	3.3	2.2	4.1	0.5

表 6-2 晶体管各引脚静态电压参考值

	$1VT_1$	$3VT_1$	$3VD_2$	$4VT_1$	$6VT_1$	$6VT_2$
V_e/V	0.4	0	0	4.6	12	4.6
V_b/V	0.95	0.3	1.2	4.8	11.3	5.3
V_c/V	7.2	7.8	10.8	48	10.8	11.3

（4）场扫描电路的调试

1）用万用表直流电压 50V 档测量 CD1379①～⑧脚和⑪脚的静态电压值，参考值见表 6-1。

2）调节场频电位器 $2RP_1$，使场频基本接近 50Hz。

3）调节场幅电位器 $2RP_2$，使光栅满幅。

（5）光栅的调试

1）光栅位置的调试：移动中心位置的调节磁环，使光栅位置居中。结合 $2RP_2$、$3C_{10}$ 的调整，使光栅在荧光屏上的上下左右均不露边。

2）亮度和清晰度调试：调节亮度电位器 $4RP_2$，使光栅最亮时应满足白天收看，最暗时能使显像管不发光。

（6）图像中频通道的调试

1）调节 $1RP_1$，使 $1RP_1$ 的高电位脚电压为 27V。调节 $1RP_2$，使高频调谐器的④脚的电压在 0～27V 之间变化。

2）用万用表直流电压档测 $1VT_1$ 的各极电压，参考值见表 6-2。

3）把电视机高频调谐器置空频道，用万用表测量 CD7678 各脚静态电压，参考值见表 6-3。

表 6-3 CD7678 各引脚静态电压参考值

引脚序号	1	2	3	4	5	6	7	8
静态电压/V	3.7	4.3	4.3	0.35	4.0	4.3	6.0	6.5
引脚序号	9	10	11	12	13	14	15	16
静态电压/V	6.5	4.3	10.0	3.4	0	8.1	4.2	3.7

4）调节调谐电位器 $1RP_2$，使电视机接收到图像信号，万用表测 CD7678 的⑫脚，用无感螺钉旋具调节 $1L_1$ 中频图像选频元件，使 CD7678⑫脚电压最低。

（7）伴音通道的调试

1）用万用表直流电压档测 KA386 各脚静态电压，参考值见表 6-4。

表 6-4　KA386 各引脚静态电压参考值

引脚序号	1	2	3	4	5	6	7	8
静态电压/V	1.2	0	0	0	5.2	10.8	5.1	1.2

2）接收电视信号，用无感螺钉旋具调节 $1L_2$，使伴音最清晰，噪声最小。

（8）电视图像画面的调试

1）利用电视信号对扫描的幅度、线性、中心位置作进一步的校正。

2）接收电视图像信号，调整行、场频电位器，使图像稳定。

3）细调偏转线圈和中心位置调节磁环，使图像端正，中心十字线位于屏幕中心，且图像四周均无露边，也不超过荧光屏。

4）将亮度调至适中，调场幅电位器和逆程电容器，使图像信号行、场幅正常。

任务 10　彩色电视机故障查找技巧

【任务分析】　通过任务 10 的学习，学生应了解彩色电视机电路组成、工作原理，常见故障现象及产生的原因，熟练掌握彩色电视机故障查找方法与技巧。

【基础知识】　彩色电视机的组成及其框图

电视机的电路主要由扫描系统、信号系统、控制系统和电源组成。彩色电视机的组成框图如图 6-49 所示。

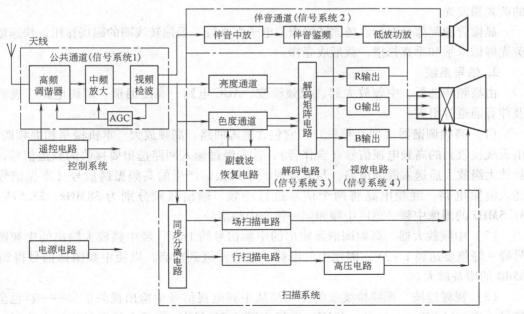

图 6-49　彩色电视机的组成框图

1. 扫描系统

包括场扫描、行扫描、同步分离、显像管及其附属电路。

（1）场扫描电路 它包含场振荡、场激励和场输出三部分。场振荡产生场频为50Hz的锯齿波电压，经场激励级放大后，再经场输出级进行功率放大，给场偏转线圈提供一个幅度足够、线性良好的锯齿波电流。

（2）行扫描电路 它包含行振荡、行激励和行输出三部分。行振荡产生行频为15625Hz的矩形脉冲电压，经行激励级进行功率放大后，再由行输出级进行功率放大，加到行偏转线圈，就可产生一个幅度足够、线性良好的行锯齿电流。同时产生幅度很高的行逆程脉冲电压，这个脉冲电压送到行输出变压器的一次绕组，将在行输出变压器的不同二次绕组内产生显像管所需要的高压、中压和低压。

（3）同步分离电路 它包含幅度分离电路、积分电路和行AFC电路三部分。要使显像管的电子束扫描和摄像机的电子束扫描同步，必须从电视信号中分离出同步信号。由于同步信号和图像信号的幅度不同，可用幅度分离电路从接收到的全电视信号中把复合同步信号分离出来，然后利用积分电路，把场同步信号从复合同步信号中分离出来，直接加到场振荡电路，使场振荡实现同步。由于行同步信号频率高、脉冲窄，易受到其他信号的干扰，所以行同步电路不采用场扫描那样的直接同步的方法，而是将复合同步信号送入行鉴相器，让行同步信号与行逆程脉冲信号相比较，经检波后输出误差电压去控制行振荡，使行振荡实现同步，这部分电路称作自动频率控制电路，即AFC电路。

（4）显像管及其附属电路 显像管是一个真空阴极射线管，主要由荧光屏、电子枪和玻璃外壳组成。荧光屏玻璃内壁均匀地涂有荧光粉，它在受到高速电子轰击时发光。电子枪装在显像管细圆柱形管颈内，它包含五个电极：灯丝、阴极、栅极、加速极、聚焦极和高压阳极，当给各电极施加正常电压时，它将发出很细的电子束，高速地轰击荧光屏，使屏幕上的荧光粉发光。

显像管的颈部套有行、场偏转线圈，电子束受行、场偏转线圈的磁场作用，快速地沿着荧光屏做水平和垂直扫描，就形成光栅。

2. 信号系统

由高频调谐器、中频放大器、视频检波、AGC电路、亮度通道、解码电路、视放电路及伴音通道等组成。

（1）高频调谐器（即高频头） 它包含输入回路、高频放大、本机振荡和混频四部分。由天线接收到的高频电视信号（含伴音），首先经过输入回路选出要接收的频道信号，经高频放大级放大后送入混频电路。与此同时，本机振荡产生的高频振荡信号（本振信号）也送入混频电路。混频电路将两个信号进行差频，输出载频分别为38MHz、33.57MHz和31.5MHz的图像中频、色度中频和第一伴音中频信号。

（2）中频放大器 高频调谐器输出的中频信号约1mV，经中频放大输出的中频图像信号峰-峰值要达到1～3V，因此中放电路一般有三级到四级，以使中频图像信号得到60～65dB的增益放大。

（3）视频检波 视频检波级的作用是从中频电视信号中检出视频信号——彩色全电视信号，用FBAS表示。另外，38MHz图像中频和31.5MHz伴音中频通过检波电路时，会产生6.5MHz的第二伴音中频信号。

（4）AGC电路 自动增益控制电路（AGC电路）的作用是当接收的高频电视信号强弱有变化时，能自动调节中放级和高放级的增益，使检波级输出的视频信号保持在一定的电平上，当信号较强时，中放 AGC 起控，可减少中放级增益；当信号很强时，则高放 AGC 起控，使高频头高放级增益减小，故高放 AGC（RFAGC）也称延迟 AGC。

（5）亮度通道　亮度通道的作用是从彩色全电视信号中抑制掉色度信号，分离得到亮度信号，并经 Y 放大与延时，送到解码矩阵电路。

（6）解码电路　该电路的作用是将彩色全电视信号还原为三基色信号。它包含色度解码和副载波恢复电路。

1）色度解码。彩色全电视信号经过色度带通滤波器，衰减亮度信号而让色度信号通过。色度信号经过 U、V 分离电路（梳状滤波器），分离出平衡调幅信号，再经过同步解调，解调出红差与蓝差信号，最后经过矩阵电路还原为三基色信号。

2）副载波恢复电路。色同步选通电路从色度信号中选出色同步信号，使副载波恢复电路产生的 4.43MHz 副载波同步。此副载波一路送到蓝差同步解调器，一路经 90°移相，再经 PAL 开关，形成 ±90°的副载波送到红差同步解调器。

（7）视放电路　视放电路也称视频输出电路，其作用是放大三基色信号，并将它们调制到显像管的阴极，使屏幕显示彩色图像。

（8）伴音通道　它包含伴音中放、鉴频、低频放大、功率放大几部分。由于中放电路中伴音的放大受到抑制，经视频检波输出的 6.5MHz 第二伴音中频信号幅度较小，如直接进行鉴频则会产生失真，故需经伴音中放电路加以放大，然后由鉴频器检出音频信号。此音频信号经低放、功放电路进行电压和功率放大后，推动扬声器还原出伴音。

3. 控制系统

彩色电视机的控制系统是以微处理器为核心的自动控制电路，彩色电视机的亮度、色度、对比度、音量、频道选择及电源开关等都可以通过遥控电路的控制来实现。目前，大屏幕彩色电视机的控制中心是通过 I²C 总线与各集成电路联系的，即受控的集成电路挂在 I²C 总线上。微处理器起主控作用，称主控 IC；挂在 I²C 总线上的 IC 是受控 IC，处于服从地位，称为从属 IC。

4. 开关电源

它的作用是将 220V 交流电压，经整流、滤波、DC-DC 变换、稳压后输出各种直流电压，供给负载。

【操作指导】　彩色电视机常见故障及其查找方法

从彩色电视机组成框图中可以看出公共通道、伴音通道、行/场扫描电路等部分电路与黑白电视机是相同的。以下主要分析其他几部分电路的常见故障及查找方法。

1. 常见故障

1）无光栅、无伴音、开机即烧熔丝。

2）无光栅、无伴音、机内有"吱吱"声。

3）无光栅、无伴音、机内无"吱吱"声。

4）有图像、无彩色。

5）彩色爬行。

6）彩色失真。

7）屏幕局部有彩色斑块。

8）单基色光栅很亮且有回扫线。

9）缺少某一基色。

10）聚焦不良。

2. 常见故障的检修

（1）无光栅、无伴音、开机即烧熔丝（保险丝） 开机烧熔丝，说明电源电路中有元器件击穿或短路，通常用测量电阻的方法来判断故障部位。

1）拔下电视机电源线，更换熔丝，接通电视机电源开关，拔下消磁线圈，用万用表 R×1kΩ档测量电视机电源插头两端的直流电阻，阻值应接近无穷大，交替表笔测量也应如此。否则为互感滤波器中的元器件或桥式整流二极管击穿（或并联在二极管两端的电容击穿）短路。

2）测量消磁线圈两端的直流电阻，正常时为15Ω左右，若过小，则消磁线圈局部短路，会引起烧熔丝。再测量消磁电路热敏电阻两端的阻值，正常时为15Ω左右，若偏离较多但未开路，则它失去了正热敏特性会引起开机烧熔丝。

3）测量开关管集电极与发射极之间的电阻（黑表笔接集电极），阻值应为几十千欧，若阻值很小或为零，则开关管击穿或并联在开关管两端的电容击穿。

（2）无光栅、无伴音、机内有"吱吱"声 有"吱吱"声说明开关电源在振荡。这时可测量开关电源主路输出电压（通常为+110V左右，有的机型为130V），有如下几种情况。

1）110V 主路输出电压正常，通常是行扫描电路有故障。

2）主路输出电压只有几十伏，常见原因有：一是行输出级有故障，通常是行输出变压器局部短路；二是开关电源主电路电压之外的负载（例如场输出级、伴音功放级）有短路现象；三是开关电源中稳压电路有故障，造成输出电压降低。这种情况下改接假负载有利于判断故障部位。

3）有些开关电源，即使主电路负载短路（例如行输出管击穿），110V 电压变为 0V，开关电源仍能振荡。

（3）无光栅、无伴音、机内无"吱吱"声 无光栅、无伴音，面板上的指示灯不亮，熔丝未断，机内也不发出"吱吱"声，这说明电源整流电路有开路性故障或开关电源未起振。

1）测量开关管集电极对地的直流电压，正常时为 300V 左右。如果无此电压，则可能是整流滤波电路中的限流电阻开路、电源线断或开关变压器一次绕组开路；如果 300V 左右的电压正常，则为开关电源没有起振。当整流滤波电路中的限流电阻开路时，应检查整流管、滤波电容或开关管等元器件有无击穿现象。

2）开关电源是否振荡，可通过测量开关管发射结的电压来判断。当开关管发射结为 1.5V 左右的反向电压，则表明开关电源振荡正常。开关电源不起振的原因有：一是启动电路开路；二是正反馈电路有故障（应仔细检查开关变压器引脚周围有无细裂纹）；三是开关振荡管开路。

3）若能够开机，但很快变为无光、无声，通常是保护电路启动所致。造成保护电路启动的原因，一般是出现了过电压或过电流故障，或保护电路自身出现了故障。

（4）有图像、无彩色 接收彩色电视信号，有黑白图像，无彩色。造成有图像、无彩色的原因有：加至色度解码电路的色信号太弱，引起自动消色；副载波压控振荡器失锁，引起自动消色；PAL 开关失常，引起自动消色；副载波压控振荡器停振，无法解调出色差信号；色度信号传输通道出现故障，使色度信号传输中断；自动消色电路本身故障，发生误动作而消色。

　　检修时先测量色饱和度控制端的电压，如果很低（接近 0V）且调整色饱和度电位器不起作用，检查色饱和度控制电路，若正常，则说明已进入自动消色状态，应当用迫停消色法打开消色门。然后根据打开消色门后屏幕上出现的现象，判断故障范围。再通过检测确定故障部位，进而查出故障元器件。

　　打开消色门后，若屏幕上出现了彩色雪花噪声，则说明是色信号弱而造成了自动消色。造成色信号弱的机内原因，一是公共通道故障，二是色度通道故障。可把色饱和度调到最小，观察黑白图像，若黑白图像对比度淡，清晰度低，噪波大，则是公共通道有故障，可按公共通道的"灵敏度低"的故障进行检修；若黑白图像质量良好，则是色度通道故障造成的色信号弱。可能是带通滤波器性能不良，对 4.43MHz 色信号造成衰减，这可用 0.1pF 的电容运用跨接法来检查。也可能是 ACC 滤波元件性能不良，使 ACC 电压失常造成带通放大器增益下降而导致色信号弱。

　　打开消色门后，若屏幕上出现不同步的彩色，则是彩色不同步造成的自动消色。所谓彩色不同步，是指在正常的黑白图像上出现滚动或闪烁的彩色横条或斜条，类似于黑白图像行不同步的现象。造成彩色不同步的原因：一是副载波振荡器振荡频率过多地偏离 4.43MHz 标准值，超出了 APC 电路的捕捉范围；二是 APC 电路发生故障，对副载波振荡器失去控制能力或发生错误的控制；三是色同步信号分离及移相电路发生故障，造成 APC 鉴相器无色同步信号输入。

　　对副载波振荡器频率偏移的检查：可将 APC 滤波器用导线短接，然后用频率计或示波器测量副载波信号的自由振荡频率。对 APC 电路的检查：APC 鉴相器的故障常反映在直流电压上。正常情况下，两端对地电压应基本相等；若差别较大，则 APC 电路有故障。主要检查 APC 元器件是否正常。对色同步分离及移相电路的检查：如果色同步信号丢失，则 APC 鉴相器失去了相位基准，从而不能对副载波振荡器进行正确控制。判断色同步信号是否丢失，可用示波器测量波形，若无色同步信号，则可能是色同步选通门定时电路有问题。

　　打开消色门后，若出现彩色失真和彩色爬行现象，则说明是 PAL 开关失常引起的自动消色。若 PAL 开关失常，将引起自动消色。同时，它不能为 R-Y 解调器提供正确的逐行倒相的副载波，使得解调出的 U_{R-Y} 信号一行为正，一行为负，这将引起彩色失真和彩色爬行现象（参看下面的"彩色爬行"故障分析）。而造成 PAL 开关不工作或工作失常的原因通常是加至 PAL 开关的行逆程脉冲丢失或波形不良，也可能是解码集成电路内部损坏。

　　打开消色门后，若仍无彩色，则为副载波振荡器停振或色度信号传输通道有故障。对副载波振荡器是否停振的检查：可用示波器测量波形，看有无 4.43MHz 正弦波信号。若无振荡信号，则为副载波振荡电路故障。对色度信号通道的检查：可测量解码集成电路有关各脚电压，以判断集成电路及外围元器件是否损坏；也可用 0.01pF 电容跨接带通滤波器、超声延时线耦合电容等元器件，以判断这些元器件是否开路；还可用示波器测量解码集成电路有关各脚波形，看色度信号从何处丢失，以确定故障部位，进而查找故障元器件。若消色门打不开，则为消色电路自身有故障。消色门打不开，是指消色检波滤波脚电压不正常，但用迫停消色法跨接电阻后，并不能改变该脚电压的异常状态。这时可查消色检波滤波电容是否击穿，若无击穿，则是集成电路内部消色检波电路损坏。

（5）彩色爬行　彩色爬行是指在显示比较正常的彩色图像的同时，在图像的某些部分出现亮暗间隔的横细条纹，这些细条纹向上蠕动，好像一行行亮暗相间的扫描线在爬行，故称爬行。这种爬行现象在显示活动图像时不太容易觉察，有的仅出现在图像轮廓的边缘部分，有的仅出现在大面积单色的部分。如果显示标准彩条图案则比较明显，类似于"百叶窗"，故又称"百叶窗"效应。

造成彩色爬行故障的原因，一是梳状滤波器性能不良，F_U 和 F_V 不能良好地分离；二是 PAL 开关不工作或工作失常。对于 PAL 开关工作失常引起的彩色爬行，将引起自动消色，只有打开消色门后才能暴露出来。其故障原因及检修方法前面已做了介绍，现在着重分析由梳状滤波器故障引起的爬行现象。

当梳状滤波器性能不良时，就会使分离出的 F_U 和 $\pm F_V$ 不纯净，即分离出的 F_U 信号中含有 $\pm F_V$ 的成分，同样，分离出的 $\pm F_V$ 信号中含有 F_U 的成分。这种串扰成分通过同步检波器后，在屏幕上的影响是使亮度、色调和色饱和度逐行交替，但由于两个色差信号的同步解调器对混进去的正交分量有一定的抑制作用，又由于人眼对色调和色饱和度的逐行交替不够敏感，所以一般看不出彩色的变化，而看到的是亮暗相间的横细条纹。由于隔行扫描，这种横细条纹又逐场向上移动一行，所以给人的感觉是缓慢地向上爬行。

怎样才能使梳状滤波器分离出的 F_U 和 $\pm F_V$ 纯净呢？这就要求送到加、减法器的直通信号和延时信号幅度完全相等、相位完全相反。否则，就会出现 F_U 和 $\pm F_V$ 之间的串扰。实际上，色度延时线不可能没有一点误差，这就使延时信号与直通信号不可能完全反相，又由于延时线会有插入损耗，而其他元件也会有一定误差，使直通信号与延时信号幅度不完全相等。为此，电路中设置了相位补偿和幅度补偿元件。

如果打开消色门后才出现彩色爬行，则为 PAL 开关不工作或工作失常所致；如果未打开消色门就能看到彩色爬行，则为梳状滤波器不良所致。

（6）彩色失真　彩色失真故障有如下四种情况：一是图像中缺少红、绿、蓝中某种基色；二是并不缺少某种基色但色调不正常，关闭色饱和度后彩色消失；三是底色偏，将色饱和度关闭后仍有彩色；四是画面局部有彩色斑块，色饱和度关闭后也不能消失。

彩色失真的第一种情况是红、绿、蓝三个电子束其中有一个截止，使三基色变成了二基色。这种彩色失真从图像画面上就可以看出来。如果红电子束截止，画面则呈青色；若是绿电子束截止，画面则呈紫色；若是蓝电子束截止，画面则呈黄色。

造成画面缺色的原因，大多是视放末级有一个视放管开路或因偏置不当而截止，使与之对应的阴极电压升高，这可通过测量三个视放管各极的电压进行判断。

彩色失真的第二种情况通常是由于副载波形成电路产生的副载波相位与彩色电视信号中色度信号的相位不一致，使色度信号被解调后的色差信号产生相位差，从而使机内恢复的 U_R、U_G、U_B 三基色信号与电视台发送的 U_R、U_G、U_B 信号也产生相位差，出现相位差必然造成色调畸变。

为了使色同步信号的相位符合 APC 鉴相器的要求，由色度与色同步分离电路分离出的色同步信号要经过一个超前 45° 的移相网络移相。这种移相是通过 L、C 回路的失谐来实现的。当 L 或 C 的参数发生变化时，就会产生附加相移，从而使送到 APC 鉴相器的色同步信号相位不准确，导致副载波振荡器产生的副载波被锁定的相位不准，从而造成图像色调畸变。

调整方法是：接收彩色电视测试图信号，调节移相器的磁心使测试图中圆外格子图像不带彩色，而圆内彩条信号色调正确。

彩色失真的第三种情况是白平衡不良，需进行白平衡调整。

彩色失真的第四种情况是显像管色纯不良，需根据显像管及其附属电路故障进行检修。

（7）屏幕局部有彩色斑块　屏幕局部有彩色斑块，这是色纯不良的故障现象。其原因有三：一是色纯、静会聚调整不良；二是自动消磁电路有故障；三是显像管内铁磁物质受到了外界强磁场的磁化。

首先，观察偏转线圈和色纯、会聚磁环，只要它们原封未动，无需进行色纯和静会聚调整，也很少发现由显像管及其偏转组件造成的色斑故障。

其次，可改变电视机的位置或方向，看色斑有无变化。若变动电视机位置后色斑消失，则说明是外磁场或地磁的影响。

然后，要仔细听开机时荧光屏四周有无"啦啦"的消磁声。若听不到声响或声音异常，就说明自动消磁电路有了故障，消磁电路常见的故障是热敏电阻开路或变质、插头接触不良等。可拨开消磁线圈，测量消磁电阻的阻值，其值通常为 $10 \sim 20\Omega$ 之间，若阻值太大或太小（阻值大小将引起开机烧熔丝的故障），均属不正常。

判断消磁电阻好坏的有效方法是：将消磁电阻串联并串接一只灯泡，接在 220V 交流电源上，如果灯泡一亮立即转暗并熄灭，则说明消磁电阻正常；如果灯泡不亮或亮而不灭，则说明消磁电阻不良。

自动消磁电路如果修复后，经多次开机仍不能消除色斑，则应进行人工消磁。

（8）单基色光栅很亮、且有回扫线　产生单基色光栅很亮的原因：一是某视放管击穿，二是显像管某阴极与栅极短路或某阴极与灯丝短路。

对于显像管极间短路的故障，可用电击法将其烧开。对于灯丝与阴极短路的故障，除可用电击法外，还可用灯丝单独供电的方法来解决。

（9）缺少某一基色　缺少某一基色的故障是某个视放管开路或截止、显像管某阴极断路或与管座接触不良所致。检修时可测量三个末级视放管集电极的直流电压，如果正常，则说明显像管某个阴极断路（或引脚与管座接触不良）；如果某个视放管集电极电压升高接近集电极供电电压，则故障为该视放管开路或因偏置不当而截止。

（10）聚焦不良　开机后伴音正常，但图像模糊，有时附带图像变暗，调聚焦电位器无效。这种故障一般是聚焦极脱焊，使聚焦电压加不上。但如果是过十几分钟后图像开始变清楚，大多是显像管管座绝缘下降。可拨下管座，焊开聚焦极引线，用 $R \times 10k\Omega$ 档测量管座聚焦极对地电阻，表针若有摆动，则说明管座绝缘下降，应更换。

项目6 实践　整机电路故障查找训练

【训练1】　VCD 或 DVD 故障查找训练

1. 训练目的

1）了解 VCD 或 DVD 整机的常见现象。

2）学习 VCD 或 DVD 整机的故障分析方法，学习 VCD 或 DVD 常见故障的检修方法。

2. 主要仪器设备

1）光盘播放机（VCD 或 DVD 机）1 台。

2）万用表及维修工具1套。

3. 训练步骤及主要项目

（1）电源故障查找要点

1）用测量电压查找法测量电源电路的输入和各组输出的直流电压，以确定故障类型，然后再分别展开相应的查找方法。

2）若直流电源的输入电压不正常，则应进一步查找电源输入电路，如熔丝及熔断电阻是否烧毁，开关电源的220V整流滤波电路有无异样，模拟电源的220V交流输入电路有无开路等。

3）若开关电源的输入电压正常而无直流输出电压，则应进一步查找开关电源部分，如开关管是否烧毁，脉冲变压器各组线圈有无开路，脉宽调制电路有无故障等。

4）若稳压电源的各组低压直流输出中，仅某一组无输出，则应重点查找该组稳压电源的整流滤波电路和三端集成稳压器。

5）若直流电源的输出电压正常，而某一功能电路无工作电压，则应进一步查找该功能电路的直流供电电路，如电源至该电路印制电路板之间的接线插头/插座有无接触失效，供电电路中的连接或供电电阻有无开路，滤波电容器有无短路等。

（2）加载系统的故障查找要点

1）加载系统是由机械（托盘机构）、电路（加载电动机驱动电路）、控制（CPU及检测开关）等几部分组成，应首先按故障现象区分故障部位。

2）若托盘出盒到位后加载电动机仍转动，一会儿又自动入盒，或者入盒到位后加载电动机旋转不停，且激光托盘架不断反复地升起下降，这是因为托盘位置检测开关、激光升降检测开关接触不良或引线断路造成的。

3）若通电后显示正常，操作出盒键（OPEN/CLOSE）而托盘出不来，这是加载机构或加载电路有问题。为了区分是机械故障还是电气故障，可选取以下方法判断。方法一：若系机械故障，按出盒键后，机内一般会发出异样的机械响声，而电气故障，按出盒键后一般机内无任何动静。方法二：用外接5V电源加在加载电动机两端，若进出盒正常，则表明加载驱动电路有故障，若电动机欲动而动不起来，则可能是电动机损坏；若电动机转而不能进出盒，则是机械故障。

4）若是机械故障，则断电后取出机芯，拆卸机芯部件，通过观察不难发现故障点。

5）若是电气故障，可用电压查找法检查加载驱动电路。

（3）故障查找训练　由实训指导教师在光盘播放机上设置人为故障，交由学生进行故障查找训练。

4. 填写整机电路故障查找训练报告表

整机电路故障查找训练报告表见表6-5。

表6-5　整机电路故障查找训练报告表

班　　级		实 习 项 目		时　间	
姓　名		设备型号1		设备型号2	
使用仪器仪表、工具的名称					
故障现象					
分析判断					

（续）

班　　级		实 习 项 目		时　　间	
姓　　名		设备型号1		设备型号2	
查找方法					
排除过程					
重新调整					
整机电路实训中发现的问题及体会					
实训成绩		指导教师签名			

【训练2】　简易电容测量仪故障查找训练

1. 训练目的

1）了解简易电容测量仪的常见现象。

2）学习简易电容测量仪的故障分析方法。

3）学习简易电容测量仪常见故障的检修方法。

2. 训练器材

MF－47型万用表一只，35W内热式电烙铁一把，镊子一个，剪刀、卷尺或钢皮直尺各一把，不同规格的剥线钳、斜口钳、钢丝钳等各一把，不同规格十字、一字螺钉旋具一套，脉冲式充电器元器件一套，技术文件一套，含原理图（见图6-50）、装配图（见图6-51）、印制电路板图（见图6-52）、实物图（见图6-53）、工艺文件（见操作指导）和元器件清单（见表6-6）。

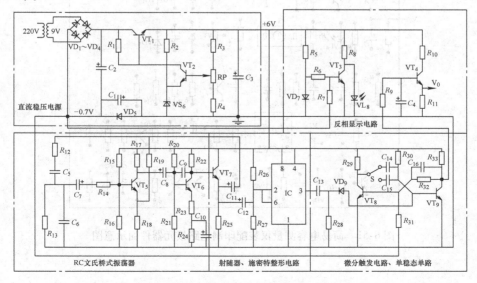

图6-50　简易电容测量仪原理图

【操作指导】 工艺文件

1. 工艺流程

核对材料规格、数量→元器件检测及印制电路板质量检查→按常规工艺进行元器件预处理→装配→自检→调试→自检→交工件。

2. 电子装配工艺要求

1）电阻、二极管（发光二极管除外）均采用水平安装方式，并贴紧印制电路板，电阻的色环标志方向应该一致。

2）发光二极管直立式安装，底面离印制电路板 6mm。

3）晶体管和元片电容器采用直立安装方式，其高度为管底面离印制电路板 6mm。

4）电位器、电解电容器应尽可能紧贴印制电路板，底面离印制电路板不大于 4mm。

5）钮子开关用配套螺钉螺母安装，开关体装在印制电路板的导线面，开关的拨动钮子装在元器件面。钮子开关与印制电路板的连接线采用软导线搭焊。

6）电源变压器用螺钉紧固在印制电路板元器件面上，一次绕组引出线向外，二次绕组引出线向内，印制电路板的另两个角上也装上螺钉，螺母均放在导线面。电源线由印制电路板导线面穿过电源线孔，在元器件面打结后与一次绕组引出线焊接，并用绝缘胶布将两根线的焊头包密包紧，决不允许露出线头。二次绕组引出线插入指定焊盘孔后焊接。

7）所有焊点均采用直脚焊，剪脚留头在焊面以上 0.5～1mm，不得损伤焊面。

8）未述之处均按常规工艺。

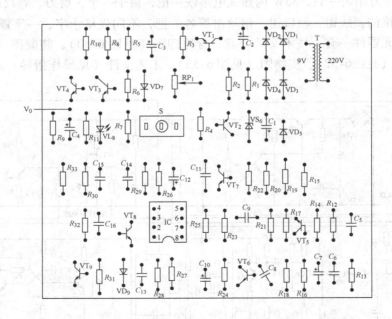

图 6-51　简易电容测量仪装配印制电路板元器件面示意图

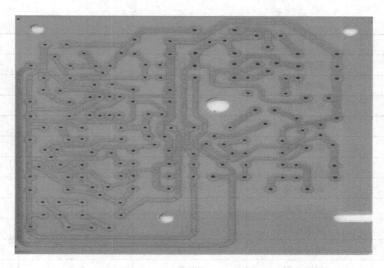

图 6-52 简易电容测量仪装配印制电路板图

图 6-53 简易电容测量仪实物图

表 6-6 简易电容测量仪元器件清单

序 号	名 称	规格型号	数 量	备 注
R_1	碳膜电阻	1kΩ	1个	
R_2	碳膜电阻	510Ω	1个	
R_3	碳膜电阻	2000Ω	1个	
R_4	碳膜电阻	1kΩ	1个	
R_5	碳膜电阻	2kΩ	1个	
R_6	碳膜电阻	15kΩ	1个	
R_7	碳膜电阻	10kΩ	1个	
R_8	碳膜电阻	510Ω	1个	

（续）

序　号	名　称	规格型号	数　量	备　注
R_9	碳膜电阻	10kΩ	1个	
R_{10}	碳膜电阻	2kΩ	1个	
R_{11}	碳膜电阻	1kΩ	1个	
R_{12}	碳膜电阻	5.6kΩ	1个	
R_{13}	碳膜电阻	5.6kΩ	1个	
R_{14}	碳膜电阻	33kΩ	1个	
R_{15}	碳膜电阻	62kΩ	1个	
R_{16}	碳膜电阻	20kΩ	1个	
R_{17}	碳膜电阻	2kΩ	1个	
R_{18}	碳膜电阻	510Ω	1个	
R_{19}	碳膜电阻	20kΩ	1个	
R_{20}	碳膜电阻	62kΩ	1个	
R_{21}	碳膜电阻	20kΩ	1个	
R_{22}	碳膜电阻	2kΩ	1个	
R_{23}	碳膜电阻	100Ω	1个	
R_{24}	碳膜电阻	430Ω	1个	
R_{25}	碳膜电阻	2.2kΩ	1个	
R_{26}	碳膜电阻	20kΩ	1个	
R_{27}	碳膜电阻	20kΩ	1个	
R_{28}	碳膜电阻	24kΩ	1个	
R_{29}	碳膜电阻	1kΩ	1个	
R_{30}	碳膜电阻	51kΩ	1个	
R_{31}	碳膜电阻	30kΩ	1个	
R_{32}	碳膜电阻	30kΩ	1个	
R_{33}	碳膜电阻	1kΩ	1个	
RP	微调电阻	1kΩ	1个	
C_1	电解电容	100μF	1个	
C_2	电解电容	470μF	1个	
C_3	电解电容	470μF	1个	
C_4	电解电容	47μF	1个	
C_5	涤纶电容	0.033μF	1个	
C_6	涤纶电容	0.033μF	1个	
C_7	电解电容	47μF	1个	
C_8	电解电容	47μF	1个	
C_9	涤纶电容	0.033μF	1个	
C_{10}	电解电容	47μF	1个	

（续）

序号	名　　称	规格型号	数　　量	备　注
C_{11}	电解电容	47μF	1个	
C_{12}	电解电容	47μF	1个	
C_{13}	元片电容	330pF	1个	
C_{14}	涤纶电容	0.01μF	1个	
C_{15}	元片电容	3300pF	1个	
C_{16}	元片电容	100pF	1个	
VD_1	晶体二极管	1N4001	1个	
VD_2	晶体二极管	1N4001	1个	
VD_3	晶体二极管	1N4001	1个	
VD_4	晶体二极管	1N4001	1个	
VD_5	晶体二极管	1N4148	1个	
VS_6	稳压二极管	3.5V	1个	
VD_7	晶体二极管	1N4148	1个	
VL_8	发光二极管	红色	1个	
VD_9	晶体二极管	1N4148	1个	
VT_1	晶体管	3DG130	1个	
VT_2	晶体管	2N9014	1个	
VT_3	晶体管	2N9014	1个	
VT_4	晶体管	2N9014	1个	
VT_5	晶体管	2N9014	1个	
VT_6	晶体管	2N9014	1个	
VT_7	晶体管	2N9014	1个	
VT_8	晶体管	2N9014	1个	
VT_9	晶体管	2N9014	1个	
S	钮子开关	1×2		
D	集成电路	NE555		
T	电源变压器	220/9V		
	集成块插座	8P	1个	
	螺钉、螺母	M3×8	4付	
	印制电路板		1块	
	电源线		1条	
	细导线		20cm	

3. 训练内容及步骤

1）用万用表检测所有的元器件。

2）按电路装配图及装配工艺要求，完成简易电容测量仪元器的装配与焊接，如图6-53所示。

3) 按调试工艺文件完成简易电容测量仪调试。

4) 调试简易电容测量仪稳压电源，将测量数据填入对应的表格中，见表6-7。

表6-7　简易电容测量仪调试及测量数据记录表

班级		技能训练项目			时间		
姓名		选用工具名称					
稳压 电源 测量	稳压电源 测试点	电源变压器 一次电压/V		电源变压器 二次电压/V	滤波电容 C_2 两端的电压/V	稳压电源输出电压 和正负误差电压/V	

电压 测量	测试点	晶体管 $VT_1 \sim VT_9$ e、b、c 电压/V								
		VT_1	VT_2	VT_3	VT_4	VT_5	VT_6	VT_7	VT_8	VT_9
		V_b	V_b	V_b	V_b	V_b	V_b	V_b	V_b	V_b
		V_e	V_e	V_e	V_e	V_e	V_e	V_e	V_e	V_e
		V_c	V_c	V_c	V_c	V_c	V_c	V_c	V_c	V_c

故障现象	
分析判断	
查找方法	
排除过程	
重新调整	
示波器测量波形	

整机电路实训中发现的问题及体会

实训成绩		实习指导教师签字	

项目6考核　整机电路故障查找方法与技巧试题

一、填空题（每空1分，共31分）

1. 了解并确定故障症状的方法是：_____、_____、_____。

2. 查找故障前两项准备工作是：_____、_____。

3. 整机故障查找时五个基本步骤是：_____、_____、_____。

_____、_____。

4. 整机电路故障查找的 8 条原则是：_____、_____、_____、

_____、_____、_____、_____、_____。

5. 查找整机设备故障时的注意事项是：_____、_____、_____、

_____、_____、_____、_____、_____、_____。

二、选择题（多选题，每题 5 分，共 25 分）

1. 简易音频信号发生器振荡器无音频信号输出时，故障部位是（　　）。

A. 音频放大器　　　　B. 反馈网络　　　　C. 射随器　　　　D. 阻容元件

2. 数字钟七段显示器，显示缺笔画时，故障部位是（　　）。

A. 译码电路　　　　B. 驱动电路　　　　C. 显示集成电路　　D. 电源电路

3. 调频、调幅收音机完全无声时，故障的主要部位是（　　）。

A. 功率放大电路　　B. 收音机选频电路　C. 收音机集成电路　D. 电源电路

4. 电话机音频拨号正常，脉冲无法拨号时，故障的主要部位是（　　）。

A. 选择开关电路　　B. 脉冲开关电路　　C. 电话机集成电路　D. 电源电路

5. 黑白电视机有光栅、无图像、有伴音时，故障的主要部位是（　　）。

A. 公共通道　　　　B. 高频调器　　　　C. 伴音通道　　　　D. 电源电路

三、识图，指出下列电路的名称？（每题 5 分，共 20 分）

A. _____

B. _____

C. _____

D. _____

四、简答题（每题 6 分，共 24 分）

1. 电话机的常见故障有哪八种？举两例说明其故障产生的原因。

2. 整机故障维修前应做哪些准备工作？

3. 用逻辑分析框图的方式，查找黑白电视机有光栅、无伴音、无图像的故障。

4. 用逻辑分析框图的方式，查找彩色电视机无光栅、无伴音、开机即烧熔丝的故障。

项目小结

1. 整机电路是由多种单元电路组合而成的、具有特定功能的电路系统。当整机电路不能正常工作即达不到其主要性能指标时，认为整机电路出现了故障。在查找整机故障时一般有五个基本步骤：①了解并确定故障的症状；②做好查找前的准备工作；③查找故障部位；④更换元器件，测量验证和调整设备；⑤记录概况，总结提高。

2. 整机电路故障查找的原则一般为：先思考后动手；先外后内；先易后难；先静后动；先"源"再"它"；先直流后交流；由一般到特殊；循序渐进。

3. 查找故障时一定要注意检修时应遵守的规章制度，不扩大故障范围，注意人身安全。

4. 简易音频信号发生器是由模拟电路组成的电信号仪器，它能够输出两种不同频率的音频信号，主要由直流稳压电源、音频振荡器、音频放大器等电路组成。常见故障有耳机中只有一种音频信号声；振荡器无音频信号输出；耳机中无声等。查找故障可在理解相应单元模拟电路工作原理的基础上，根据情况进行查找。

5. 数字钟是一个典型的数字电路系统。由时、分、秒计数器以及校时、译码显示和报时电路组成。常见故障有七段显示器显示缺笔画；七段显示器显示和音响都不正常。数字钟显示正常，但整点报时无声响。查找故障可在理解单元数字电路工作原理的基础上，根据情况进行查找。

6. 遮光式计数器由模拟和数字混合电路组成。主要由直流稳压电源、光敏电阻、电压放大器、倍压检波电路、电压比较器、计数器、译码器和显示电路等组成。常见故障有3位数码管中十位数不能显示；遮光式计数器不能计数。查找故障可在理解单元模拟电路及单元数字电路工作原理的基础上，根据不同情况、不同特点进行查找。

7. 调频、调幅收音机是能接收调频和调幅广播电台信号，并经处理后还原成声音的无线电接收装置。常见故障有收音无声；收音灵敏度低；收音失真；调频收音正常、调幅收音无声；调幅收音正常、调频收音无声；收音噪声大、啸叫。检修完毕后一定要重新进行调整。

8. HA838（XI）P/T型电话整机电路主要由振铃电路、电源供给电路、拨号电路和通话电路四部分组成。常见故障有无铃声、不拨号、也无送受话；铃不响，拨号和通话正常；铃声单一频率；铃只响一声；不拨号，也不能通话；通话正常，但不能拨号；音频拨号正常，脉冲无法拨号；脉冲拨号正常，音频无法拨号；受话正常，但不能送话；无受话声音。检修后应进行一次重新检测。

9. 电视机的作用是将电视台发出的高频电视信号接收下来，加以放大和解调，然后将视频图像信号送往显像管重现图像，将伴音信号送往扬声器重放伴音。它主要由信号系统、扫描系统、直流稳压电源三大部分组成。在维修过程中，要根据电视机的故障现象、工作原理、电路图、维修经验来分析、排除故障。待修复后，可根据光栅、图像和伴音的情况做一些必要的调整。

思 考 题

1. 在查找整机故障时，一般按怎样的顺序与原则进行？

2. 在查找故障时应注意哪些事项？

3. 试估算图 6-2 中 VT_{12}、VT_{13}、VT_{14} 各电极的电压值。

4. 试述图 6-2 中 C_8 的名称、作用，若其容量增大会出现什么故障现象？

5. 对数字钟无法整点报时的故障应怎样进行检修？

6. 数字钟走时比标准时间快，是什么原因？应如何调整？

7. 写出遮光式计数器 3 位数码管中百位数不能显示的故障查找方法。

8. 遮光式计数器中 CD4553⑩脚"LE"虚焊，遮光式计数器会出现什么故障现象？

9. 简述调频、调幅收音机的基本工作原理，并画出调幅收音机的组成框图，说明各部分的功能。

10. 参看图 6-16，若电路中 C_1、C_{17}、C_{23}、C_{26} 分别开路，则收音机会出现什么故障现象？

11. 画出 HA838（XI）P/T 型音频/脉冲电话机（见图 6-25）的振铃电路，写出振铃电路中各元器件的名称、作用。

12. 对于 HA838（XI）P/T 型音频/脉冲电话机（见图 6-25），下述元器件在电路中各起什么作用？并说明若这些元器件开路，电话机将出现怎样的故障现象。① R_2；② VT_6；③ C_1；④ VT_{15}；⑤ VT_{12}；⑥ VT_7；⑦ VS_{14}；⑧ VT_8；⑨ C_{13}；⑩ VT_{24}

13. 场扫描电路常见的故障现象有：场不同步，一条水平亮线，场线性不良，场幅度不足等，请写出这些常见故障的查找方法流程图。

14. 图像中频通道常见的故障现象有：无图像、无伴音，图像噪波点多，图像与伴音不能兼顾，图像不稳定，图像清晰度差等，请写出这些常见故障的查找方法流程图。

15. 彩色电视机由哪些电路组成？

16. 彩色电视机常见故障有哪些？

17. 如何检修有图像、无彩色故障？

18. 如何检修无光栅、无伴音、开机即烧熔丝（保险丝）的故障？

19. 如何检修彩色爬行故障？

20. 如何检修缺少某一基色故障？

项目7 电子设备的调试与维护

　　一种电子设备组装或维修完毕后，一般需要通过调试才能达到规定的技术指标。设备故障排除后，也需要重新进行调试。

　　电子设备调试包括调整和测试两方面。调整是对电子电路中可调整器件、机械传动机构及其他非电气部分进行调整；测试是对电子设备的整机电气性能进行测试。通过调整和测试使电子设备性能参数达到预定的技术指标。

　　本项目主要介绍电子设备的技术指标，调试的一般程序和方法，以及日常维护方面的知识。

任务1　电子设备的调试

　　【任务分析】　通过任务1的学习，学生应了解电子设备调试的内容、准备工作和工艺流程。熟练掌握总装的基本技能。

　　【基础知识】　电子设备调试概述

　　电子设备经过装配之后，虽然是用需要的元器件、零件和部件按照设计图样的要求连接起来的，但由于每个元器件的参数具有一定的离散性，机械零、部件加工有一定的公差和装配过程中产生的各种分布参数等的影响，不可能使整机立即能正常工作，必须通过调整、测试才能使功能和各项技术指标达到规定的要求。因此，对于电子设备的生产，调试是必不可少的工序。

　　调试是用测量仪表和一定的操作方法对单元电路板和整机的各个可调元器件和零、部件进行调整与测试，使之达到或超过标准化组织所规定的功能、技术指标和质量标准。调试既是保证并实现电子设备功能和质量的重要工序，又是发现电子设备设计、工艺缺陷和不足的重要环节。从某种程度上说，调试工作也是为不断提高电子设备的性能和品质积累可靠的技术性能参数。

1. 调试工作的内容

1）明确电子设备调试的目的。

2）正确选择和使用测量仪器仪表。

3）严格按照调试工艺要求进行调整和测试。

4）对调试数据进行分析、反馈和处理。

2. 调试前的准备工作

（1）调试前工艺文件的准备　调试前，操作人员应仔细阅读调试说明及相关的工艺文件，重点了解整机的基本工作原理和技术要求。

（2）调试用仪器仪表的准备　按工艺文件规定，准备好调试用仪器仪表及相应的工具、备件；掌握测试仪器仪表的使用，并能按要求连接好各仪器仪表。

（3）被调试电子设备的准备　被调试电子设备装配完毕后，必须经过严格的检查并确认完全符合工艺要求。

【操作指导1】　电子设备调试工作的一般程序

调试工作遵循的一般规律为：先调试部件，后调试整机；先内后外；先调试结构部分，后调试电气部分；先调试电源，后调试其余电路；先调试静态指标，后调试动态指标；先调试独立项目，后调试相互影响的项目；先调试基本指标，后调试对质量影响较大的指标。

由于电子设备种类繁多，电路复杂，内部单元电路的种类、要求及技术指标等也不相同，所以调试程序不尽相同。但对一般电子设备来说，整机设备调试的一般工艺流程如图7-1所示。

图7-1　整机设备调试的一般工艺流程框图

（1）整机外观检查　检查项目因设备的种类、要求不同而不同，具体要求可按工艺指导卡进行。例如收音机，一般检查天线、紧固螺钉、电池弹簧、电源开关、调谐指示、按键、旋钮、四周外观、机内有无异物等项目。

（2）结构调试　电子设备是机电一体化设备，结构调试的目的是检查整机装配的牢固性和可靠性以及机械传动部分的调节灵活和到位情况等。

（3）通电检查　首先，检查供电电压与实际要求是否一致，确认工作电压一致后，方可接通电源，通电后要仔细观察电子设备有无异常现象，如冒烟、打火和异味等。如有上述现象，应立即切断电源，待故障排除后方可重新通电，然后再调试。

（4）电源调试　电源调试通常在空载状态下进行，切断该电源的一切负载后进行初调。其目的是避免因电源电路未经调试带负载，容易造成部分电子元器件的损坏。调试时，接通电源电路板的电源，测量有无稳定的直流电压输出，其值是否符合设计要求或调节取样电位器使其达到额定值。测试检测点的直流工作点和电压波形，检查工作状态是否正常，有无自激振荡等。

空载调试正常后，电源加负载进行细调。在初调正常的情况下，加上定额负载，再测量各项性能指标，观察是否符合设计要求。当达到要求的最佳值时，锁定有关调整元件（如电位器等），使电源电路具有加负载时所需的最佳功能状态。

（5）整机功耗测试　整机功耗测试是电子设备的一项重要技术指标。测试时常用调压器对待测整机按额定电源电压供电，测出正常工作时交流电流，两者的乘积即得整机功耗。如果测试值偏离设计要求，说明机内存在故障隐患，应对整机进行全面检查。

（6）整机统调　调试好的单元电路装配成整机后，其性能参数会受到不同程度的影响。因此，装配好整机后应对其单元电路板再进行必要的调试，从而保证各单元电路板的功能符合整机性能指标的要求。

（7）整机技术指标测试　对已调试好的整机应进行技术指标测试，以判断它是否达到设计要求的技术水平。不同类型的整机有不同的技术指标，其测试方法也不尽相同。必要时应记录测试数据，分析测试结果，写出测试报告。

（8）老化　老化是模拟整机的实际工作条件，使整机连续长时间试验，使部分设备存在的故障隐患暴露出来，避免带有隐患的设备流入市场。

（9）整机技术指标复测　整机经通电老化后，由于部分元器件参数可能发生变化，造成整机某些技术性能指标发生偏差，通常还需要进行整机技术指标复测，使出厂的整机具有最佳的技术状态。

【操作指导2】　电子设备调试的安全措施

调试过程中要接触到各种测试仪器和电源，在这些仪器设备及被测试机器中常带有高压电路、高压大容量电容和 MOS 电路等。为保护调试人员的人身安全和避免测试仪器及元器件的损坏，必须严格遵守安全操作规程。调试工作中的安全措施主要有测试环境的安全、供电设备的安全、测试仪器的安全和操作安全等。

1. 测试环境的安全措施

1）测试场所要保持适当的温度与湿度，场地周围不应有激烈的振动和很强的电磁干扰。

2）调试台及部分工作场地应铺设绝缘橡胶垫，使调试人员与地绝缘。

3）工作场地应备有适用于灭电气起火，且不会腐蚀仪器设备的消防设备（如四氯化碳灭火器等）。

4）调试 MOS 器件的工作台面，应使用金属接地台面或防静电垫板。

2. 供电设备的安全措施

1）调试检测场地应安装漏电保护开关和过载保护装置，所有的电源线、插头、插座、熔丝、电源开关等都不允许有裸露的带电导体，所用电器材料的工作电压和电流均不能超过额定值。

2）当调试设备需要使用调压变压器时，应注意其接法。因为调压器的输入端与输出端不隔离，因此接入电网时必须使公共端接零线，以确保后面所接电路不带电。若在调压器前面再接入 1:1 隔离变压器，则输入线无论如何连接，均可确保安全。

3. 测试仪器的安全措施

1）测试仪器外壳易接触的部分不应带电，非带电不可时，应加绝缘覆盖层防护。仪器外部超过安全电压的接线柱及其他端口不应裸露，以防使用者接触。

2）各种仪器设备必须使用三线插头插座，电源线应采用双重绝缘的三芯专用线，若是金属外壳则必须保证外壳良好接地。

3）更换仪器设备的熔丝时，必须完全断开电源线。更换的熔丝必须与原熔丝同规格，不得更换大容量的熔丝，更不能直接用导线代替。

4）带有风扇的仪器设备，如通电后风扇不转或有故障，应停止使用。

5）电源及信号源等输出信号的仪器，在工作时，其输出端不能短路。输出端所接负载不能长时间过载。发现输出电压明显下跌时，应立即断开负载。对于指示类仪器，如示波器、电压表、频率计等输入信号的仪器，其输入端输入信号的幅度不能超过其量限，否则容易损坏仪器。

6）功耗较大（＞500W）的仪器设备在断电后，不得立即再通电，应冷却一段时间后再开机，否则容易烧断熔丝或损坏仪器。

4. 操作安全措施

1）在接通被测整机的电源前，应检查其电路及连线有无短路等不正常现象；接通电源后应观察机内有无冒烟、高压打火、异常发热等情况。如有异常现象，则应立即切断电源，查找故障原因，以免扩大故障范围或造成不可修复的故障。

2）禁止调试人员带电操作，如必须与电部分接触时，应使用带有绝缘保护的工具。

3）在进行高压测试调整前，应做好绝缘安全准备，如穿戴好绝缘工作鞋、绝缘工作手套等。在接线之前，应先切断电源，待连线及其他准备工作完毕后再接通电源进行测试与调整。

4）使用和调试MOS电路时必须佩戴防静电腕套。在更换元器件或改变连接线之前，应关掉电源，待滤波电容放电完毕后再进行相应的操作。

5）调试时至少应有两人在场，以防不测，其他无关人员不得进入工作场所，任何人不得随意拨动总开关、仪器设备的电源开关及各种旋钮，以免造成事故。

6）调试工作结束或离开工作场所前，应关掉调试用仪器设备等电器的电源，并拉开总开关。

任务2 电子设备的技术指标与调试

【任务分析】 通过任务2的学习，学生应了解电视机和DVD等电子设备的技术指标，熟练掌握电视机、DVD和收音机等电子设备调试的基本方法。

要完成电子设备的调试，在熟悉整机电路的工作原理的基础上，搞清楚电路的技术指标是非常重要的。本节主要介绍电视机和影碟机的技术指标。

【基础知识1】 彩色电视机的主要技术指标

1. 清晰度

清晰度的度量单位实用上常用"线"表示，图像水平清晰度为320线左右；采用数字梳状滤波器实现亮度信号、色度信号分离的彩色电视机射频输入图像水平清晰度在400线左右，AV输入端图像水平清晰度为500线左右。高清晰度数字电视的图像水平清晰度在800线以上。

2. 接收频道数

表明彩色电视机可选择的频道数量。预选位个数越多，说明彩色电视机能存储、接收电视节目频道的个数越多。一般电视机预选节目位应在 100 个左右。

3. 彩色制式

当前世界上彩色电视机主要有三种制式，即 NTSC 制、SECAM 制和 PAL 制。我国采用 PAL 制。随着全球经济一体化和我国对外开放的深入发展，目前，市场上大多为多制式彩色电视机。

4. 屏幕的尺寸

屏幕呈矩形，宽高比一般取 4∶3、5∶4 和 16∶9，习惯上用对角线尺寸作为屏幕尺寸大小的度量，单位有英寸（in）或厘米（cm）。如：37cm（14in）、47cm（18in）、54cm（21in）、56cm（22in）、64cm（25in）、74cm（29in）、87cm（34in）等。背投彩色电视机包括 107cm、122cm、130cm 等。

5. 扫描方式

分为隔行扫描和逐行扫描。普通电视机都是隔行扫描图像，扫描线密度只有 625 线。其缺点：大面积闪烁、清晰度不高和行间抖动。逐行扫描格式的扫描线密度比隔行扫描增加了一倍，达到 1250 线，将肉眼可见的扫描横线降到最少，细节图像清晰，整体画面细腻、完美。目前，不仅行频提高了 1 倍，而且场频也得到提高，有 60Hz、75Hz、100Hz 的场频。这样，基本消除了重现图像的闪烁感，图像清晰度大大提高。

【基础知识2】 DVD 影碟机的技术指标

1. 制式

目前市场上 DVD 影碟机大多采用 NTSC 制，只有少量是 PAL 制式的。用它们来与多制式的大屏幕彩电相连时，把彩电设置为"AUTO（自动）"，彩电则会自动选择相同的制式，从而获得色彩艳丽的图像。国产 DVD 影碟机绝大多数都具有制式转换功能。国产 DVD 影碟机输出信号可任意设置为 PAL 或 NTSC 或 AUTO。与大屏幕彩电配接好后，将 DVD 影碟机设置为"AUTO"时，播放 NTSC 制影碟便输出 NTSC 信号；播放 PAL 制影碟，则输出 PAL 信号。如果设置为"PAL"，不论播放何种制式的影碟，输出信号均是 PAL 制。如果设为"NTSC"，则输出 NTSC 制信号。这就给使用老式单制式彩电的用户带来极大的方便。

2. 兼容能力

影碟机的兼容能力就是指其能播放多少种碟片的能力。激光碟片一般说来有 CD、LD、VCD、CVD、SVCD、DVCD、HDCD、CD - R、CD - RW 和 DVD 等。各种品牌和各种型号的 DVD 影碟机都是兼容 CD 的，也就是说都能播放 CD 唱片。国产 DVD 影碟机的兼容能力明显要比进口机型强，可兼容 CD/VCD/CVD/SVCD/DVCD/CD - R/DVD 等。

3. 全（零）区域机型

1996 年制定 DVD 标准时，国际 DVD 联盟为了保护自身利益，将全球划分为 6 个区域：第一区——美国、加拿大和东太平洋岛屿区；第二区——日本、欧洲、西亚、阿拉伯半岛、埃及、南非、格陵兰；第三区——港台地区、韩国、东南亚地区；第四区——中南美洲、澳大利亚、新西兰、南太平洋岛屿区；第五区——非洲、印度、中亚、蒙古、原苏联地区；第六区——中国大陆。DVD 影碟上加入识别代码，而在 DVD 影碟机中则加入区域代码识别机构。只有在 DVD 影碟机的区域代码识别机构和 DVD 影碟上的区域代码一致时才能播放，否则机器就拒绝工作。国内市场上销售的多为第六区的机器。全区域机型可播放任一区域的影碟。

4. 升级功能

为了使机器能够跟着技术的脚步前进，就需要机器具有智能升级功能。升级时，不用打开机盖，更不用更换芯片，也不用借助于任何仪器和仪表，用户只要把一张智能升级碟片放入机中，开机播放不到一分钟便可完成整个升级过程，从而使机器获得新的功能而与DVD科技保持同步。

5. 杜比数字 AC – 3 输出功能

一般说来，当DVD影碟机中内置有 AC – 3 解码器时，其后背就会有 6 个 RCA 端子组成的一组杜比数字（DOLBY DIGITAL）AC – 3 输出端子，这就是所谓的 5.1 声音输出通道。5.1 中的 5 是指前左、中、前右和两个环绕声道共 5 个相对独立的声道，0.1 则是指超重低音声道。可直接输出 5.1 声道声音。而不少 DVD 影碟机内并未设置这样的 AC – 3 解码器，它们通过光纤端子或同轴端子输出数字音频信号，与具有 AC – 3 解码功能的外部数字杜比功放相连，才能获得 5.1 声道的音响效果。

6. 色差输出功能

色差输出又叫DVD分量视频信号输出或组合信号输出，它用 3 个 RCA 端子分别输出亮度信号 Y（画质极高的黑白信号）和彩色信号 B – Y 和 R – Y。通过色差端子相连接来播放DVD影碟时，获得的图像质量确实精美绝伦，其画面之清晰、色彩之逼真、层次之分明无不令人赞叹。DVD 影碟机的 3 种视频输出方式为 VIDEO、S – VIDEO 和色差输出，尽管 S – VIDEO 输出的图像质量也是不错的，但是最优的还是色差输出。值得注意的是，DVD 影碟机上的色差输出端子共有 3 种不同的表示方法，Y、C_b、C_r 和 Y、P_B、P_R 及 Y、B – Y、R – Y，但表示的意义却完全相同。色差输出是今后大屏幕彩电的必备功能之一。

7. 虚拟环绕立体声功能

传统彩色电视机都没有设置 AC – 3 系统，无法从电视机中再现 AC – 3 的音响效果。虚拟环绕立体声（又叫模拟环绕立体声）功能使 DVD 影碟机在只与电视机或简单的两个机外扬声器相连接的情况下，将声音信号有效地定向混合处理，从而使两个前置音箱再现出虚拟的 5 个声道的环绕立体声，使人们依然可以享受 5.1 声道的音响效果。

【操作指导1】 彩色电视机的调试

以"东芝289X8M"机芯大屏幕彩色电视机的调整为例。

1. 调整前的准备工作

1）在220V电网交流电压与电视机电源插头之间接入一个 1:1 的隔离变压器，以确保人员和设备的安全。

2）注意仪器接地的正确性。

2. 开关电源系统的主电源的调整

该机的主电源输出的直流电压为145V，调试时将直流电压表跨接在电源电路板的C833两端，然后调节电位器R851，使电压表的读数为145V。

3. 高频调谐器的调试

高频调谐器的调试接线图如图7-2a所示，将扫频仪（BT – 3）输出探头接高频调谐器输入端，扫频仪输入端检波探头接高频调谐器输出端（在该端接一个75Ω电阻负载），调试步骤如下：

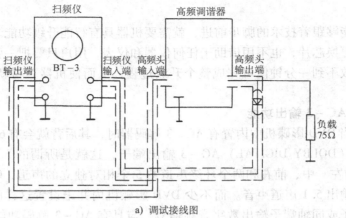

a) 调试接线图

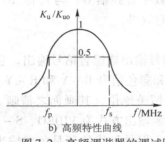

b) 高频特性曲线

图 7-2 高频调谐器的调试图

1）HB 频段（6~12 频道）的调试。在调谐器的 HB 和 MB 端加 12V 电压（LB 与 UB 端电压为 0V），此时从扫频仪上看到的特性曲线应为单峰，且伴音载频 f_s 与图像载频 f_p 之差拍（$f_s - f_p$）为 6.5MHz，f_p 在高频特性曲线的位置不低于 50%，如图 7-2b 所示；同时，调节调谐电压，特性曲线能正常地从 12 频道移到 6 频道，电压增益为 20~30dB；如不符合要求，应调整相应电感线圈的间距与耦合度，使高频特性谐振点落在规定的频率范围。

2）LB 频段（1~5 频道）的调试。在调谐器的 LB 和 MB 端加 12V 电压（HB 与 UB 端电压为 0V），扫频仪显示的高频特性曲线应为单峰，（$f_s - f_p$）= 6.5MHz，f_p 在高频特性曲线的位置不低于 50%，如图7-2b 所示；改变调谐电压，特性曲线能从 5 频道移到 1 频道，电压增益为 20~30dB；若有误差，应调整相应电感线圈的电感量或在振荡线圈上并接电容，使之符合指标要求。

3）高放（RFAGC）调整。U_{RFAGC}电压从 0.5V 增至 7.3V，调谐器增益能均匀地变化，特性曲线带宽符合指标要求。

4）AFT（自动频率控制）调整。电压（6.5 ±4）V，高频特性曲线能左右移动，灵敏度为 0.3MHz/V。

5）UB 频段（13~68 频道）的调试。同理，在调谐器的 UB 和 MB 端加 12V 电压（LB 与 HB 端电压为 0V），调节调谐电压和相应的谐振电感量，使高频特性曲线符合指标要求。

4. 图像中放的调试

图像中放调试连接如图 7-3a 所示。调试前，先将主电路板的结合线（SL-1）断开，如图 7-3b 所示，切断中放与高频调谐器的联系；将制式开关拨至 NTSC 制（3.58MHz）位置，扫频仪输入配外频表探头，如图 7-3c 所示。扫频仪输入端检波探头接图像预中放管

VT181 的发射极，扫频信号输出端接主电路板的中放切入点，主电路板加上 12V 稳压电压，调节中频变压器 T_{181}，使 33.5MHz 频标点位于中放幅频特性曲线的下凹底端；调节中频变压器 T_{182}，使 32MHz 频标点位于中放幅频特性曲线的下凹端，如图 7-3d 所示。

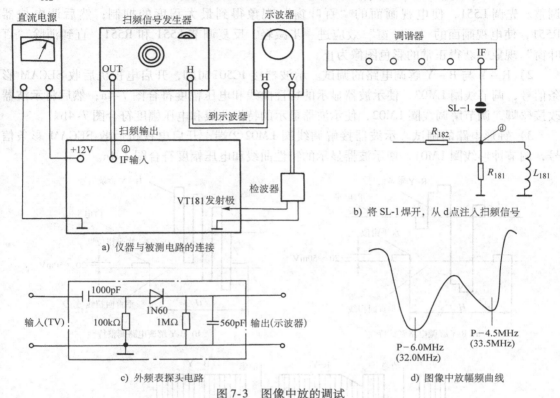

a) 仪器与被测电路的连接

b) 将 SL-1 焊开，从 d 点注入扫频信号

c) 外频表探头电路

d) 图像中放幅频曲线

图 7-3　图像中放的调试

5. 伴音中放的调试

1）6MHz 振荡频率的调试。先在制式转换开关电路板的 IC670⑱脚的电解电容 C677 两端接一只 10kΩ 电阻，示波器接在 IC679⑨脚，伴音中频信号发生器产生的 6MHz 信号经 0.01μF 电容接 IC670⑫脚，然后加上 12V 稳压电压，调节振荡线圈 L672，使示波器显示的特性曲线振幅最大。

2）5.5MHz 振荡频率的调试。给制式转换开关电路板送 +12V 稳定电压，9V 电源经 10kΩ 电阻馈至 D672 正极，示波器接 C677 正端与地之间，伴音中频信号发生器产生的 5.5MHz 信号经 0.01μF 电容接 IC670㉗脚，调节振荡线圈 L671，使示波器显示的特性曲线振幅最大。

3）6MHz 中频频率的调试。在 IC670⑱脚接一只 10kΩ 电阻到地，+12V 电源馈给制式转换开关电路板，+5V 电源经 100Ω 电阻加到主电路板 TP-14 端子，毫伏表接 IC674⑨脚，中频信号发生器产生的 6MHz 信号经 0.01μF 电容接 IC674②脚，调节 L674，使毫伏表的读数为最大。

4）4.5MHz 中频频率的调试。在 IC670⑱与㉒脚之间接一只 10kΩ 电阻，+12V 电源馈给制式转换开关电路板，+5V 电源经 100Ω 电阻加到主电路板 TP-14 端子，毫伏表接 IC674⑨脚，中频信号发生器产生的 6MHz 信号经 0.01μF 电容接 IC674②脚，调节 C651，使毫伏表的读数为最大。

6. 解码系统的调试

1）PAL 矩阵电路的调试。开机接收 PAL 彩条信号，如出现"百叶窗"现象，则应予以调整。先调 L551，使电视画面的"百叶窗"现象得到最大程度的抑制；然后调电位器 R551，使电视画面的"百叶窗"效应进一步减轻，反复调节 L551 和 R551，直到消除"百叶窗"现象，获得正常的彩色图像为止。

2）R－Y 与 B－Y 解调电路的调试。示波器接 IC501⑩脚，开启电视机后收 SECAM 彩条信号，调节线圈 LM03，使示波器显示的特性曲线和电压幅度符合图 7-4a；然后将示波器改接㉒脚，调节解调线圈 LM02，使示波器显示的特性曲线和电压幅度符合图 7-4b。

3）钟形电路的调试。示波器接解调线圈 LM02②端，开启电视机后收 SECAM 彩条信号，调节钟形线圈 LM01，使示波器显示的特性曲线和电压幅度符合图 7-4c。

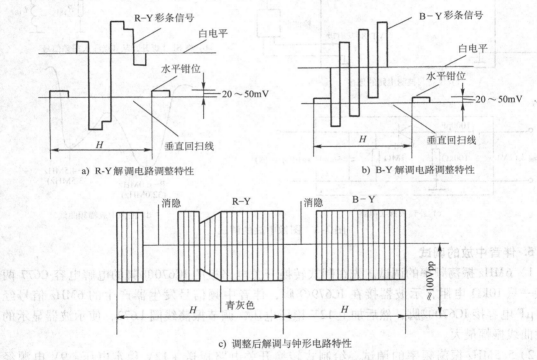

a) R-Y 解调电路调整特性　　　　　　b) B-Y 解调电路调整特性

c) 调整后解调与钟形电路特性

图 7-4　调整后的解调与钟形电路特性

4）识别电路的调试。数字电压表接 IC501㉓脚，开启电视机后收 SECAM 彩条信号，调节识别线圈 LM04，使数字电压表的读数至最大（10V 左右）。

【操作指导2】　DVD 影碟机的调试

以（索尼）DVP－S7000 型 DVD 影碟机系统控制和视频系统的调试为例。

1. 调整前设备的准备

1）使用的仪器设备。双踪示波器一台；彩色电视监视器一台；频率计数器一台；数字式电压表一只；DVD 标准盘 A：HLX－5029（J6090－068－A），B：HLX－503（J6960－069－A）。

2）供电情况的检查。电气调整前检查有关电路板供电是否正常。使用数字式电压表，其检查的项目见表7-1。

表 7-1　供电检查的项目

检查的电路板	检查电压/V	测 量 点	目标值/V
PS-393 电路板	+9	CN953-1	9±0.5
	-10	CN953-4	-12±0.5
MB-75 电路板	-7	CN001-4	-7±0.5
	+12	CN001-6	+12±0.5
	+5.2	CN001-11、12	+5.2±0.2

2. 系统控制的调整

（1）27MHz 独立时钟（MB-75 电路板）的调整

1）将 TP_{025} 接地。

2）用示波器测量 TP_{108} 的波形，确认其波形正常。

3）用频率计数器测量 TP_{108} 点，调节 RP_{001}，使频率计指示为 27MHz±100Hz。

4）使 TP_{025} 还原。

（2）22MHz 时钟的调整

1）在测试模式菜单的"O. Syscon Diagnosis"项选"CD mode"。

2）将频率计数器连接在 TP_{022} 测试点上。

3）调节 CT_{001}，使频率计数器读数值为 22.5792MHz±100Hz。

（3）33MHz 时钟的检查　33MHz 时钟是重放 CD、VCD 时音频系统的基准时钟，若它调整不准，将影响音频重放（失真甚至无声）。

1）在测试模式菜单的"O. Syscon Diagnosis"项选"CD mode"。

2）用示波器测试 TP_{019} 的波形，确认其波形正常。

3）将频率计数器连在 TP_{019} 测试点上，确认其频率读数值为 33.8688MHz±150Hz。

（4）33MHz 锁定检查　这是检查 MPEG 系统的基准时钟与 33MHz 是否同步，若 33MHz 没有被锁定，在 MPEG 播放期间，声音和图像将得不到同步，甚至中止播放。

1）在测试模式菜单的"O. Syscon Diagnosis"项选"CD mode"。

2）用示波器测试 TP_{021} 的波形，并确认其矩形波被锁定。

3）将频率计连接在 TP_{021} 测试点上，其读数值应为 21.6MHz±10Hz。

（5）24MHz 时钟的调整　24MHz 时钟是形成 36MHz 的基准。若它调整不准，则 36MHz 时钟也将不准。

1）在测试模式菜单的"O. Syscon Diagnosis"项选"CD mode"。

2）将频率计数器连在 TP_{022} 测试点上，并确认其波形正常。

3）调节 CT_{002}，使频率计数器读数值为 24.576MHz±100Hz。

（6）36MHz 时钟检查　36MHz 时钟是重放 DVD 时音频系统的基准时钟，若无此时钟或时钟偏移，则会产生无声或音质变坏现象。

1）在测试模式菜单的"O. Syscon Diagnosis"项选"DVD mode"。

2）将频率计数器连在 TP_{020} 测试点上，并确认其波形正确。

3）调节 CT_{002}，使频率计数器读数值为 36.864MHz ± 150Hz。

（7）36MHz 时钟的锁定检查　检测 36MHz 时钟是否与 MPEG 系统的 27MHz 基准时钟同步，若它未锁定，则在 MPEG 播放声音和画面将不同步，甚至中止播放。

1）在测试模式菜单的"O. Syscon Diagnosis"项选"DVD mode"。

2）将频率计数器连在 TP_{020} 测试点上，同时用示波器观察该点波形，应是一个方波。读频率计数器值应为 24MHz ± 10Hz。

（8）16MHz 时钟的检查　16MHz 时钟是重放 CD、DVD 时音频系统的基准时钟，若它不准，将影响音频重放，会产生无声或音质变坏现象。

1）用示波器观察 IC_{770} 的⑳脚的波形，应为稳定的正弦波。

2）用频率计数器测量该点频率，其读数应为 16.9344MHz ± 75Hz。

3. 系统的调整

进行下列调整时，机器状态：在测试状态菜单的"O. Syscon Diagnosis"项选"CXD1914（ENC）check"，设置 CXD1914 生成彩条（color bars）信号，使用的仪器为示波器。

（1）复合视频信号电平的调整　当复合视频信号电平调整不当时，图像亮度将会过高或过低，所以必须进行调整。调整的项目见表 7-2。

调整步骤：

1）在测试状态菜单的"O. Syscon Diagnosis"项（经 75Ω 负载）设置 CXD1914 生成彩条信号。

2）将示波器探头连接在 CN005 的⑪脚（经 75Ω 负载）。

3）调节 RV_{479}，使示波器显示的波形如图 7-5 所示。

（2）半分量视频（S 端子）输出 S－Y（MB－75 电路板）的检查　检查的项目见表 7-3。

表 7-2　调整的项目

测 量 点	CN005 的⑪脚（经 75Ω 负载）
调整点	RV479
目标值	1V ± 0.02V

表 7-3　检查的项目

测 量 点	CN005 的⑦脚（75Ω 负载）
要求点	1V ± 0.05V

检查步骤：

1）在测试状态菜单的"O. Syscon Diagnosis"项设置 CXD1914 生成彩条信号。

2）将示波器探头连接在 CN005 的⑦脚。

3）观察示波器上的波形，应如图 7-6 所示。

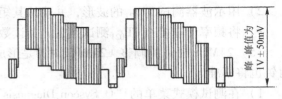

图 7-5　CN005 的⑪脚波形

（3）分量视频输出 B－Y 电平（MB－75 电路板）的检查　保持（2）的测试条件不变，将示波器探头接至 CN005 的①脚（经 75Ω 负载），观察波形，应达到图 7-7 所示要求。

（4）分量视频输出 R－Y 电平（MB－75 电路板）的检查　保持（2）的测试条件不变，将示波器探头接至 CN005 的③脚（经 75Ω 负载），观察波形，应达到图 7-8 所示要求。

（5）分量视频输出 Y 电平（MB－75 电路板）的检查　保持（2）的测试条件不变，将示波器探头接至 CN005 的⑤脚（经75Ω 负载），观察波形，应达到如图7-6 所示要求。

（6）半分量视频（S 端子）输出 S－C（MB－75 电路板）的检查 S－C 色同步电平要符合 NTSC 标准，否则显示彩色将太暗或太亮。

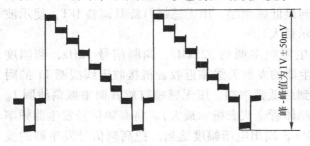

图7-6 CN005 的⑦、⑤脚波形

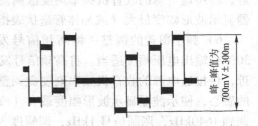

图7-7 CN005 的①脚波形

检查测试点：CN005 的⑨脚。要求值：286mV±20mV。

检查方法：

1）如图7-9 所示接线测量。

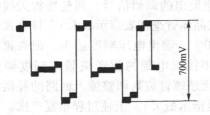

图7-8 CN005 的③脚波形

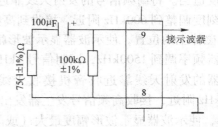

图7-9 CN005 的⑨脚测试电路

2）确认 S－C 色同步电平为要求值，如图7-10 所示。

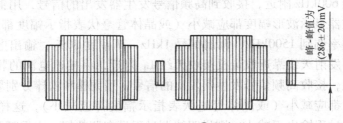

图7-10 CN005 的⑨脚波形

【操作指导3】 收音机的调试方法

1. 收音机调幅部分的调整

1）将低压直流稳压电源用导线与收音机连接好，调整电源。注意供电电压正负极性要连接正确。波段开并打在 AM 端。

2）测量整机静态工作电流。

3）测量集成块各脚对地的静态工作电压值。

4）将示波器（或晶体管毫伏表）接在扬声器两端，并调整好示波器（或晶体管毫伏表）的各旋钮，使之能正常指示。

5）中频频率的调整：将高频信号发生器的频率调到465kHz，调制信号1kHz，调幅度30%，输出电压幅度适当。将高频信号发生器的发射天线靠近收音机接收天线线圈L_1的附近，将接通电源的收音机频率刻度盘调整到最低频率端，用无感螺钉旋具调整IFT，使示波器显示波形幅度最大（或晶体管毫伏表指示最大）。

6）频率覆盖的调整：将高频信号发生器频率调到525kHz，调制信号1kHz，调幅度30%，输出电压幅度适当。将高频信号发生器的发射天线靠近收音机接收天线线圈L_1的附近，将接通电源的收音机频率刻度盘调整到最低频率端，用无感螺钉旋具调整振荡线圈L_6的磁心，使示波器显示波形幅度最大（或晶体管毫伏表指示最大）。将高频信号发生器频率调到1640kHz，调制信号1kHz，调幅度30%，输出电压幅度适当。把高频信号发生器的发射天线靠近收音机接收天线L_1附近，将接通电源的收音机频率刻度盘调到最高频率端，用无感螺钉旋具调整本振回路的补偿电容器C_{15}，使示波器显示波形幅度最大（或晶体管毫伏表指示最大）。上述过程重复三次。

7）统调：将高频信号发生器频率调到600kHz，调制信号1kHz，调幅度30%，输出电压幅度适当。将高频信号的发射天线靠近收音机接收天线L_1的附近，将接通电源的收音机频率刻度调整到600kHz附近，接收到高频信号发生器发出的调幅信号，调整接收天线线圈L_1在磁棒上的位置，使示波器显示波形幅度最大（或晶体管毫伏表指示最大）。将高频信号发生器频率调到1500kHz，调制信号1kHz，调幅度30%，输出电压幅度适当。把高频信号发生器的发射天线靠近收音机接收天线L_1附近，将接通电源的收音机频率刻度调整到1500kHz附近，接收高频信号发生器发出的信号，用无感螺钉旋具调整输入回路的补偿电容器C_7，使示波器显示波形幅度最大（或晶体管毫伏表指示最大）。上述过程重复三次。

8）铜铁棒检验：将高频信号发生器频率调到600kHz，调制信号1kHz，调幅度30%，输出电压幅度适当。将高频信号的发射天线靠近收音机接收天线的附近，将接通电源的收音机频率刻度调整到600kHz附近，接收到高频信号发生器发出的信号，用铜棒和铁棒分别靠近磁棒天线，示波器显示波形幅度都应减小（或晶体管毫伏表指示幅度都应减小）。然后将高频信号发生器频率调到1500kHz，调制信号1kHz，调幅度30%，输出电压幅度适当。把高频信号发生器的发射天线靠近收音机接收天线L_1附近，将接通电源的收音机频率刻度调整到1500kHz附近，接收高频信号发生器发出的信号，用铜棒和铁棒分别靠近磁棒天线，示波器显示波形幅度都应减小（或晶体管毫伏表指示幅度都应减小），这样表明跟踪性能良好。若其中有一次过程输出不减小，则说明统调过程没有调整好，应重新调整。用铜棒和铁棒分别靠近磁棒天线，示波器显示波形幅度都应减小（或晶体管毫伏表指示幅度都应减小）。

2. 收音机调频部分的调整

1）将低压直流稳压电源用导线与收音机连接好，调整电源。注意供电电压正负极性要连接正确。波段开关打在FM端。

2）测量整机静态工作电流。

3）测量集成块各脚对地的静态工作电压值。

4）将示波器（或晶体管毫伏表）接在扬声器两端，并调整好示波器（或晶体管毫伏表）的各旋钮，使之能正常指示。

5）频率覆盖的调整：将高频信号发生器频率调到86MHz，调制信号1kHz，频偏指示

22.5kHz，输出电压幅度适当。把高频信号发生器发出的调频信号送入收音机接收天线 L_3，将接通电源的收音机频率刻度盘调整到最低频率端，用无感螺钉旋具调整振荡线圈 L_5，使示波器显示波形幅度最大（或晶体管毫伏表指示最大）。将高频信号发生器频率调到109MHz，调制信号1kHz，频偏指示22.5kHz，输出电压幅度适当。把高频信号发生器发出的调频信号送入收音机接收天线 L_3，将接通电源的收音机频率刻度盘调到最高频率端，用无感螺钉旋具调整本振回路的补偿电容器 C_{12}，使示波器显示波形幅度最大（或晶体管毫伏表指示最大）。上述过程重复三次。

6）统调：将高频信号发生器频率调到88MHz，调制信号1kHz，频偏指示22.5kHz，输出电压幅度适当。把高频信号发生器发出的调频信号送入收音机接收天线 L_3，将接通电源的收音机频率刻度调整到88MHz附近，接收到高频信号发生器发出的调频信号，调整高放谐振回路中的线圈 L_4，使示波器显示波形幅度最大（或晶体管毫伏表指示最大）。将高频信号发生器频率调到108MHz，调制信号1kHz，频偏指示22.5kHz，输出电压幅度适当。把高频信号发生器发出的调频信号送入收音机接收天线线圈 L_3，将接通电源的收音机频率刻度调整到108MHz附近，接收高频信号发生器发出的信号，用无感螺钉旋具调整高放谐振回路中的补偿电容器 C_9，使示波器显示波形幅度最大（或晶体管毫伏表指示最大）。上述过程重复三次。

任务3　电子设备的日常维护

目前，电子设备的种类繁多，型号各异。大部分电子设备的损坏，是使用者操作不当，缺乏日常维修和保养。如果电子设备不注意及时的维护与保养，就会经常发生故障，甚至，缩短设备的使用寿命。本任务主要介绍电子设备日常维护的基本知识。

【任务分析】　通过任务3的学习，学生应了解电子设备日常维护与保养常识。熟练掌握电子设备维护与保养的基本技能。

【基础知识】　电子设备日常维护与保养常识

电子设备长期工作或放置在各种复杂的环境中，很容易受到环境因素的影响，包括温度、湿度、清洁度、电磁干扰和电源等。电子设备使用不当，尤其是非专业人员误操作，都会出现故障。为了确保电子设备能正常使用，延长设备的使用寿命，必须了解和掌握电子设备日常维护常识和保养方法。影响电子设备正常使用的环境因素有以下几点：

1. 湿度

湿度表示大气干燥程度的物理量。在一定的温度下一定体积的空气里含有的水汽越少，则空气越干燥；水汽越多，则空气越潮湿。空气的干湿程度叫作"湿度"。

电子设备的环境湿度一般应保持在30%~80%之间，能正常工作，如果湿度高于80%，电子设备内部会有结露现象，很容易产生漏电现象，有高压的部位也会产生放电现象，印制电路板上的元器件容易生锈、腐蚀，严重的时候会使电路板发生短路。而当室内湿度低于30%时，会使设备机械摩擦部分产生静电干扰，内部元器件被静电破坏的可能性大大增加，从而影响设备的正常工作。所以，电子设备必须注意防潮，对于长时间放置不用的设备，要派专人定期通电工作一段时间，利用设备工作时产生的热量将机内的潮气蒸发出去。

2. 光照

如果电子设备长时间受阳光或强光照射，容易加速设备的老化。为此，用户不要把电子设备摆放在日光照射较强的地方；若必须安置在光线必经的地方，那么最好挂块深色的布减轻它的光照强度。

3. 灰尘

灰尘对电子设备的影响是很明显的。如电子设备长期工作在灰尘大的环境中，由于印制电路板会吸附灰尘，灰尘的沉积将会影响电子元器件的热量散发，使得电路板上元器件的温度上升，从而产生漏电最终烧坏元器件，产生故障。

在预防灰尘方面，首先应把显示器放置在干净清洁的环境中，但灰尘是无孔不入的，所以，要有专用的防尘罩，每次用完后应及时用防尘罩罩上。平时及时清除设备上的灰尘。除尘时，应关闭电源，然后用柔软的干布擦拭（不能用酒精之类的化学溶液擦拭，以免产生严重后果）。

4. 磁场

电磁场干扰是指电路或环境中出现了不该出现的电压电流。电磁干扰的来源有电源、电风扇、日光灯、雷电、静电、非屏蔽的扬声器或电话等。电子设备长期受电磁干扰会出现故障，如彩电、电脑显示器会产生彩色显示混乱。

5. 温度

过高的环境温度，会影响电子设备的工作性能和使用寿命。某些焊点可能由于焊锡熔化脱落而造成虚焊，使设备工作不稳定，严重时会导致机内元器件击穿或烧毁。

【操作指导1】　彩色电视机的日常维护

1）尽量减少搬动，且要小心轻放。显像管是电视机最重要的部件，由于其结构所致，在使用中要避免受硬物敲击和剧烈的震动。如果一定要搬动，切记先切断电源后再慢慢搬动，否则会震断显像管灯丝。

2）收看过程中要注意散热。在良好的通风散热条件下，在收看时不能让散热孔受阻，也不能用塑料罩等罩着放置于木箱中或放置在软垫褥上面。在冬天使用时，注意电视机不要靠近火炉和暖气。

3）亮度调节适中，在观看电视时，不要将彩电亮度开得过大，在图像质量满意的前提下，亮度调节要适中。

4）减少开关次数。因为彩电每一次开机，显像管灯丝由冷态的电阻突然加上电压，便会受到一次瞬间大电流冲击，所以频繁开机会导致显像管灯丝损坏。

5）注意发现机器有故障时应立即关机。在收看过程中，彩电如果出现冒烟、有焦味或光栅成为一条水平或垂直亮线等，都应该立即关机，但对于机壳发出的"叭叭"响声则无须害怕，这是由于机壳热胀冷缩所致。

6）要注意防止灰尘进入彩电内。彩电使用时间长了，机内灰尘等脏物会越来越多，影响电视收看。故长时间使用后要请专业维修人员对电视进行清理检查。

7）要注意防止外磁。彩电具有磁敏感性，一般不要让电视机靠近有强磁的家电及仪器（如音箱、音响、发电机等带磁物体），否则荧光屏会磁化，产生色斑。

8）要注意防止潮湿侵蚀。在潮湿的雨天，即使不看电视，也要定期通电打开 1～2h，利用本机热量驱散潮气。

9）避免阳光直射荧光屏。阳光曝晒，不仅影响收看，而且还会使荧光粉老化，发光率下降，寿命缩短，平时放置时要用深色布罩套住。

10）雷电时最好不要收看电视。同时请拔出电源插头及室外天线插头，避免因雷电瞬间冲击而造成电视机损坏。

11）电视机如长时间不收看，不能设置在遥控关机状态，因为遥控关机后，电视机电源部分电路仍在正常工作，所以很浪费电。

12）非专业维修人员请勿随意打开电视机后盖。彩色电视机第二阳极有高电压，约2.5万伏以上，所以不可用手触摸机内电路元器件，以免发生被灼伤或电击等意外。如果有金属异物不慎从电视机散热孔中掉进机内，则应及时请维修人员打开后盖，将其取出，否则会造成短路，烧坏元器件。

【操作指导2】　影碟机的日常维护

影碟机是比较娇气的电器，一旦使用不当，就很容易出现故障。因此，我们也要了解其正确的使用和维护方法，以延长使用寿命。

1）放置环境与位置有讲究。影碟机在工作时，要散发一定的热量，因此尽量将其置于阴凉通风处，切忌放在阳光直射处或靠近热源（如暖气片）；影碟机的光头易玷污，故不要将其放在多尘的地方，最好能给影碟机做个专用防尘罩。优质机芯虽具有一定的防震功能，但影碟机最好还是放在牢固无震的台架上，不要和大功率音箱置于同一台面。影碟机严禁放在潮湿或易被雨淋的地方，否则会影响电源的正常工作甚至造成短路。

2）注意通风散热。影碟机使用时，应保持良好的散热、通风环境，使用完毕后盖好防尘罩，防止灰尘对影碟机的工作带来影响。

3）定期清洁影碟机、碟片。清洁影碟机的简单办法是放入市售的清洁碟进行播放即可完成清洁工作，但这种办法不是很有效，当发现影碟机读碟能力明显下降时，最好请专业人员对激光头进行清洁。碟片是由聚碳酸酯材料制成的，使用时注意不要被硬物划伤，有污迹时不要用粗布擦拭，也不要用嘴吹碟片表面的灰尘，以免沾上唾液，应该用干净的绒布沿碟片径向向外擦拭，必要时可蘸些清水擦拭，擦拭完后再用干布擦干水分后使用。

4）别看劣质盘片。要保护好激光头，在播放影碟时，不要挪动和拍打影碟机，以免造成光盘抖动，损坏激光头；在影碟机上加盖防尘布。有些盗版光盘质量低劣，播放这种光盘对影碟机将造成损害，为了影碟机的正常使用，还是使用正式出版的光盘为好。

5）爱惜使用设备。使用前要正确核定当地电压，严禁使用电压规定值以外的电源。为延长影碟机寿命，连续开关机的时间最好间隔30s以上，机器连续工作时间不要太长，让影碟机有一个"喘息"的机会。使用功能键时应力度适中，不要用力过猛；长时间不使用影碟机时，须将电源线拔离电源插座。

6）自己别乱拆。影碟机机壳及面板如有污损，可用软布蘸少许中性清洁液擦拭，切忌使用酒精、二甲苯等挥发性化学品，以免损伤镀层和面板丝印标记；用户不要随意拆卸影碟机，千万不可随意打开机壳以免发生电击危险。涉及维修方面的事项请委托当地保修部门解决。

7）小心防尘。若影碟机的使用环境遭受污染，其使用寿命则会剧减。居住在公路两边的影碟机用户、餐饮店用户或者乡镇农村市场的用户，油烟、粉尘对影碟机污染较为严重。机芯是影碟机内部最精密的部件，好比人的心脏。影碟机由于长期高速运转，容易沾染灰尘，摩擦产生静电吸附，油烟、粉尘易进入机芯并日积月累，覆盖激光头发出的信号，导致读取的信号损耗、减弱，甚至时常不能读碟，激光头遭受静电干扰，寿命更是不断减短。清洗激光头，只能清除表面尘埃，对机芯深层的污垢却无能为力。

机芯污染产生的常见现象如：图像马赛克增多、识别碟片能力减弱或判别错误、画面不清晰、声音失真、兼容性差、不读碟直至没有激光产生，导致机器报废等。针对上述现象，影碟机厂家一直致力于延长激光头寿命的研究。作为消费者，爱惜自己的影碟机，别忘了在使用过程中的防尘，在影碟机上加上防尘罩。

项目 7 实践　　电子设备的调试与维护训练

【训练1】　整机电路调试训练——彩色电视机电气性能的调整

1. 目的与要求

通过本实训，了解电子整机电气性能调整的方法，进一步掌握电气参数的测量和仪器的使用，并建立电气调整工艺概念，养成良好的技术规范。

2. 实训器材

彩色电视机一台；扫频仪 BT – 3 一台；50MHz 双综示波器一台；数字式万用表一台；彩色电视信号发生器一台。

3. 内容及步骤

参照本项目任务 2 的内容和步骤并结合具体彩色电视机电气性能进行调整。调整完成后，要求能够正常接收电视信号。详细要求见表 7-4。

表 7-4　彩色电视机的电气性能调整实训

班　　级		实 训 项 目		时　　间	
姓名		电视机型号		机芯型号	
开关电源输出 直流电压测量		主电源输出电压测量/V		12V 供电电压测量/V	
		50V 场输出级供电电压测量/V		5V 供电电压测量/V	
高频调谐器 特性曲线调试					
公共通道 特性曲线调试					
伴音通道 特性曲线调试					

彩色电视机的电气性能调整实训中发现的主要问题及体会

实训成绩		实习指导教师签字	

【训练2】　电子设备日常维护与保养技能训练

一、实训器材与工具

1. 实训器材

彩色电视机遥控器一个、彩色电视机一台、电话机一台，软布一块。

2. 技能训练工具

吸尘器一台、螺钉旋具一套、镊子一把，软毛刷一把。

二、实训要求

（1）完成彩色电视机内、外除尘。

（2）完成彩色电视机遥控器内、外除尘。

（3）完成电话机内、外除尘。

三、实训步骤

电子设备日常维护与保养实训内容见表7-5，并将实训结果填入表中。

表7-5　电子设备日常维护与保养实训

班级		实训项目		时间	
姓名		工具名称			
彩色电视机 内、外除尘	观察并记录除尘前情况			除尘的方法和基本过程	
彩色电视机遥控 器内、外除尘	观察并记录除尘前情况			除尘的方法和基本过程	
电话机内、外除尘	观察并记录除尘前情况			除尘的方法和基本过程	

电子设备日常维护与保养实训中发现的主要问题及体会

实训成绩		实习指导教师鉴字	

项目7 考核 　　电子设备的调试与维护试题

一、填空题（每空1分，共45分）

1. 调试工作遵循的一般规律为：先调试部件，后调试＿＿＿＿＿；先＿＿＿＿＿后＿＿＿＿＿；先调试结构部分，后调试＿＿＿＿＿；先调试＿＿＿＿＿，后调试其余电路；先调试＿＿＿＿＿指标，后调试＿＿＿＿＿指标；先调试＿＿＿＿＿项目，后调试＿＿＿＿＿的项目；先调试＿＿＿＿＿，后调试对＿＿＿＿＿的指标。

2. 彩色电视机的主要技术指标有：＿＿＿＿＿、＿＿＿＿＿、＿＿＿＿＿、＿＿＿＿＿、＿＿＿＿＿。

3. DVD影碟机的技术指标有：＿＿＿＿＿、＿＿＿＿＿、＿＿＿＿＿、＿＿＿＿＿。

4. 影响电子设备正常使用的环境因素有：＿＿＿＿＿、＿＿＿＿＿、＿＿＿＿＿。

5. 影碟机的日常维护有：＿＿＿＿＿、注意通风散热、＿＿＿＿＿、＿＿＿＿＿、爱惜使用设备、＿＿＿＿＿、＿＿＿＿＿等。

6. 彩色电视机的十二条日常维护的方法是：＿＿＿＿＿、＿＿＿＿＿、＿＿＿＿＿、＿＿＿＿＿、＿＿＿＿＿、＿＿＿＿＿、＿＿＿＿＿、＿＿＿＿＿、＿＿＿＿＿、＿＿＿＿＿、＿＿＿＿＿、＿＿＿＿＿。

二、简答题（每题5分，共55分）

（1）简述调试工作的内容。

（2）画出整机设备调试的一般工艺流程框图。

（3）简述电子设备调试时应注意的安全措施。

（4）画出高频调谐器的调试接线图。

（5）简述彩色电视机中放特性调试过程。

（6）DVD影碟机的调试用的主要设备有哪些？

（7）简述收音机统调过程。

（8）简述收音机频率覆盖的调整过程。

（9）简述收音机中频频率调整过程。

（10）电子设备为什么要维护与保养？

（11）电子设备摆放时应注意哪些事项？

项 目 小 结

电子设备的技术指标、调试与维护是电子专业人员经常要遇到的问题。本章主要介绍了常用电子设备的技术参数、调试与维护方法。

1）电子设备调试工作的主要内容有：明确电子设备调试的目的，正确选择和使用测量仪器仪表，严格按照调试工艺要求进行调整和测试，对调试数据进行分析、反馈和处理。

2）电子设备调试工作的一般程序是：整机外观检查、结构调试、电源调试、整机功耗测试、整机统调、整机技术指标的测试、老化、整机技术指标复测。

3）彩色电视机的主要技术指标有：清晰度、接收频道数、彩色制式、屏幕尺寸和扫描方式。

4）影碟机的主要技术指标有：制式、兼容能力、全（零）区域机型、升级功能、杜比数字 AC – 3 输出功能、色差输出功能、虚拟环绕立体声。

5）收音机的调试可分为：调幅部分的调试和调频部分的调试。

6）彩色电视机的调试主要有：调整前的准备工作、开关电源系统的主电源的调整、高频调谐器调试、图像中放的调试、伴音中放的调试、解码系统的调试等。

7）影碟机的调试主要有：调整前设备的准备工作、系统控制的调整、系统的调整。

8）收音机调幅、调频部分调整的主要内容有：测量静态工作电流和静态工作电压、中频频率调整、频率覆盖、统调等。

9）电子设备日常维护中主要介绍了彩色电视机和影碟机日常维护。

思　考　题

1. 说明彩色电视机与影碟机怎样配合使用（从制式的角度说明）。

2. 具有兼容能力的影碟机有什么好处？

3. 如何调整彩色电视机公共通道、伴音通道的特性曲线？

4. DVD 播放的声音和画面不同步，甚至中止播放，是什么原因？如何调整？

5. 如何调整调幅收音机的中频频率？

6. 如何调整调频、调幅收音机的频率范围？如何统调？

7. 灰尘对彩色电视机、影碟机、电话机的影响是什么？

附录A　　　　常用组装工具

常用组装工具按其用途可分为焊接工具、钳口工具、剪切工具和紧固工具等。

一、焊接工具

电烙铁是最常用的焊接工具，一般有如下几种。

1. 外热式电烙铁

外热式电烙铁外形如图 A-1 所示。它由烙铁头、烙铁心、外壳、手柄、电源线和插头等部分组成。

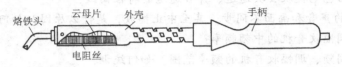

图 A-1　外热式电烙铁

2. 内热式电烙铁

内热式电烙铁的外形如图 A-2 所示。由于发热芯子装在烙铁头里面，故称为内热式电烙铁。芯子是采用极细的镍铬电阻丝绕在瓷管上制成的，在外面套上耐高温绝缘管。烙铁头的一端是空心的，它套在芯子外面，用弹簧夹紧固。

图 A-2　内热式电烙铁

3. 恒温电烙铁

目前使用的外热式和内热式电烙铁的烙铁头温度都超过 300℃，这对焊接晶体管、集成块等是不利的，一是焊锡容易被氧化而造成虚焊；二是烙铁头的温度过高，若烙铁头与焊点接触时间长，就会造成元器件的损坏。

在要求较高的场合，通常采用恒温电烙铁。烙铁头的工作温度可在260～450℃范围内任意选取。恒温电烙铁外形如图 A-3 所示。

图 A-3　恒温电烙铁

4. 吸锡电烙铁

在检修无线电整机时，经常需要拆下某些元器件或部件。使用吸锡电烙铁能够方便地吸附印制电路板焊接点上的焊锡，使焊接件与印制电路板脱离，从而可以方便地进行检查和修理。图 A-4 所示为一种吸锡电烙铁。

二、钳口工具

1. 尖嘴钳

尖嘴钳外形如图 A-5 所示。它主要用在焊点上网绕导线和元器件引线，以及元器件引线成形布线等。尖嘴钳一般都带有塑料套柄，使用方便，且能绝缘。

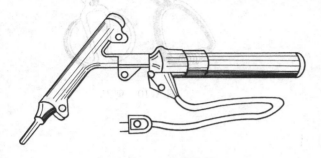

图 A-4 吸锡电烙铁

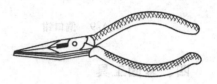

图 A-5 尖嘴钳

2. 平嘴钳

平嘴钳的外形如图 A-6 所示。它主要用于拉直裸导线，将较粗的导线及较粗的元器件引线成形。在焊接晶体管及热敏元件时，可用平嘴钳夹住管脚引线，以便于散热。

3. 圆嘴钳

圆嘴钳外形如图 A-7 所示。由于钳口呈圆锥形，可以方便地将导线端头、元器件的引线弯绕成圆环形，安装在螺钉及其他位置上。

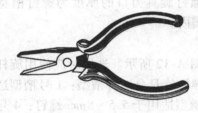

图 A-6 平嘴钳

图 A-7 圆嘴钳

4. 镊子

镊子有两种，如图 A-8 所示。其主要作用是用来夹持物体。端部较宽的医用镊子可夹持较大的物体，而头部尖细的普通镊子，适合夹持细小物体。在焊接时，用镊子夹持导线、元器件，以防止移动。对镊子的要求是弹性强，合拢时尖端要对正吻合。

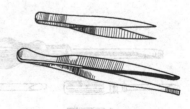

图 A-8 镊子

三、剪切工具

1. 偏口钳

偏口钳又称斜口钳，其外形如图 A-9 所示，主要用于剪切导线，尤其适用于剪除缠绕后元器件多余的导线。剪线时，要使钳头朝下，在不变动方向时可用另一只手遮挡，防止剪下的线头飞出伤眼。

2. 剪刀

剪刀有普通剪刀和剪切金属线材用剪刀两种，后者外形图如图 A-10 所示，其头部短而宽，刃口角度较大，能承受较大的剪切力。

图 A-9　偏口钳

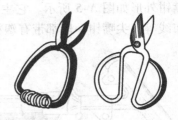

图 A-10　剪刀

四、紧固工具

紧固工具用于紧固和拆卸螺钉的螺母。它包括螺钉旋具、螺母旋具和各类扳手等。螺钉旋具俗称螺丝刀、改锥或起子，常用的有一字形、十字形两大类，并有自动、电动、风动等形式。

1. 一字形螺钉旋具

这种螺钉旋具用来旋转一字槽螺钉，其外形如图 A-11 所示。选用时，应使螺钉旋具头部的长短和宽窄与螺钉槽相适应。若螺钉旋具头部宽度超过螺钉槽的长度，在旋沉头螺钉时容易损坏安装件的表面；若头部宽度过小，则不但不能将螺钉旋紧，还容易损坏螺钉槽。头部的厚度比螺钉槽过厚或过薄也是不好的，通常取螺钉旋具刃口的厚度为螺钉槽宽度的75% ~ 80%。此外，使用时螺钉旋具不能斜插在螺钉槽内。

2. 十字形螺钉旋具

这种螺钉旋具适用于旋转十字槽螺钉，其外形如图 A-12 所示。选用时应使用旋杆头部与螺钉槽相吻合，否则易损坏螺钉旋具的端头。该种螺钉旋具分四种槽型：1 号槽型适用于2 ~ 2.5mm 螺钉；2 号槽型适用于 3 ~ 5mm 螺钉；3 号槽型适用于 5.5 ~ 8mm 螺钉；4 号槽型适用于 10 ~ 12mm 螺钉。

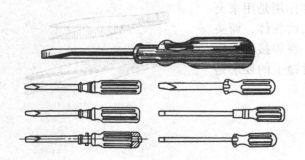

图 A-11　一字形螺钉旋具

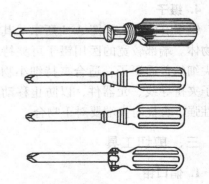

图 A-12　十字形螺钉旋具

使用一字形或十字形螺钉旋具时，用力要平稳，压和拧要同时进行。

3. 自动螺钉旋具

自动螺钉旋具适用于紧固头部带槽的各种螺钉，其外形如图 A-13 所示。这种螺钉旋具有同旋、顺旋和倒旋三种动作。当开关置于同旋位置时，与一般螺钉旋具用法相同。当开关置于顺旋或倒旋位置，在螺钉旋具刃口顶住螺钉槽时，只要用力顶压手柄，螺旋杆通过来复孔而转动螺旋旋具，便可连续顺旋或倒旋。这种旋具用于大批量生产中，效率较高，但使用者劳动强度较大，目前逐渐被机动螺钉旋具所代替。

图 A-13　自动螺钉旋具

4. 机动螺钉旋具

这种旋具有电动和风动两种类型，广泛用于流水生产线上小规格螺钉的装卸。小型机动螺钉旋具外形如图 A-14 所示。这类旋具的特点是体积小、重量轻、操作灵活方便。

机动螺钉旋具设有限力装置，使用中超过规定扭矩时会自动打滑。这对在塑料安装件上装卸螺钉极为有利。

5. 螺母旋具

螺母旋具外形如图 A-15 所示。它适用于装卸六角螺母，使用方法与螺钉旋具相同。

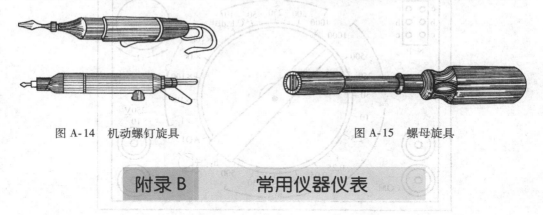

图 A-14　机动螺钉旋具　　　　　　　　　图 A-15　螺母旋具

附录 B　　　常用仪器仪表

一、MF－47 型万用表

MF－47 型万用表是磁电式多量程万用表，可供测量直流电流、交直流电压、直流电阻等，具有 26 个基本量程，并有音频电平、电容、电感、晶体管直流放大系数 h_{EF} 等 7 个附加参考量程。

1. MF－47 型万用表的面板结构（见图 B-1）

2. M－47 型万用表的主要技术指标

（1）量程　测量值的有效范围称量程。现将 MF－47 型万用表各主要测量档的量程列于表 B-1 中。

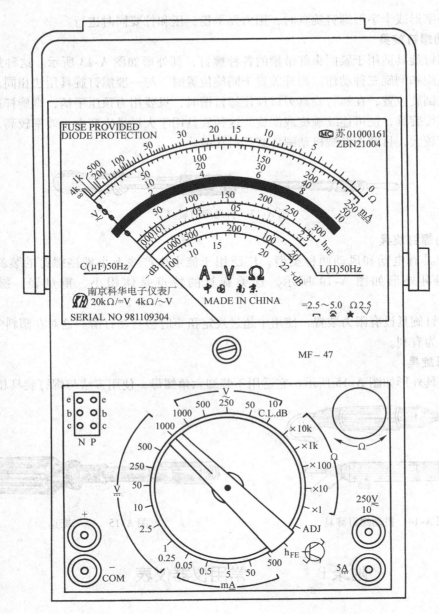

图 B-1 MF - 47 型万用表的面板结构图

表 B-1 MF - 47 型万用表主要量程

测量档位	量程	测量档位	量程
直流电流	0 ~ 500mA（分5档） 0 ~ 5A	交流电压	0 ~ 1000V（分5档） 0 ~ 2500V
直流电压	0 ~ 1000V（分7档） 0 ~ 2500V	直流电阻	0 ~ ∞ Ω（分5档）

（续）

测 量 档 位	量　　程	测 量 档 位	量　　程
音频电平①	−10dB ～ +22dB 0dB = 1mW/600Ω	电感②	20 ～ 1000H
h_{EF}	0 ～ 300	电容②	0.001 ～ 0.3μF

① 当采用其他电压档测量时，可在指示值上加上修正值。

② 加 ～10V/50Hz 电压测。

（2）灵敏度

1）直流电压：0 ～ 2500V，20000Ω/V。

2）交流电压：0 ～ 2500V，40000Ω/V。

（3）工作条件

1）环境温度：0 ～ +40℃。

2）相对湿度：<85%。

3）工作频率：45 ～ 5000Hz。

二、数字万用表

FLUKE179 型数字万用表可以进行交流电压和电流的有效值测量，6000 字读数，最大/最小/平均值记录，以及频率和电容测量。具有高准确度、多功能、简单易用和安全可靠的特点。FLUKE179 型万用表的面板结构如图 B-2 所示。其主要性能指标见表 B-2。

表 B-2　FLUKE179 型数字万用表主要性能指标

功　　能	最 大 值	最大测量误差
直流电压	1000V	0.1mV
交流电压	1000V	0.1mV
直流电流	10A	0.01mA
交流电流	10A	0.01mA
电阻	50MΩ	0.1Ω
电容	10000μF	1nF
频率	100kHz	0.01kHz
温度	−40℃/ +400℃	0.1℃

三、数字式交流毫伏表

KH – DD 型交流数字毫伏表具有工作频带宽、测试电压范围大、输入阻抗高、测试误差小、读数直观和使用简便等特点，是传统指针式交流毫伏表

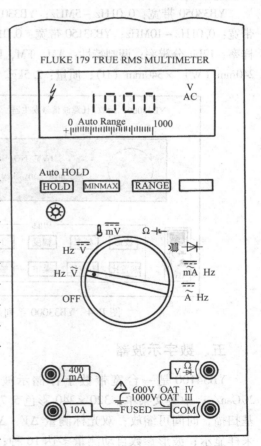

图 B-2　FLUKE179 型万用表的面板结构图

的替代产品。其主要技术特性为：测试范围 0.2mV～600V（有效值），分 6 个量程，波段开关切换；三位半数码显示；频率测量范围 10Hz～2MHz；输入阻抗 1MΩ；电压测试精度 ±1%。外形结构如图 B-3 所示。

四、函数信号发生器

YB33000 系列函数/任意波信号发生器产品的特点是：9 种函数波形，分辨率 100μHz 或 8 位数字显示，RS232、GPIB 计算机接口，全中文提示任意波形，存储长度 32KB，背光液晶显示，中文菜单操作，线性扫频、对数扫频、频移键控、填充脉冲、脉冲串、内调频、内调幅、外调幅，函数波形为 9 种函数波形＋任意波形。其主要性能及指标如下：

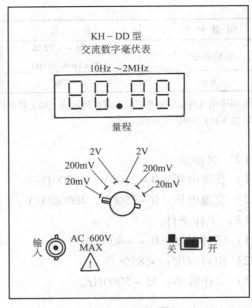

图 B-3　KH－DD 型交流毫伏表外形结构

　　YB33050 带宽：0.01Hz～5MHz；YB33010 带宽：0.01Hz～10MHz；YB33150 带宽：0.01Hz～15MHz（32KB×6 个随机存储器）；80Msa/s 采样率；12bit 分辨率；调制特性：AM，FM，FSK，填充波，扫频功能。外形尺寸：100mm（H）×240mm（W）×340mm（D）；质量：2.5kg。其外形结构如图 B-4 所示。

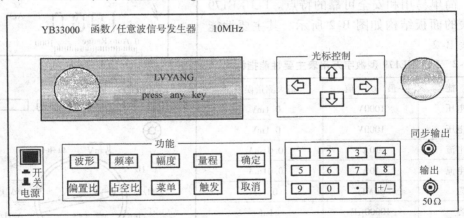

图 B-4　YB33000 系列函数/任意波信号发生器外形结构

五、数字示波器

YB54100 是一台宽带数字存储示波器。其特点为：实时采样 100Msa/s，等效采样 20Gsa/s；中英文菜单，320×240 彩色 5.7in LCD 显示；垂直双通道，独立 ADC；主副双时基扫描，时间可缩放；双光标测量 ΔV、ΔT、$I/\Delta T$；实时/随机取样变换，常态/峰值/平均采样显示；波形参数自动测量多达 16 种；波形存储、设置存储各 5 组；波形运算、FFT 分析；接口：RS232（可直接支持微型打印机）、GPIB（选件）。其外形结构如图 B-5 所示；

其主要性能及指标见表 B-3。

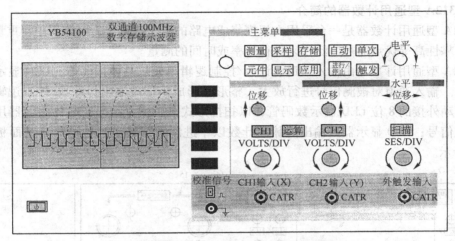

图 B-5　YB54100 数字存储示波器外形结构

表 B-3　YB54100 数字示波器主要性能及指标

带　宽	DC100MHz　−3dB	等效时间分辨率	50ps
偏转因数	2mV/div ~ 5V/div　±3%	显示模式	波形、标识、状态、菜单（中英文可选）
垂直分辨率	8bit	显示屏	彩色 LCD320 × 240，5.7in 背光可调
扫描时间	1. 25ns ~ 10s/div	接口	RS232、GPIB（选件）
	100ms ~ 10s/div（滚动）	电源	约 30W
	250ns ~ 50ms/div（常规）	功率	145mm（H）×325mm（W）×200mm（D）
	1. 25ns ~ 125ns/div（等效）		
扫描选择	A、B	质量	约 5kg

六、直流数显稳压电源

TH – SS3012 型直流数显稳压电源，电源有两路输出，输出电压均为 0.0 ~ 30V 连续可调，电流 1A，分 10V、20V、30V 三档，波段开关切换，三位半数码切换显示，显示精度 0.5%，具有短路软截止自动恢复保护功能。其外形结构如图 B-6 所示。

图 B-6　TH – SS3012 型直流数显稳压电源外形结构

七、通用计数器

电子计数器是一种多功能的电子测量仪器，它是利用电子计数法原理，在一定的时间间隔内输入信号脉冲进行累加计数，以完成各种测量，并将测量结果以数字形式显示出来。

1. E312A 型通用计数器的简介

E312A 型通用计数器是一台采用大规模集成电路的电子计数器，因体积小、重量轻、耗电省、可靠性高等优点而被广泛用来进行频率或时间的测量。

E312A 型通用计数器由输入通道、计数/控制逻辑单元、晶体振荡器、LED 显示器及电源等组成。输入通道对被测信号进行放大、整形后形成矩形波输出；计数/控制逻辑单元可以直接驱动外接的 8 位 LED 显示数码管，以扫描形式显示测量结果；晶体振荡器用以产生标准时间信号；LED 显示器对输出的脉冲计数以十进制数字显示计数结果。其面板结构如图 B-7 所示。

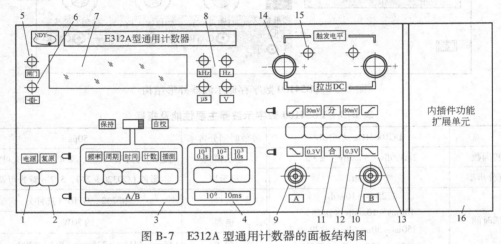

图 B-7　E312A 型通用计数器的面板结构图

图 B-7 中的部件名称说明如下：

1 为电源按钮。将按钮按下，接通仪器电源，仪器可正常工作。

2 为复原按钮。每按一次，产生一次人工复原信号。

3 为功能选择模块。由一个三位拨动开关和五个按钮组成，当拨动开关处于右边位置时，整机执行自检功能，显示 10MHz 钟频，位数随闸门时间不同而不同；拨动开关处于左边位置时，将拨动前测得的数据保持显示，一直不变（拨动开关处于上述两个位置时，五个按钮失去作用）；当拨动开关处于中间位置时，整机功能由五个按钮的位置决定。五个按钮完成六种功能的选择：“频率”按钮按下时，仪器执行频率测量功能；“周期”按钮按下时，仪器进行周期测量；“时间”按钮按下时，仪器进行时间间隔测量；“计数”按钮按下时，仪器进行计数测量；“插测”按钮按下时，仪器进行功能扩展测量。五个按钮之间为互锁关系，五个按钮中只能按下其中之一；当五个按钮全部弹出时，仪器进行频率比测量。

4 为闸门选择模块。由三个按钮组成，可选择四档闸门和相应的四种倍乘。“0.1s（10^1）”按钮按下时，仪器选通 0.1s 闸门或 10^1 倍乘；“1s（10^2）”按钮按下时，仪器选通 1s 闸门或 10^2 倍乘；“10s（10^3）”按钮按下时，仪器选通 10s 闸门或 10^3 倍乘；三个按钮都弹出时，仪器测量选择的是闸门。

5 为闸门指示灯。闸门开启，发光二极管亮（红色）。

6 为晶振指示灯。绿色发光二极管亮，表示晶体振荡器电源接通。

7 为显示器。八位七段 LED 显示，小数点自动定位。

8 为单位指示（四种指示）：

1）频率测量用 kHz 或 Hz（Hz 供功能扩展插件用）。

2）时间测量用 μs。

3）电压测量用 V（供扩展插件用）。

9 为 A 输入插座。频率、周期测量时的被测信号，时间间隔测量时的启动信号，以及 A/B 测量时的 A 输入均由此输入。

10 为 B 输入插座。时间间隔测量时的停止信号，A/B 测量时的 B 信号均由此输入。

11 为分—合按钮。按下时为"合"，B 输入通道断开，A、B 通道相连，被测信号从 A 输入端入口输入信号；弹出时为"分"，A、B 为独立的通道。

12 为输入信号衰减按钮，弹出时，输入不衰减地进入通道；按下时，输入信号衰减为十分之一后进入通道。

13 为斜率选择键。选择输入波形的上升或下降沿；按下时选择下降沿；弹出时选择上升沿。

14 为触发电平调节旋钮。由带开关的推拉电位器组成：通过电位器阻值的调整完成触发电平的调节作用，调节电位器可使触发电平在 −1.5 ~ +1.5V（不衰减）或 −15 ~ +15V（衰减时）之间连续调节。开关推入为 AC 耦合，拉出为 DC 耦合。

15 为触发电平指示灯。表征触发电平的调节状态，发光二极管均匀闪烁，表示触发电平调节正常；常亮表示触发电平偏高；不亮表示触发电平偏低。

16 为内插件位置。当插入功能扩展单元时就能完成插测功能的扩展作用。

2. E312A 型通用计数器的使用方法

（1）使用前的准备

1）先仔细检查市电电压，确认市电电压在 220（1±10%）V 范围内，方可将电源线插头插入本机后面板上的电源插座内。

2）检查后面板"内接、外接"选择开关位置是否正确，当采用机内晶振时，应处于"内接"位置。

3）仪器预热 3min 能正常工作，预热 2h 能达到技术指标规定的稳定度。

4）自校检查。在使用前，可对本仪器进行自校，以判断仪器是否正常工作。

将功能选择模块中的三位拨动开关拨至"自校"位置，选择闸门选择模块的不同闸门时间，时标信号为 10MHz，显示测量结果应符合表 B-4 所示的正确值。

表 B-4　输入信号为 10000Hz 时，闸门时间、时标信号对照表

频率测量精度/Hz 　闸门时间 时标信号	10ms	0.1s	1s	10s
10MHz	10000.0	10000.00	10000.000	10000.0000

注：1. 最低位上允许偶尔出现 ±1；10s 档测量数据的左上角光点亮，表示测量结果由于显示位数的限制而产生了溢出。

2. 当选取不同的闸门时间时，对应输出频率精度的有效位数是不一样的。当选用闸门时间为 10ms 时，计数器频率读数为 10000.0Hz，精度为小数点后一位有效值；当选用闸门时间为 0.1s 时，计数器频率读数为 10000.00Hz，精度为小数点后两位有效值。

（2）频率测量　先将功能选择模块中的三位拨动开关置于中间位置，继而按下"频率"

按钮，表示仪器已进入频率测量的功能。闸门选择模块中的四档闸门的选择通常可根据被测频率的数值而定，频率高时可选取样率较高的短闸门时间，频率低时一般选长时间的闸门时间。

通道部分的"分—合"按钮弹出，由 A 输入端送入适当幅度（当输入幅度大时，可通过衰减器按钮予以衰减）的被测信号。若被测信号为正弦波，则送入后即可正常显示；若被测信号是脉冲波、三角波、锯齿波，则需将触发电平调节推拉电位器拉出，调节触发电平，此时即可正常显示被测信号的频率。

（3）周期测量　将功能选择模块中的三位拨动开关置于中间位置，按下"周期"按钮，此时闸门选择模块的按键为倍乘率的选择，可根据被测信号周期的长短来选择倍乘率，被测信号周期短时，可选择适当倍乘以提高测量精度；被测信号周期较长可选择"10^0"按钮直接进行测量。若倍乘率选得太大，就会等待很长时间，才能显示测量结果或超出测量正常范围，以至误认为机器工作不正常。由于本仪器输入灵敏度较高，当被测信号的信噪比较低时，一般应在输入端加接低通滤波器和适当选择倍乘率来提高测量的准确性。

周期测量时通道部分的按钮操作：被测周期信号从 A 输入端输入，"分—合"按钮弹出，选择"分"的工作状态；当被测周期信号为正弦波，幅度<0.3V（有效值），脉冲波幅度<1V（峰–峰值）时，将衰减按钮弹出，被测信号不经衰减直接进入 A 通道。当被测信号幅度超出上述范围时，"衰减"按钮按下，被测信号衰减为十分之一后进入 A 通道。当被测信号为≥1Hz 的正弦波时，可直接显示测量结果。当被测信号为脉冲波、三角波、锯齿波或低于 1Hz 的正弦波时，应将触发电平调节电位器拉出，进行电平调节。电位器旋钮上的红点标志，一般应选择指示在使触发灯闪跳区间的中心位置。

（4）脉冲时间间隔测量　将功能选择模块中的三位拨动开关置于中间位置，按下"时间"按钮，此时闸门选择模块的按钮为取样次数的选择，可根据被测脉冲时间间隔的长短来选择取样次数，间隔较长时，应选择较小的取样次数或选择"10^0"按钮，直接测量时间间隔。如取样次数太大，同样会等待较长时间才能显示，或者超出正常测量范围。

触发电平调节推拉电位器在本测量功能时始终可调，在适当幅度的作用下（单线时公用 A 路衰减器，双线时使用各自的衰减器），调节电位器，使触发电平指示灯闪跳。电位器旋钮上的红点标志，一般应选择指示在使触发灯闪跳区间的中心位置。

当整机用于单线输入时，"分—合"按钮置于"合"的位置，信号由 A 通道输入，两路斜率选择相同时可测量被测信号的周期，使用方法与周期测量相同。还可通过斜率选择开关选择上升沿或下降沿，从而测出被测信号的脉冲持续时间和休止时间。

当整机用于双线输入时，启动信号由 A 输入端输入，停止信号由 B 输入端输入。"分—合"按钮置于"分"位置。此时动态范围为 0.1～3V（峰–峰值）。

（5）频率比测量　将功能选择模块中的三位拨动开关置于中间位置，功能选择键全部弹出，此时闸门选择模块的按钮用来选择倍乘率。

"分—合"按钮"分"，A 路"斜率选择"按钮置于"╱"的位置，两路被测信号分别由 A、B 输入端输入。此时 A 通道频率范围为 1Hz～10MHz；而 B 通道则为 1Hz～2.5MHz。动态范围均为：正弦波 30mV～1V（有效值），脉冲波 0.1～3V（峰–峰值）。

（6）计数　将功能选择模块中的三位拨动开关置于中间位置，按下"计数"按钮，"分—合"按钮置"分"位置，衰减器位置和触发电平调节推拉电位器的位置均与频率测量时相同，信号由 A 输入端输入后，即可正常累计。在计数过程中，若需观察瞬间测量结果，可将三位拨动开关置于保持位置，显示即为被测值；若要重新开始计数，只需按一次"复位"按钮即可。

（7）插测　将功能选择模块中的三位拨动开关置于中间位置，按下"插测"按钮，此时输入信号由内插件的输入插孔输入，根据不同的内插件，配合选择功能选择模块和闸门选择模块的各个按钮，即可正常显示测量结果。

3. E312A 型通用计数器的使用注意事项

1）测量前首先要检查电源电压，电源插头接通之前应将电源开关置于关闭位置。

2）检查被测信号的频率、电压幅度、波形是否符合技术指标要求。特别注意输入信号幅值要绝对小于仪器允许的最大输入幅度。

3）测量信号时，调节好"闸门时间"，以提高测量精度。

附录 C　　国内晶体管、集成电路芯片型号、参数表

表 C-1　硅整流二极管（用于无线电通信或其他电器部分）型号及参数

型　号	参考旧型号	最高反向峰值电压 U_{RM}/V	额定正向整流电流（平均值）$I_F/A(25℃)$	正向压降（平均值）$U_F/V(25℃)$	反向电流（平均值）$I_R/A(125℃)$	反向电流（平均值）$I_R/A(25℃)$	不重复正向浪涌电流 I_{suR}/A（0.01s）	频率 f/kHz	额定 PN 结温 $T_{JM}/℃$
2CZ53A	2CP31	25							
2CZ53B	2CP21A 2CP31A	50							
2CZ53C	2CP21 2CP31B	100							
2CZ53D	2CP22 2CP31C 2CP31D	200							
2CZ53E	2CP23 2CP31E 2CP31F	300							
2CZ53F	2CP24 2CP31G 2CP31H	400	0.30	≤1.0	100	5	6	3	150
2CZ53G	2CP25 2CP31I	500							
2CZ53H	2CP26	600							
2CZ53J	2CP27 2CP21G	700							
2CZ53K	2CP28 2CP21G	800							
2CZ53L	2CP21H	900							

（续）

型号	参考旧型号	最高反向峰值电压 U_{RM}/V	额定正向整流电流（平均值）I_F/A(25℃)	正向压降（平均值）U_F/V(25℃)	反向电流（平均值）I_R/A(125℃)	反向电流（平均值）I_R/A(25℃)	不重复正向浪涌电流 I_{suR}/A (0.01s)	频率 f/kHz	额定PN结温 T_{JM}/℃
2CZ53M	2CP21I	1000							
2CZ53N		1200	0.30	≤1.0	100	5	6	3	150
2CZ53P		1400							
2CZ54B	2CP1A	50							
2CZ54C	2CP1	100							
2CZ54D	2CP2	200							
2CZ54E	2CP3	300							
2CZ54F	2CP4	400	0.50	≤1.0	500	10	10	3	150
2CZ54G	2CP5	500							
2CZ54H	2CP1E	600							
2CZ54K	2CP1G	800							
2CZ55B	2CZ11K	50							
2CZ55C	2CZ11A	100							
2CZ55D	2CZ11B	200							
2CZ55E	2CZ11C	300	1	≤1.0	500	10	10	3	150
2CZ55F	2CZ11D	400							
2CZ55G	2CZ11E	500							
2CZ56B	2CZ12	50							
2CZ56C	2CZ12A	100							
2CZ56D	2CZ12B	200							
2CZ56E	2CZ12C	300							
2CZ56F	2CZ12D	400	3	≤0.8	1000	20	65	3	140
2CZ56G	2CZ12E	500							
2CZ56H	2CZ12F	600							
2CZ56K	2CZ12H	800							
2CZ57B	2CZ13	50							
2CZ57C	2CZ13A	100							
2CZ57D	2CZ13B	200							
2CZ57E	2CZ13C	300	5	≤0.8	1000	20	105	3	140
2CZ57F	2CZ13D	400							
2CZ57H	2CZ13F	600							
2CZ57K	2CZ13H	800							

（续）

型 号	参考旧型号	最高反向峰值电压 U_{RM}/V	额定正向整流电流（平均值）I_F/A（25℃）	正向压降（平均值）U_F/V（25℃）	反向电流（平均值）I_R/A（125℃）	反向电流（平均值）I_R/A（25℃）	不重复正向浪涌电流 I_{suR}/A（0.01s）	频率 f/kHz	额定PN结温 T_{JM}/℃
2CZ82A	2CP10	25							
2CZ82B	2CP11	50							
2CZ82C	2CP12	100							
2CZ82D	2CP14	200							
2CZ82E	2CP16	300	100	≤1.0	100	5	2	3	130
2CZ82F	2CP18	400							
2CZ82G	2CP29	500							
2CZ82H	2C20	600							
2CZ83B	2CP21A	50							
2CZ83C	2CP21	100							
2CZ83D	2CP22	200							
2CZ83E	2CP23	300	300	≤1.0	100	5	6	3	130
2CZ83F	2CP24	400							
2CZ83G	2CP25	500							

表 C-2　PNP 型锗低频小功率管型号、参数

型 号	参考旧型号	直 流 参 数			交 流 参 数		极 限 参 数			
		I_{CBO}/μA	I_{CEO}/μA	$\bar\beta$	f_β/kHz	N_F/dB	P_{CM}/mW	I_{CM}/mA	BU_{CBO}/V	BU_{CEO}/V
3AX31M		≤25	≤1000	80～400					15	6
3AX31A	3AX71A	≤20	≤800	40～180			125	125	20	12
3AX31B	3AX71B	≤12	≤600	40～180					30	18
3AX31C	3AX71C	≤6	≤400	40～180					40	24
3AX31D	3AX71D					≤15		125		
3AX31E	3AX71D 3AX71E	≤12	≤600		≥8	≤8	125	125	20	12
3AX31F						≤4		30		
3AX81A		≤30	≤1000		≥6		200	200	20	10
3AX81B		≤15	≤700						30	15
3AX85A			≤1200		≥6					12
3AX85B		≤50	≤900	40～180	≥8		300	500	30	18
3AX85C			≤700		≥8					24
3AX55M										12
3AX55A	3AX61	≤80	≤1200	30～150	≥6		500	500	50	20
3AX55B	3AX62									30
3AX55C	3AX63									45

表 C-3　硅低频小功率晶体管（用于低频放大和功率放大电路）型号、参数

型　　号	直 流 参 数				极 限 参 数			
	$I_{CBO}/\mu A$	$I_{CEO}/\mu A$	U_{BE}/V	$\bar{\beta}$	BU_{CEO}/V	BU_{EBO}/V	P_{CM}/mW	I_{CM}/mA
3CX200A·B					A≥12			
3CX201A·B	≤1	≤2	≤0.9	55～400	B≥18	≥4	300	300
3CX202A·B								
3CX203A·B	≤5	≤20	≤0.9	55～400	A≥15	≥4	700	700
3CX204A·B					B≥25			
3DX200A·B					A≥12			
3DX201A·B	≤1	≤2	≤0.9	55～400	B≥18	≥4	300	300
3DX202A·B								
3DX203A·B	≤5	≤20	≤0.9	55～400	A≥15	≥4	700	700
3DX204A·B					B≥25			

表 C-4　NPN 型锗低频小功率晶体管（用于低频放大和功率放大电路）型号、参数

型　　号	参考旧型号	直 流 参 数			交 流 参 数		极 限 参 数			
		$I_{CBO}/\mu A$	$I_{CEO}/\mu A$	$\bar{\beta}$	f_{β}/kHz	N_F/dB	P_{CM}/mW	I_{CM}/mA	BU_{CBO}/V	BU_{CEO}/V
3BX31M		≤25	≤1000	80～400					15	6
3BX31A		≤20	≤800	40～180	≥8		125	125	20	12
3BX31B		≤12	≤600	40～180					30	18
3BX31C		≤6	≤400	40～180					40	24
3BX81A	3BX2A	≤30	≤1000		≥6		200	200	20	10
3BX81B	3BX2B	≤15	≤700		≥8				30	15
3BX85A			≤1200		≥6					12
3BX85B		≤50	≤900	40～180	≥8		300	500	30	18
3BX85C			≤700		≥8					24
3BX55M										12
3BX55A		≤80	≤1200	30～180	≥6		500	500	50	20
3BX55B										30
3BX55C										45

表 C-5　NPN 型锗高频小功率晶体管（用于中频、高频放大、变频及振荡电路）型号、参数

型　　号	参考旧型号	直 流 参 数			交流参数	极 限 参 数			
		$I_{CBO}/\mu A$	$I_{CEO}/\mu A$	$\bar{\beta}$	f_T/kHz	P_{CM}/mW	I_{CM}/mA	BU_{CBO}/V	BU_{CEO}/V
3AG53A	3AG1　3AG2　3AG6 3AG7～12　3AG21～22 3AG25　3AG33　3AG41				≥30				
3AG53B	3AG3　3AG34　3AG13～14	≤5	≤200	30～200	≥50	50	10	25	15
3AG53C	3AG4　3AG42　3AG23～24 3AG28　3AG35　3AG43				≥100				
3AG53D	3AG36　3AG44				≥200				
3AG53E	3AG37　3AG45				≥300				

（续）

型　　号	参考旧型号	直流参数			交流参数	极　限　参　数			
		$I_{CBO}/\mu A$	$I_{CEO}/\mu A$	$\bar{\beta}$	f_T/kHz	P_{CM}/mW	I_{CM}/mA	BU_{CBO}/V	BU_{CEO}/V
3AG54A	3AG38A～B 3AG46 3AG47				≤30				
3AG54B					≤50				
3AG54C	3AG48	≤5	≤300	40～180	≤100	100	30	25	15
3AG54D	3AG49				≤200				
3AG54E	3AG50				≤300				
3AG55A	3AG29A～B				≤30				
3AG55B	3AG29C～D	≤8	≤500	40～180	≤200	150	50	25	15
3AG55C					≤300				

表 C-6　PNP 型硅高频小功率晶体管（用于高频放大及振荡电路）型号、参数

型　　号	参考旧型号	直流参数			交流参数	极　限　参　数			
		$I_{CBO}/\mu A$	$I_{CEO}/\mu A$	$\bar{\beta}$	f_T/kHz	P_{CM}/mW	I_{CM}/mA	BU_{CBO}/V	BU_{CEO}/V
3CG110A	3CG16A C							≥15	
	3CG74A D								
3CG110B	3CG15B C	≤0.1	≤0.1	≥25	≥100	300	50	≥30	≥4
	3CG2B E								
3CG110C	3CG4C D							≥45	
	3CG21C～G								
3CG120A	3CG3A D G							≥15	
	3CG5A								
3CG120B	3CG8C	≤0.1	≤0.1	≥25	≥200	500	100	≥30	≥4
	3CG15A B								
3CG120C	3CG2C F							≥45	
	3CG22C								
3CG130A	3CG13A D							≥15	
	3CG13A								
3CG130B	3CGA C	≤0.5	≤1	≥25	≥80	700	300	≥30	≥4
	3CG7M								
3CG130C	3CG71D～G							≥45	

表 C-7　NPN 型硅高频高反压小功率晶体管（用于高频放大、振荡和开关电路）型号、参数

型　　号	参考旧型号	直流参数			交流参数	极　限　参　数			
		$I_{CBO}/\mu A$	$I_{CEO}/\mu A$	$\bar{\beta}$	f_T/kHz	P_{CM}/mW	I_{CM}/mA	BU_{CBO}/V	BU_{CEO}/V
3DG161A								≥60	≥60
3DG161B								≥100	≥100
3DG161C								≥140	≥140
3DG161D		≤0.1	≤0.1	≥20	≥50	300	20	≥180	≥180
3DG161E								≥220	≥220
3DG161F								≥260	≥260
3DG161G								≥300	≥300

（续）

型　号	参考旧型号	直流参数			交流参数	极　限　参　数			
		$I_{CBO}/\mu A$	$I_{CEO}/\mu A$	$\bar{\beta}$	f_T/kHz	P_{CM}/mW	I_{CM}/mA	BU_{CBO}/V	BU_{CEO}/V
3DG161H	3DG401　3DG402							≥60	≥60
3DG161I	3DG403　3DG404							≥100	≥100
3DG161J	3DG405　3DG406							≥140	≥140
3DG161K	3DG407　3DG408	≤0.1	≤0.1	≤20	≥100	300	20	≥180	≥180
3DG161L	3DG409　3DG11							≥220	≥220
3DG161M	3DG12　3DG13							≥260	≥260
3DG161N	3DG14　3DG15							≥300	≥300

表 C-8　NPN 型硅高频晶体管型号、参数

型　号	参考旧型号	直流参数			交流参数	极　限　参　数			
		$I_{CBO}/\mu A$	$I_{CEO}/\mu A$	$\bar{\beta}$	f_T/kHz	P_{CM}/mW	I_{CM}/mA	BU_{CBO}/V	BU_{CEO}/V
3DG100M	3DC6			25～270					
3DG100A	3DC6A　3DC025				≥150				
3DG100B	3DC6B　3DC101B	≤0.1		≥30	≥150	100	20		
3DG100C	3DC6C　3DC101C								
3DG100D	3DC6D　3DC101D								
3DG110M	3DG4B　D	≤0.5	≤0.5	25～270	≥150			≥20	≥15
3DG110A	3DG37A				≥150			≥20	≥15
3DG110B	3DG5A　B				≥150			≥40	≥30
3DG110C	3DG37D	≤0.1	≤0.1	≥30	≥150	300	50	≥60	≥45
3DG110D	3DG5C　D　E				≥300			≥20	≥15
3DG110E	3DG37B　3DG37C				≥300			≥40	≥30
	3DG4A　C　E								
3DG130M		≤1	≤5	25～270	≥150			≥30	≥20
3DG130A	3DG143A　3DG12A				≥150			≥40	≥30
3DG130B	3DG143B　3DG12B	≤0.5	≤1	≥30	≥150	700	300	≥60	≥45
3DG130C	3DG143C　3DG12C				≥300			≥40	≥30
3DG130D	3DG143D　3DG12D				≥300			≥60	≥45

表 C-9　74 系列 TTL 功能、型号对照表

名　称	国产型号	参考型号	国外型号	插座引脚数
四2输入与非门	CT74LS00	T4000	74LS00	14
四2输入或非门	CT74LS02	T4002	74LS02	14
六反相器	CT74LS04	T4004	74LS04	14
四2输入与门	CT74LS08	T4008	74LS08	14
四2输入与门（O、C）	CT74LS09	T4009	74LS09	14
双4输入与非门	CT74LS20	T4020	74LS20	14
双4输入与门	CT74LS21	T4021	74LS21	14
四2输入或门	CT74LS32	T4032	74LS32	14

（续）

名　称	国产型号	参考型号	国外型号	插座引脚数
BCD 码—十进译码器	CT74LS42	T4042	74LS42	16
BCD—七段译码器/驱动器（有上拉电阻）	CT74LS48	T4048 T1048	74LS48	16
BCD—七段译码器/驱动器（O、C）	CT74LS49	T4049	74LS49	14
双上升沿 D 触发器（有预置、清除端）	CT74LS74	T4074	74LS74	14
4 位数值比较器	CT74LS85	T4085	74LS85	14
四 2 输入异或门	CT74LS86	T4086	74LS86	14
双下降沿 JK 触发器(有预置、公共清除、公共时钟端)	CT74LS114	T4114	74LS114	14
3 线—8 线译码器	CT74LS138	T4138	74LS138	14
双 2 线—4 线译码器	CT74LS139	T4139 T334	74LS139	16
双 4 线选 1 数据选择器（有选通输入端）	CT74LS153	T4153	74LS153	16
4 位二进制同步计数器（异步清除）	CT74LS161	T4161	74LS161	16
4 上升沿 D 触发器（有公共清除端）	CT74LS175	T4175	74LS175	16
十进制同步加/减计数器	CT74LS190	T4190	74LS190	16
4 位二进制同步加/减计数器	CT74LS191	T4191	74LS191	16
4 位双向移位寄存器（并行存取）	CT74LS194	T4194	74LS194	16
双单稳态触发器（有施密特触发器）	CT74LS221	T4221	74LS221	16
4 线—七段译码器/驱动器（BCD 输入，O、C，15V）	CT74LS247	T4247	74LS247	16
4 线—七段译码器/驱动器（BCD 输入，有上拉电阻）	CT74LS248	T4248	74LS248	16
二—五—十进制计数器	CT74LS290	T4290	74LS290	14

表 C-10　CC4000 系列名称、型号对照表

名　称	中　国		国外型号
	型　号	参考型号	
四 2 输入或非门	CC4001	5G80　C009 C039　C069	CD4001　HEF4001　SCL4001 HCF4001　TC4001　M74C02
超前进位 4 位全加器	CC4008	CH4008　5G843 C632　C662　C692	CD4008　HEF4008　MC14008 TP4008　HCF4008
四 2 输入与非门	CC4011	C066　C036 C006　CH4011	CD4011　HEF4011　SCL4011　CF4011 TC4011　MC14001　P4011　MM74C00
双 D 触发器	CC4013	C013　C043 C073　5G822	CD4013　HEF4013　TP4013 HCF4013　TC4013　SCL4013 MC14013　MM74C7
双 4 位移位寄存器（串入、并出）	CC4015	CH4015　5G861 C423　C453　C393	CD4015　HEF4015　SCL4015 TP4015　TC4015　MC14015
二—十进制计数器/译码器	CC4017	CH4017　5G858 C187　C217　C157	CD4017　TP4017　SCL4017 TC4017
双 JK 触发器	CC4027	CH4027　5G824 C044　C074　C014	CD4027　HEF4027　SCL4027 HCE4027　TC4027　MC14027 TP4027　MM74C76

（续）

名　　　称	中　国		国 外 型 号
	型　号	参考型号	
BCD—十进制译码器	CC4028	CH4028　5G833 C331　C361　C301	CD4028　HEF4028　SCL4028 HCE4028　TC4028　MC14028
BCD—七段译码器/LCD 驱动器	CC4055	C276　C306 CH4217　5G831	CD4055　TC4055
双 4 输入或门	CC4072	C002　C032 C062　5G8012	CD4072　HEF4072　SCL4072 TP4072　TC4072　MC14072
双 4 输入与门	CC4082	CH4082　5G809 C031　C061　C001	CD4082　HEF4082　SCL4082 TP4082　TC4082　MC14082
可预置数二—十进制同步可逆计数器	CC4510	C158　C188 C218　CH4510	CD4510　HEF4510　SCL4510 TP4510　TC4510　MC14510
4 线—16 线译码器	CC4514	C270　C300 C330　CH4514	CD4514　HEF4514　SCL4514 TP4514　TC4514　MC14514
双单稳态触发器	CC14528	CH4528	MC14528
双 4 通道数据选择器	CC14529	CH4529	MC14529
单定时器	CC7555	CH7555　5G7555	ICL7555
六施密特触发器	CC40106	CH40106　CM40106	CD40106　MC14584
十进制计数/锁存/译码/LCD 驱动器	CC40110	C193　CH267 5G8659	CD40110
BCD 加法计数器	CC40162	C180　5G852	CD40162　TC40162　MC140162
可预置数 4 位二进制计数器	CC40193	C184　5G854	CD40193

表 C-11　常用运算放大器国内外型号对照表

类　型	中国型号	外国型号		类　型	中国型号	外国型号	
		型　号	公司			型　号	公司
通用运算放大器	CF741	LM741	（美）NSC	通用运算放大器	CF108 CF308	LM108	（美）NSC
		MC1741	（美）MOT			LM308	（美）NSC
		μPC741	（日）NEC			Am108	（美）AMD
		μPC741	（日）NEC			Am308	（美）AMD
		SG741	（意）SGS			μA108	（美）PC
		HA17741	（日）日立			μA308	（美）PC
		AM741	（美）AMD			CA108	（美）RCA
		AN741	（日）松下			CA308	（美）RCA
		CA741	（美）RCA		CF1458	LN1458	（美）NSC
		μA741	（美）FC			NC1458	（美）NSC
	CF709	LM709	（美）NSC			CA1458	（美）RCA
		MC1709	（美）MOT			μPC1458	（日）NEC
		μA709	（美）FC			LM1558	（美）NSC
		CA709	（美）RCA			MC1558	（美）MOT
						CA1558	（美）RCA

（续）

类　型	中国型号	外国型号		类　型	中国型号	外国型号	
		型　号	公　司			型　号	公　司
通用运算放大器	CF101 CF301	LM101	（美）NSC	通用运算放大器	CF158 CP358	LM158	（美）NSC
		LM301	（美）NSC			LM358	（美）NSC
		Am101	（美）AMD			CA158	（美）RCA
		Am301	（美）AMD			CA358	（美）RCA
		CA102	（美）RCA			μpc158	（日）日立
		CA301	（美）RCA			μpc358	（日）日立
		μA101	（美）FC			LM2904	（美）NSC
		μA301	（美）FC		CF124 CF324	LM124	（美）NSC
	CF107 CF307	LM107	（美）NSC			LM423	（美）NSC
		LM307	（美）MOT			CA124	（美）RCA
		Am107	（日）日立			CA324	（美）RCA
		Am307	（美）AMD			LM2902	（美）NSC
		CA107	（美）RCA			μA124	（美）FC
		CA307	（美）RCA			μA324	（美）FC
	CF747	LM747	（美）NSC		CF714	μA714	（美）FC
		MC747	（美）MOT			OP—07	（美）PMI
		HA17747	（日）日立		CF715	μA715	（美）FC
		Am747	（美）AMD			Am715	（美）AMD
		CA747	（美）RCA			HA17715	（日）日立
	CF4741	CM4741	（美）MOT		CF118 CF338	LM118	（美）NSC
		PC4741	（日）NEC			LM318	（美）NSC
	CF714	μA714	（美）FC			Am118	（美）AMD
		OP—07	（美）PMI			Am318	（美）AMD
	CF3078	CA3078	（美）RCA				

参考文献

[1] 杨海祥. 电子整机原理——音响设备 [M]. 2版. 北京：高等教育出版社，2010.

[2] 何祖锡. 电子整机维修实习——彩色电视机 [M]. 2版. 北京：电子工业出版社，2008.

[3] 姜桥. 电子技术基础 [M]. 北京：人民邮电出版社，2009.

[4] 吕强. 电子技术基础 [M]. 北京：机械工业出版社，2011.

[5] 陈梓城. 电子设备维修技术 [M]. 2版. 北京：机械工业出版社，2012.